再生铅
冶炼过程物质代谢及协同控制

李艳萍 著

化学工业出版社
·北京·

内 容 简 介

本书主要介绍了系统学、协同学、物质代谢、冶金热力学、清洁生产和循环经济及神经网络等基础理论和方法，从物质代谢机理、代谢系统边界、代谢物质流分类、代谢路径、代谢模式、代谢量、代谢形态以及代谢效率8个方面，围绕再生铅冶炼过程清洁生产与末端治理协同代谢模式、资源和能源协同代谢效率、多污染物协同代谢机理和效率以及物质代谢量和代谢形态的协同优化的四个协同优化尺度，提出并构建了再生冶炼过程物质代谢及协同优化的理论和方法学体系，阐述了我国再生铅冶炼行业物质代谢及其协同优化的实证研究结果，旨在丰富和创新工业生产过程物质代谢方法学体系，为再生铅冶炼行业绿色发展提供科学理论和方法学指导，同时为其他工业代谢及其协同优化领域研究提供技术参考和案例借鉴。

本书具有较强的技术性和针对性，可供从事金属冶炼过程清洁生产、污染控制等的工程技术人员、科研人员和管理人员参考，也可供高等学校环境科学与工程、生态工程、冶金工程及相关专业师生参阅。

图书在版编目（CIP）数据

再生铅冶炼过程物质代谢及协同控制/李艳萍著.
—北京：化学工业出版社，2020.12
ISBN 978-7-122-37894-1

Ⅰ.①再… Ⅱ.①李… Ⅲ.①炼铅-重金属污染-污染防治 Ⅳ.①X756

中国版本图书馆CIP数据核字（2020）第194365号

责任编辑：刘兴春 刘兰妹　　装帧设计：关 飞
责任校对：宋 夏

出版发行：化学工业出版社（北京市东城区青年湖南街13号 邮政编码100011）
印 装：北京盛通商印快线网络科技有限公司
787mm×1092mm 1/16 印张$14\frac{1}{2}$ 彩插3 字数279千字
2020年12月北京第1版第1次印刷

购书咨询：010-64518888　　售后服务：010-64518899
网 址：http://www.cip.com.cn
凡购买本书，如有缺损质量问题，本社销售中心负责调换。

定 价：86.00元

前言

铅作为重要的战略性资源，以它良好的延展性和耐腐蚀性成为第四大工业基础金属。铅锌矿经过开采和冶炼进入下游消费领域制造含铅产品，目前全球有近 86%的铅用于铅酸电池制造。由于铅矿开采和冶炼过程的高污染和高能耗的特点，造成了原生矿产铅冶炼行业重金属污染排放及生态破坏问题突出，往往是“开了一座山，污染一大片”。铅酸电池使用寿命一般为 2～3 年，2016 年中国铅酸电池产量已达世界总产量的 50%以上，大量报废电池若未经合理回收利用会造成大量铅资源浪费，还带来重金属和酸液等严重的环境污染问题。以废铅酸电池为主要原料的再生铅冶炼行业的兴起，实现了铅资源从“摇篮—坟墓—摇篮”的可持续性循环代谢。

随着再生铅冶炼行业的日渐兴起和不断壮大，冶炼企业周边儿童血铅事件频发，土壤和水体重金属污染问题严重。近年来，再生铅冶炼企业对环境造成的影响研究成为国内外学者研究的热点和重点；少数学者从工艺替代角度探索性开展再生铅湿法冶炼工艺研究，但受技术经济成本、二次污染等因素影响，湿法冶炼工艺至今尚未大规模普及。为了有效开展再生铅冶炼行业污染防控，2013 年以来中国政府发布实施了再生铅行业准入条件、污染物排放标准以及清洁生产标准等政策性文件，但由于行业工艺技术水平相对落后且管理模式粗放，企业普遍面临着无法持续稳定达标的困境，资源高效利用和环境污染防控的双重挑战，已成为制约再生铅冶炼行业绿色发展的巨大障碍。因此，如何科学有效地构建再生铅冶炼过程资源能源消耗以及污染物产排系统分析和优化的方法学，科学指导和引领行业绿色发展政策制定和实施，系统规范和支撑行业企业开展清洁生产实现节能、降耗、减污和增效的目标，是支撑再生铅冶炼行业绿色发展亟待解决的重大科学问题。

本书基于系统学和协同控制理论，提出了再生铅冶炼过程物质代谢的清洁生产与末端治理协同代谢模式，弥补了传统物质代谢仅关注生产系统“资源代谢”或末端治理系统“废物代谢”模式的系统边界和要素分析“局部性”的不足。基于清洁生产和循环经济原理，首次将传统物质代谢分析方法中的输入流、储存流和输出流 3 类物质流指标，拓展为输入流、中间产品流、产品输出流、中间废物产生流、一次污染物产生流、清洁生产回用流、末端治理循环流、一次污染物排放流和二次污染物排放流共计 9 类物质流，将传统物质代谢“黑箱化”研究深化为“灰箱化”甚至“白箱化”研究。研究发现，通过优化配置冶炼过程各类代谢物质的代谢路径、代谢节点和代谢种类，可实现再生铅火法冶炼过程铅回收率 5.47%的提升以及 16.00%～78.40%的产污负荷的降低。

为了有效表征物质代谢过程“量变化”与“质衰减”对代谢效率的影响，本书引入热力学第二定律“㶲”的概念，协同考虑物质代谢过程“量变化”和“质衰减”，提出物质代谢效率的“㶲”代谢分析方法，实现了资源和能源协同代谢效率归一化的核算，避免传统物质代谢仅仅考虑“量变化”，无法统一核算不同计量单位的资源和能源代谢效率造成“虚高”评价的不足，为完善传统物质代谢仅仅关注“量代谢”无法表征“质衰减”提供新的研究视角。同时，为了系统客观评估再生铅冶炼过程物质代谢的环境影响效果，本书基于大气科学颗粒物化学组分谱分析、米氏散射的粒径反演、重金属形态分析以及 Hakanson 生态风险指数法等分析方法，系统集成提出再生铅冶炼过程污染物“代谢形态”分析方法，完成再生铅冶炼过程物质代谢废物流“代谢形态”分析，从“代谢量”和“代谢形态”协同分析角度为物质代谢分析方法提供了新视角。本书首次构建了再生铅冶炼烟气化学成分谱，给出了冶炼渣中各类重金属潜在环境风险的生物有效性系数，为大气环境质量重金属污染有效溯源以及再生铅冶炼行业土壤和地下水重金属污染风险防控提供科学依据。

基于冶金热力学吉布斯自由能最小化原理，本书剖析了再生铅冶炼过程物质代谢机理以及代谢规律，构建了冶炼过程资源和能源协同代谢模型；基于模拟试验数据的模型泛化构建了再生铅冶炼过程“5-25-15-4”物质代谢的 BP 神经网络协同优化模型。优化模拟结果显示，与现行火法冶炼工艺相比，优化后的冶炼过程可实现冶炼烟气中铅、硫、砷和镉的产污负荷分别下降 78.40%、52.00%、72.63%及 16.00%。

本书基于系统学、协同学、物质代谢、冶金热力学、清洁生产和循环经济及神经网络等基础理论和方法，从物质代谢机理、代谢系统边界、代谢物质流分类、代谢路径、代谢模式、代谢量、代谢形态以及代谢效率 8 个方面，重点围绕再生铅冶炼过程清洁生产与末端治理协同代谢模式、资源和能源协同代谢效率、多污染物协同代谢机理和效率以及物质代谢量和代谢形态的协同优化的四个协同优化尺度，提出并构建了再生冶炼过程物质代谢及协同优化的理论和方法学体系，阐述了我国再生铅冶炼行业物质代谢及其协同优化的实证研究，旨在丰富和创新工业生产过程物质代谢方法学体系，为再生铅冶炼行业绿色发展提供科学理论和方法学指导，同时为其他工业代谢及其协同优化领域研究提供方法借鉴。本书具有较强的技术性和针对性，可供从事冶炼过程清洁生产、污染控制等的工程技术人员、科研人员和管理人员参考，也可供高等学校环境科学与工程、生态工程、冶金工程及相关专业师生参阅。

本书由李艳萍著，图书编写过程中得到了学术界和行业内大量专家、学者的指导和帮助，在此重点感谢中国环境科学研究院柴发合教授、北京仁博齐环境科技有限公司高境高级工程师、中国环境科学研究院张昕工程师、中国科学院战略研究所郭建新博士、矿冶科技集团有限公司范艳青研究员在本书的总体框架、模型构建、试验设计、数据核算等方面给予的悉心指导和大力帮助；同时感谢中国环境科学研究院乔琦研究员，北京师范大学赵传锋教授和何孟常教授，清华大学陈吕军教授、张天柱教授和田金平教授，矿冶科技集团有限公司的杨晓松研究员和邵立南研究员，中国矿业大学（北京）何绪文教授以及南开大学于宏兵教授给予的帮助；特别感谢本书初稿校对张青玲，同时感谢杨奕、智静、赵亚洲等同事的辛勤付出。本书能够顺利出版，还要特别感谢化学工业出版社编辑认真负责的态度、专业严谨的编校和高效的工作节奏。在此对给予本书支持和帮助的所有学者和同事表示真诚感谢。

限于著者水平及编写时间，书中不足和疏漏之处在所难免，敬请各位专家学者批评指正。

著者

2020 年 8 月于北京

目 录

第1章

绪 论

1.1
研究背景

铅作为重要战略性资源，以它良好的延展性和耐腐蚀性成为第四大工业基础金属，其中80%以上的铅用于铅酸蓄电池制造业，2016年中国铅酸电池产量已达世界总产量的50%以上。由于铅矿开采冶炼过程高污染和高能耗的特点，造成了原生矿产铅冶炼行业重金属污染排放及生态破坏问题突出，往往是“开了一座山，污染一大片”。同时，矿产铅属于不可再生资源，随着铅矿的开采利用，矿产铅资源储备逐年减少。根据美国地质调查局发布的数据显示，2014年全球铅矿储量总计8700万吨，按照目前全球铅的年消费量800万吨计算，可供全球经济消耗最长时间只有20年左右。由此可见，无论从资源供给还是环境保护，原生矿铅冶炼已无法持续绿色供给经济社会的铅资源需求。

从社会经济系统中铅资源消耗代谢来看，铅资源经过铅矿开采和冶炼成为原矿铅冶炼产品，为经济系统消耗提供铅资源，铅资源进入下游消费领域生产制造含铅产品，主要包括了铅酸蓄电池、电线电缆护套、铅以及铅材生产等。据不完全统计，目前全球有近86%的原生矿冶炼铅用于铅酸电池生产，还有近5%的铅资源用于铅涂料、4%的铅资源用于铅板材以及2%的铅资源用于铅合金等工业生产。随着含铅产品达到报废期，含铅产品的回收再生系统即再生铅冶炼行业随即产生。

社会经济系统中不同含铅产品生命周期差异较大，如铅管或者电缆护套等含铅产品报废周期较长，一般维持在50年之久，短期内报废和回收难度较大。相比而言，汽车、摩托车、电动自行车用蓄电池一般每两年更换一次。而铅酸电池寿命一般为2～3年，若不能综合回收利用则会造成铅资源巨大浪费；同时，废铅酸蓄电池中含有大量有毒有害重金属和酸性物质，若回收过程不能妥善处理，将会对生态环境和人体健康造成严重破坏和损害。1992年巴塞尔公约的签订和生效，将废铅酸电池作为危险废物，并提出禁止跨境转移，如何安全处理处置并综合利用废铅酸电池，成为世界各国共同面临和亟待解决的重大问题之一。根据国际铅业研究组织发布的报告，2015年世界铅产量为1127.4万吨，其中再生铅产量占铅总生产量的54.20%。2010年美国、德国、日本、意大利、法国的再生铅产量均占其精炼铅产量和消费量的60%～100%。20世纪90年代，美国、意大利等国纷纷关闭了原生矿铅开采，经济发展所需的铅资源全部来源于再生铅行业。中国再生铅冶炼有85%以上的原料来源于废铅酸蓄电池，2002～2016年中国累计再生铅产量为1086万吨，行业产量年均增长率维持在12%～19%。2016

年中国再生铅产量达到 180 万吨，分别占当年全球和中国铅总产量的 25%和 38%，成为世界上最大的再生铅国家。由此可见，废铅酸电池已经成为再生铅冶炼行业主要原料，社会经济系统中铅资源消费基本形成了“铅矿开采—矿铅冶炼—铅酸电池产品制造—报废铅酸电池回收—再生铅冶炼”的铅资源循环经济闭环产业链。

与原生矿冶炼铅相比，以废铅酸电池为原料回收冶炼铅节约了近 60%的资源和能源消耗。由此可见，再生铅冶炼行业的发展，一方面降低了原生矿产铅冶炼过程的能源消耗和环境污染负荷，另一方面实现了铅资源从“摇篮—坟墓—摇篮”的可持续性循环代谢。基于对社会经济系统铅需求及代谢分析，国内外大量研究指出现有经济系统铅消费量可通过循环再生基本满足铅代谢需求，而以废铅酸电池回收为原料的再生铅冶炼行业终将取代原生矿铅冶炼行业，成为社会经济系统铅资源供给的主导行业。

铅属于有毒重金属，因此涉铅行业工业生产已成为环境污染和生态安全的主要贡献源之一。正如 Stigliani 博士针对环境污染提出的“化学定时炸弹”（Chemical Time Bomb，CTB）理论所述，由于铅的稳定性和难降解性，导致铅污染危害已在人体健康、食品安全、区域水环境质量、大气环境、生物物种安全等众多领域日益严重。由于发展方式粗放、生产工艺技术落后、环境监管政策不完善以及企业环境意识淡薄等诸多因素，导致了中国再生铅冶炼过程环境污染问题凸显，主要表现为铅再生冶炼企业周边儿童血铅超标事件频发，冶炼企业污染场地及周边二氧化硫、重金属铅、砷、镉等土壤和地下水超标，企业周边农作物铅、砷、镉等重金属超标，以及经迁移转化导致食品中重金属超标问题（见表 1.1）。例如，2009 年发生的陕西凤翔儿童血铅超标，2010 年湖南郴州市嘉禾县桂阳县数百名儿童血铅超标，2011 年安徽怀宁爆发儿童“血铅超标”事件等，近几年频繁发生的重金属污染事件直接影响到人民群众身体健康，并在社会上引起了强烈反响，环境污染防控特别是重金属污染防控的监管矛头指向了再生金属行业。

表 1.1　近年来我国报道的重金属污染事件

序号	事件
1	东北江韶关段镉严重超标事件
2	湘江源南析洲段镉污染
3	甘肃徽县儿童血铅超标事件
4	云南高原九大明珠之一的阳宗海砷污染事件
5	江苏省邳州市铅中毒事件
6	河南卢氏县铅中毒事件
7	湖南浏阳镉污染事件

续表

序号	事件
8	陕西省宝鸡市凤翔县血铅超标事件
9	云南昆明东川区儿童血铅超标事件
10	湖南武冈市铅中毒事件
11	福建龙岩市上杭县儿童血铅超标事件
12	河南省济源市血铅超标事件
13	广东清远血铅超标事件
14	江苏盐城血铅超标事件
15	四川省内江市隆昌市血铅事件
16	湖南郴州市嘉禾县桂阳县铅中毒事件
17	云南大理鹤县儿童血铅超标事件
18	福建龙岩上杭紫金矿业污染事件
19	安徽怀宁县儿童血铅超标事件
20	浙江绍兴血铅超标
21	云南曲靖铬渣非法倾倒事件
22	广西河池市龙江镉污染事件
23	广东仁化县儿童血铅超标事件
24	山西汾阳农田污染事件

1.2 研究目的和意义

2010年之前再生铅冶炼行业污染物排放执行《大气综合污染物排放标准》和《水综合污染物排放标准》，因环境监管标准尚未突出再生铅冶炼行业污染防控重点，导致了上述标准无法实现对行业污染防控的有效监管。随着2010年《铅、锌工业污染物排放标准》（GB 25466）的颁布实施，再生铅冶炼行业综合性排放标准收严到铅冶炼行业污染物排放标准。相比较2010年之前执行的大气综合和水综合污染物排放标准，《铅、锌工业污染物排放标准》对再生铅冶炼行业污染排放监管实现了行业化和严格化，但因再生铅冶炼原料和冶炼工艺与原生矿铅冶炼差异较大，再生铅冶炼行业执行GB 25466相关控制指标仍显宽松。因此，2015年环境保护部（现生态环境部）制定并颁布实施了《再生铜、铝、铅、锌工业污染物排放标准》（GB 31574），与原生矿铅冶炼排放标准相比，再生金属冶炼行业污染物排放标准在颗粒物、重金属和二氧化硫污染排放浓度要求上大幅加严，各项指标排放浓度控制要求均下降了70%以上。据不完全测算，随着再生金属行业污染物排放标准的颁布和实施，再生铅冶炼行业中却有2/3以上企业无法满足标准排放限制要求。同年，工业和信息化部发布了再生铅冶炼行业准入条件，要求再生铅冶炼铅的综合回收率达到98%，而我国再生铅冶炼行业工艺技术水平相对落后，铅资源综合回收率平均水平仅达到80%左右，资源回收效率普遍不高的现状带来严重的环境污染问题。随着行业环境污染防控压力日益增加，如何实现再生铅冶炼资源高效回收与污染有效防控的双赢目标已成为再生铅冶炼行业持续绿色发展面临的关键问题。

第2章

再生铅冶炼行业及物质代谢

2.1

再生铅冶炼行业发展现状

2.1.1 国内外行业发展现状

20 世纪 60 年代以来，世界上铅工业发生了新的变化。随着铅污染问题日渐凸显以及人们对铅污染的认识不断深化，工业生产对铅资源使用受限日渐增多，例如全球禁止使用汽油防爆剂四乙基铅、含铅焊料以及部分含铅制品等。但是，由于汽车、能源、通讯和交通等支柱产业的发展均需铅酸蓄电池，据不完全统计，全世界消费的铅中仍有近 80%～85%用于铅酸蓄电池生产。

工业发达国家非常重视有色金属的再生循环利用，认为再生有色金属能够提高有色金属资源的利用水平，是对原生矿有色金属冶炼行业必要且有益的补充。目前，全球再生铅冶炼产量占精铅总产量的比例已超过了原生矿产铅，且再生铅产量占比呈持续增长态势。截至 2016 年，全球经济系统铅资源产量有 56%来源于再生铅冶炼行业（见图 2.1）。

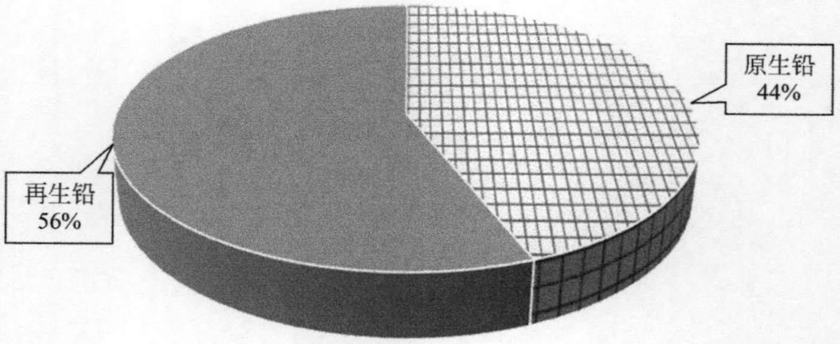

图 2.1　2016 年全球经济系统冶炼铅资源主要来源

受原生铅矿产资源探储量限制，世界各国纷纷发展再生铅冶炼行业。以美国、欧洲和日本等为代表的发达国家和地区，其再生铅冶炼产量占比呈持续增长态势。受再生铅冶炼技术以及废铅酸电池回收体系差异性影响，目前全球再生铅冶炼产能主要来源于中国、美国、印度、韩国、日本、西班牙、英国、意大利等国家（见图 2.2）。从西方各国再生铅产量在铅总产量中占比看，再生铅冶炼行业发展类型分为：

① 全部是再生铅产品国家，即总冶炼铅产量全部为再生铅冶炼产品，主要有美国、爱尔兰、葡萄牙、西班牙、瑞士、尼日利亚、新西兰等；

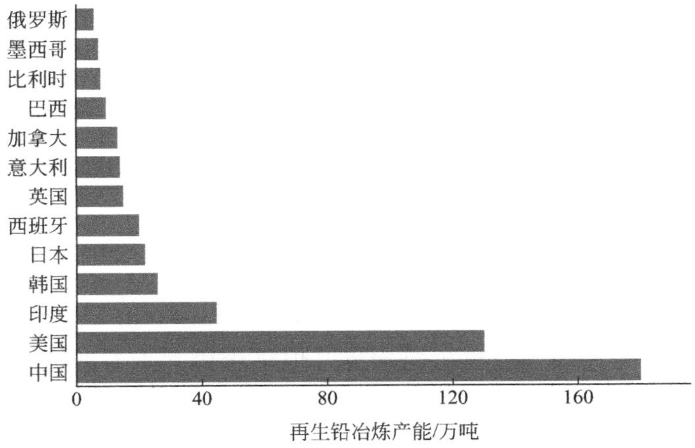

图 2.2　2016 年全球再生铅冶炼产能的区域分布

② 再生铅比例超过 60%的国家，包括奥地利、法国、德国、瑞典、日本、巴西等；

③ 再生铅比例低于 60%的国家，这些国家主要包含中国、印度等发展中国家。

20 世纪 90 年代美国已关闭原生铅矿的开采和冶炼，其社会经济系统中铅资源消耗全部来源于再生铅冶炼行业；欧洲和日本再生铅产量占比也分别达到了 70.65%和 64.63%（见图 2.3）。与发达国家相比，截至 2016 年中国再生铅产量行业占比仅达到 40%。由此可见，中国再生铅冶炼行业发展相对滞后，但考虑到全球再生铅冶炼行业总体趋势，中国再生铅冶炼行业发展潜力巨大。

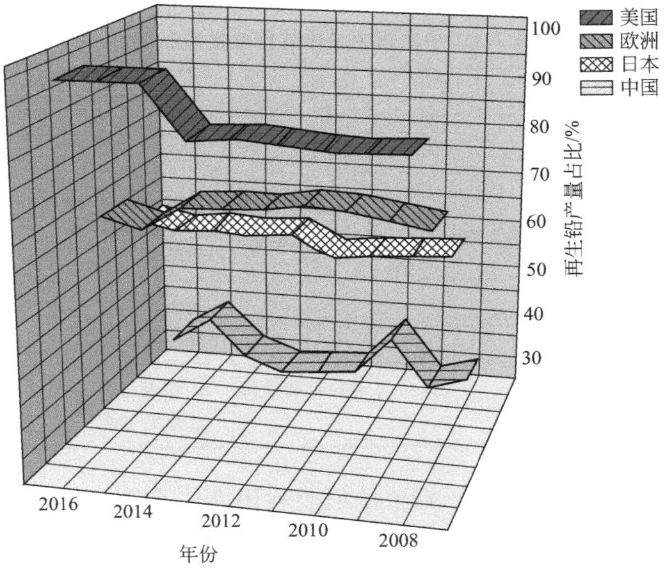

图 2.3　2008～2016 年全球主要国家再生铅冶炼行业发展状况

中国再生铅冶炼行业发展大致经历了如下四个发展阶段。

（1）第一阶段：新中国成立后的萌芽阶段

这个阶段我国经济尚处于“大量生产、大量消费”阶段，废铅酸电池尚未进入大规模的报废期，部分报废的铅酸电池主要由地方国有废品回收公司回收，然后调拨给国有冶炼厂；此时尚无废铅酸电池冶炼前预处理以及专业的再生铅冶炼技术。

（2）第二阶段：铅酸电池行业的附带回收阶段

20 世纪 60 年代末至 70 年代中期，考虑到资源回收和成本节约，铅酸蓄电池企业日渐收购含铅废料进行再生铅冶炼，但该阶段并无专业的再生铅冶炼企业和冶炼技术，简单粗放的冶炼生产工艺非常落后，环境污染问题严重。由于环境监管制度缺失，对行业污染监管尚未纳入相关的环境保护制度体系。

（3）第三阶段：再生铅冶炼行业发展初级阶段

1978 年中国实施改革开放以来，伴随着铅蓄电池厂发展模式日益规模化，以废铅酸电池为原料的再生铅冶炼企业日渐增多，并逐步从铅酸蓄电池企业中分离出来，逐步发展成为再生铅冶炼行业。

（4）第四阶段：再生铅冶炼行业规模化发展阶段

自 20 世纪 90 年代铅资源价格增长，铅酸电池生产行业铅资源市场需求急速增长，大量再生铅冶炼企业如雨后春笋般成立，极大地促进我国再生铅冶炼行业的快速发展，并日渐规模化，截至 2013 年中国再生铅冶炼企业达到 300 余家，行业总体发展日渐规模化和专业化（见表 2.1）。

表 2.1　中国再生铅冶炼行业发展历程

年代	阶段分类	生产模式	工艺发展	环境监管
20 世纪 50～60 年代	萌芽阶段	初级回收	回炉冶炼无预处理	无监管
20 世纪 60～70 年代	附带回收阶段	铅酸蓄电池企业	简单预处理；原生铅冶炼炉	无监管
1978 年～ 20 世纪 90 年代	专业化初级阶段	再生铅冶炼企业	预处理技术及炉型逐步专业化	监管意识初步形成
20 世纪 90 年代至今	规模化发展阶段	大量企业陆续发展	火法及湿法冶炼工艺逐步完善	完善监管

再生铅冶炼行业发展初期，铅资源回收利用率普遍偏低，再生铅年产量长时间在千吨位徘徊，直到 1990 年达到 2.82 万吨。1994 年是中国再生铅冶炼行业快速发展的标志年，当年产量达到 9.50 万吨；此后年产量均在 10 万吨以上；1997 年达 12.37 万吨，是 1990 年的 4.40 倍，年均增长率达到 20.30%。从 20 世纪 90 年代开始，随着对环境保护和资源综合利用的重视，中国再生铅冶炼行

业已初步形成，产量从1990年的2.82万吨增长到2014年的507万吨，且再生铅年产量占铅总产量比例从9.30%增长到37.60%。截至2015年中国再生铅冶炼企业受行业监管政策和市场竞争影响，已经从原来的300多家缩减到60余家，但行业总体产能并未受到影响，依然处于增长态势。中国再生铅冶炼企业分布在全国近19个省，其中以贵州省企业数量最多（见图2.4）。

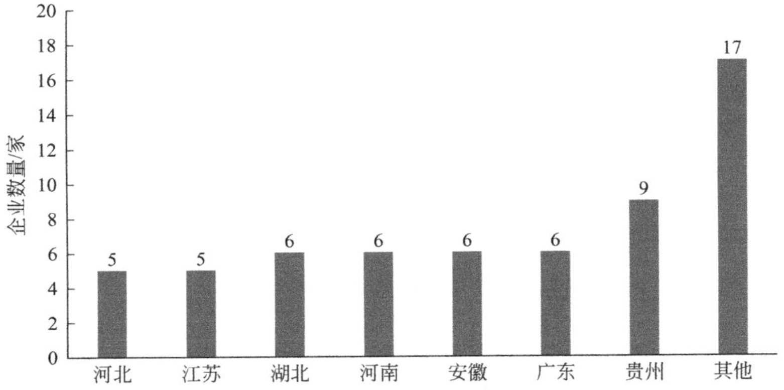

图2.4 中国再生铅冶炼行业企业数量区域分布

从区域产能贡献上看，中国再生铅冶炼行业产能贡献省份主要有河南省、江苏省和安徽省（见图2.5）。

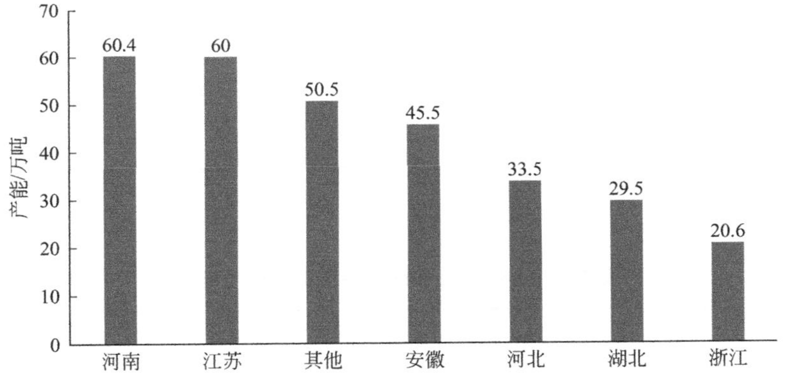

图2.5 中国再生铅冶炼行业产能区域分布

近年来随着机动车行业的迅猛发展和废铅酸电池报废量持续增加，中国再生铅冶炼行业得到了迅猛发展。据不完全统计，2002～2016年期间中国再生铅产量增长了8倍，再生铅产量占精铅总产量的占比增长了28.21%。由此可见，我国铅资源循环利用率逐步提高。据不完全统计，2016年中国再生铅产量增长至180万吨，占到全球再生铅总产量的25%，首次超过美国，成为世界上再生铅产量第一大国。2016年中国机动车和电动车保有量达到5亿辆，并保持高速增长态势，由此可见中国再生铅冶炼行业发展潜力巨大（见图2.6）。

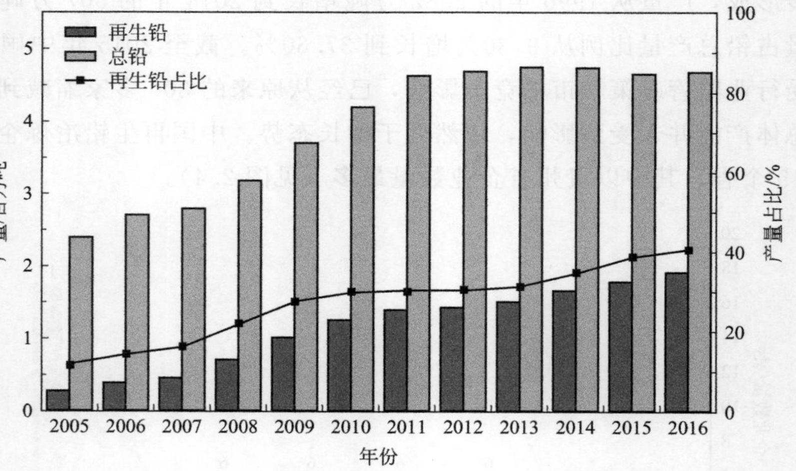

图 2.6　2002～2016 年中国铅总产量及再生铅产量占比

2.1.2　行业原料类型及来源

中国含铅废料产生来源大致分为 3 类：

① 各种机动车、电动车、点火照明用铅酸蓄电池；

② 发电厂、通信、船舶、医院等单位后备电源，即工业蓄电池；

③ 电缆铅、印刷字铅及硬杂铅。

目前进入回收体系的主要是第 1 类和第 2 类，第 3 类中电缆铅回收周期较长，目前报废量有限，印刷字的铅应用急剧萎缩，社会蓄积量也不多。再生铅冶炼行业原料包括废铅酸电池、电缆护套、铅管、铅板及铅制品加工过程产生的废碎料等（见表 2.2）。

表 2.2　再生铅冶炼行业各类原料化学组分　　单位：%

物料名称	Pb	Sb	Sn	Cu	Bi
电池极板	85～94	2～6	0.03～0.50	0.03～0.30	＜0.1
压延铅板	＞99	＜0.5	0.01～0.03	＜0.1	—
铅锑合金	85～92	3～8	0.1～1.0	0.10～0.80	0.2～0.5
电缆铅皮	96～99	0.11～0.6	0.4～0.8	0.018～0.31	—

中国再生铅冶炼行业的 85%以上原料来自废铅酸电池，且铅酸蓄电池行业再次消费了 50%以上的再生铅冶炼产品。据美国国际电池协会统计，2001 年美国废铅酸电池铅的回收再生率已高达 97.10%，而中国尚不足 80%，废铅酸电池资源浪费问题仍十分严重。

废铅酸电池经拆解后可主要分为板栅、废铅膏和废塑料，其中可以回收再生铅的主要是板栅和废铅膏。板栅中含铅量比较高，冶炼过程只需经过精炼除杂即可获得精铅产品。与板栅相比，铅膏成分相对复杂，废铅酸电池中有近66.67%的铅来源于废铅膏。

废铅酸电池的主要组成及化学组分如图2.7所示。

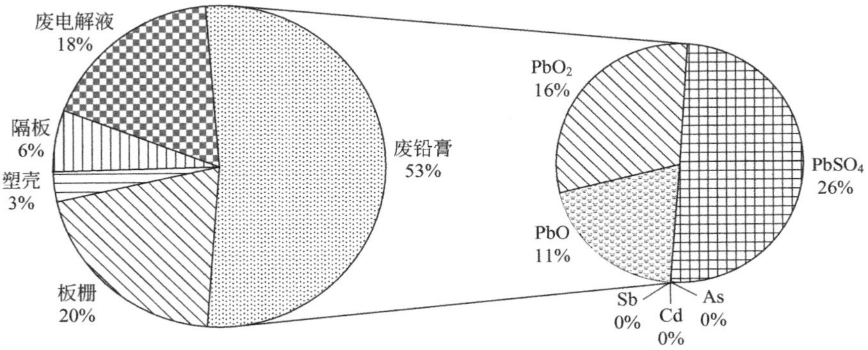

图2.7 废铅酸电池的主要组成及化学组分

废铅酸电池拆解后的废铅膏化学组分相对复杂，含有硫、钙、氧化硅、铁、砷、镉以及锑等多种杂质元素，需要经过熔融、粗铅冶炼和精铅除杂等过程才能生产再生铅产品（见表2.3）。

表2.3 废铅酸电池铅膏化学成分 单位：%

元素	Pb	S	Ca	SiO_2	Fe	Sn	As	Sb	Cd
含量	72.80	4.99	0.20	2.70	0.032	0.12	0.0077	0.075	0.096

再生铅冶炼过程主要是将废铅膏中含铅物质进行氧化还原反应生产金属铅产品。废铅膏中铅的化学物相复杂，主要以铅氧化物、铅盐以及铅单质等多种价态存在，按照废铅膏中各类含铅物质质量占比依次为二氧化铅、硫酸铅、单质铅和硫化铅等（见表2.4）。

表2.4 废铅酸电池铅膏中铅的化学物相 单位：%

物相	PbO_2	$PbSO_4$	PbS	Pb	合计
Pb含量/%	39.20	30.89	0.03	2.68	72.80

2.1.3 行业典型生产工艺

目前再生铅冶炼行业主要生产工艺可以分为四类，包括废铅膏和矿产铅混合冶炼工艺、废铅膏预脱硫还原冶炼工艺、废铅膏湿法冶炼工艺、栅板废铅膏混合冶炼工艺。其中，因铅资源回收效率偏低且环境污染较重等，栅板废铅膏混合冶炼工艺已被产业政策列入淘汰限制工艺类型，目前国内已没有该类工艺生产型企业。

2.1.3.1 废铅膏和矿产铅混合冶炼

废铅膏和矿产铅混合冶炼生产工艺，主要是将废铅膏与铅精矿按一定比例混合后进行冶炼。废铅酸电池经机械破碎后分为废电解液和固体物料，废电解液可浓缩生产稀硫酸，固体物料进入水力分选系统，通过调整供水压力使密度大的金属粒子等重质部分沉入分级箱底部，经洗涤后用于生产铅锑合金，产生的铅渣返回熔池熔炼。密度小的轻质部分（即氧化物和有机物）流过水平筛，筛下氧化物部分经除膏、浆化、压滤后形成废铅膏，与铅精矿一起进熔池熔炼，滤液送往循环水池。筛上有机物再次进入水力分选系统，将密度小的塑料部分和密度大的橡胶部分分开，分别由各自的螺旋机卸出后储存。铅精矿和废铅膏混合配料，经过氧气底吹熔炼—鼓风炉还原熔炼—电解精炼，生产精铅产品（见图2.8）。

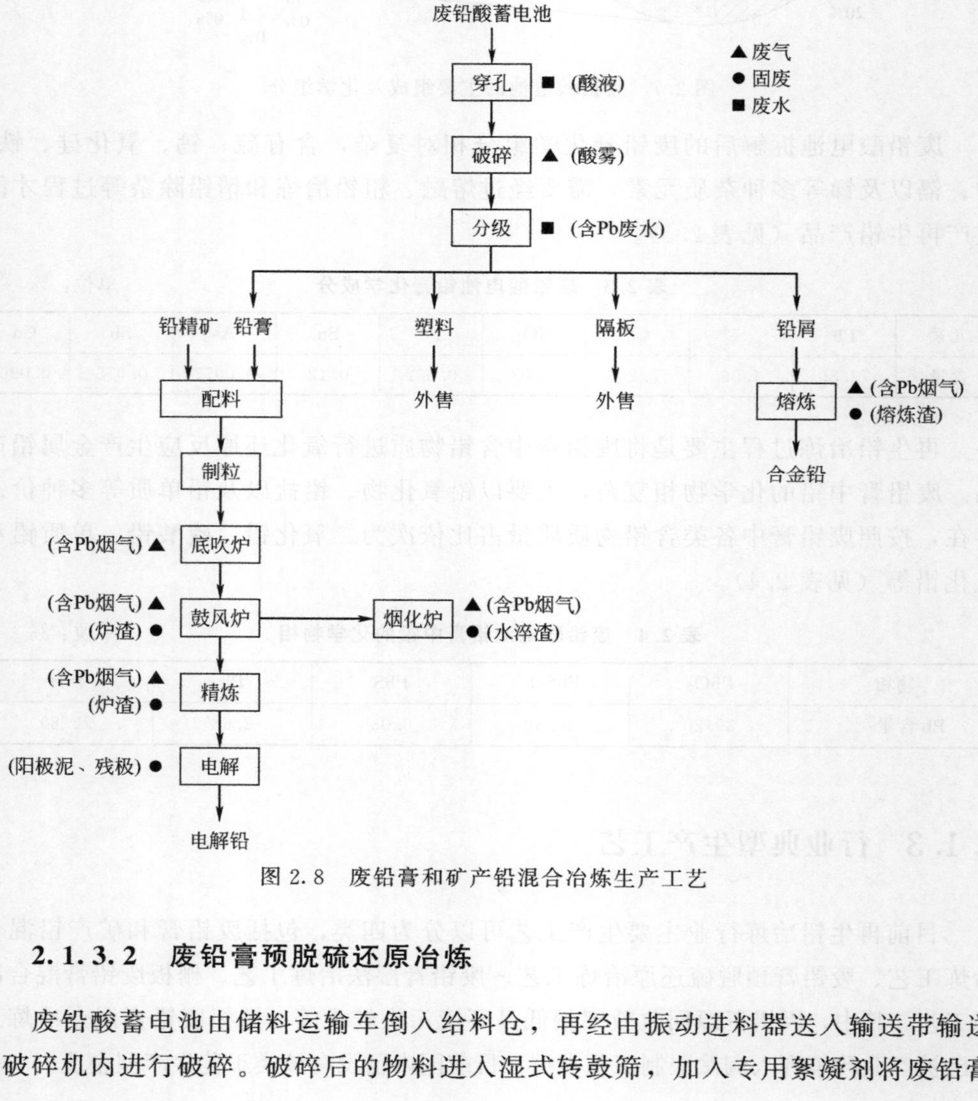

图2.8 废铅膏和矿产铅混合冶炼生产工艺

2.1.3.2 废铅膏预脱硫还原冶炼

废铅酸蓄电池由储料运输车倒入给料仓，再经由振动进料器送入输送带输送至破碎机内进行破碎。破碎后的物料进入湿式转鼓筛，加入专用絮凝剂将废铅膏与塑料分离。其余物料进一步通过水力分选，栅板从水力分选器底部取出，皮带送至转鼓筛进行二次清洗，纯净的栅板直接用皮带送到栅板转炉处理，洗出的废铅膏送至铅膏处理系统，塑料隔板清洗后进入料仓。

废铅膏进入预脱硫工序。首先，废铅膏泵至脱硫反应槽，在碳酸盐存在的条件下发生以下反应：$PbSO_4 + Na_2CO_3 \longrightarrow PbCO_3 + Na_2SO_4$。

其次，反应后液体被泵至压滤机将废铅膏与脱硫液分离，滤饼经水洗后进入熔炼炉冶炼工序。废酸及滤液经压滤机处理，纯净的滤液再泵至蒸发装置，硫酸钠被逐步分离出来。经离心处理后，硫酸钠在热气流中干燥并输送至料仓中包装。栅板在转炉中熔炼，产出合金铅。合金铅和粗铅进入精铅冶炼工序生产再生铅产品。所有废酸均收集至废酸储槽，经泵送至过滤机除去固体成分后，再送入电解液储槽（见图 2.9）。

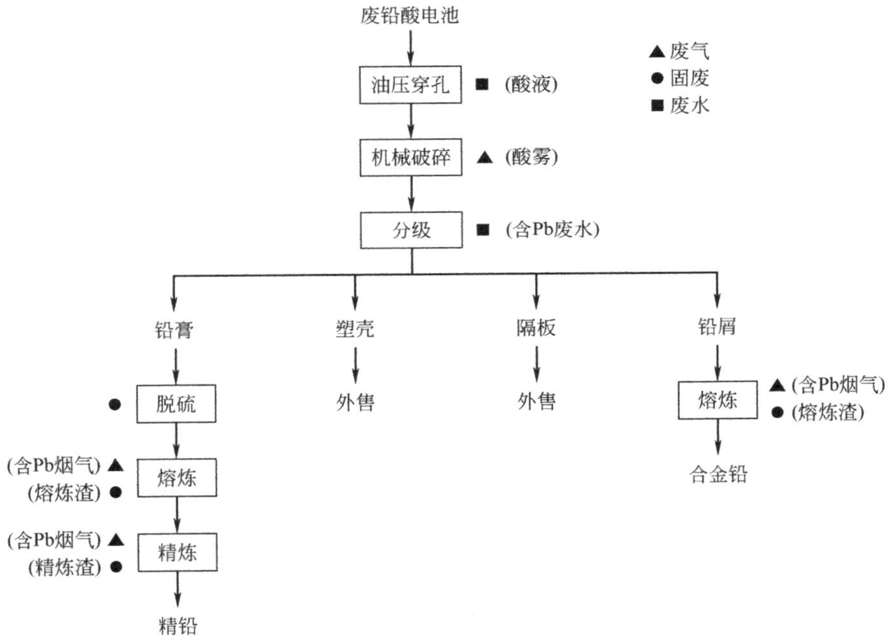

图 2.9　废铅膏预脱硫还原冶炼生产工艺

2.1.3.3　废铅膏湿法冶炼

废铅膏湿法冶炼生产工艺是指废铅酸电池经解体分离、填料破碎、栅板和废铅膏分离、栅板熔铸、废铅膏脱硫滤液蒸发结晶、滤液浸出等工序，利用不溶阳极电解沉积最终生产电解铅。废铅酸电池中的硫酸铅脱硫处理后，加入过氧化氢、氟硅酸等液体，使废铅膏中含铅化合物全部转化为可溶性铅盐液体，其中硫元素以硫酸钠形式进入溶液，废铅膏通过电解沉积方式直接生产电铅。废铅膏湿法冶炼工艺可分为电解沉积和固相电解两种（见图 2.10）。

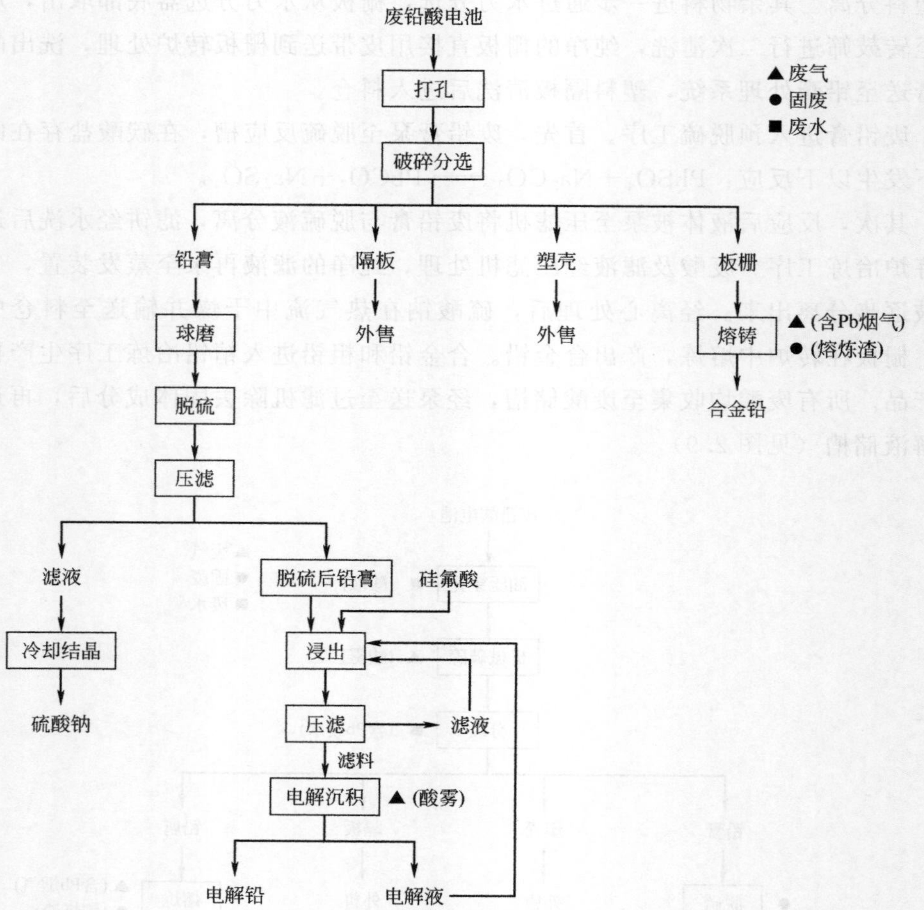

图 2.10　废铅膏湿法冶炼生产工艺

根据有色金属协会再生金属分会统计，中国再生铅冶炼工艺仍然以废铅膏还原冶炼精炼为主，目前该技术行业产能占比达到 87%。因此，本书物质代谢及协同优化研究将重点围绕废铅膏还原冶炼工艺展开（见图 2.11）。

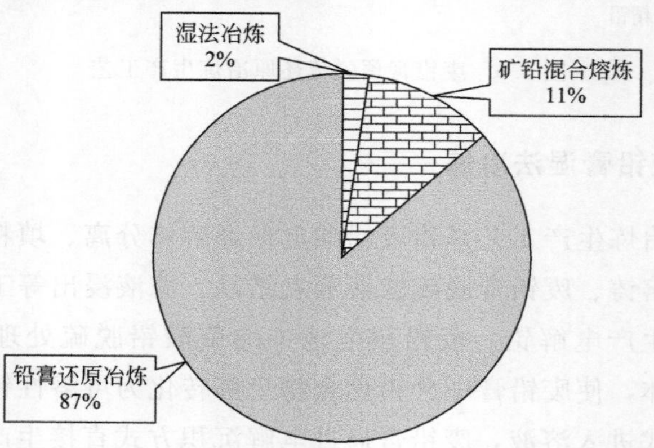

图 2.11　2016 年中国再生铅冶炼行业主导生产工艺产能占比

2.2

行业环境污染问题

2.2.1 废气污染

2.2.1.1 废气污染物产生工序及类型

再生铅冶炼过程产生主要废气污染物包括了含铅、镉、砷等重金属烟尘、二氧化硫、硫酸雾、氮氧化物等，这些污染物会对大气环境质量产生影响，同时可能通过呼吸、皮肤接触对作业人员的身体健康构成危害。

(1) 破碎分选

废铅酸电池通过破碎、拆解、分选等工序，将塑料外壳、隔板、铅板栅、废铅膏等分离，其中废电解液处理过程中会产生酸雾，同时破碎工序可能产生颗粒物等。

(2) 废铅膏冶炼

废铅膏经配料后，进入熔炼炉还原冶炼，在熔炼炉还原气氛中被还原生成粗铅。配料过程中会产生颗粒物，在加料口、出铅口、出渣口会产生二氧化硫、含重金属的烟尘以及氮氧化物等。

(3) 精铅冶炼

精铅冶炼工序主要是通过加碱除去粗铅产品中的杂质，提高再生铅产品纯度。废气污染物产生工序包括了加料口、出渣口和出铅口。主要污染物为二氧化硫、颗粒物、含重金属的烟尘以及氮氧化物等。

(4) 电解精炼

经过精铅冶炼的精铅产品通过电解得到纯度为99.99%的电解铅，电解过程可能会产生酸雾等废气污染物。

(5) 无组织排放

无组织排放指再生铅冶炼过程无法有效收集而将大气污染物直接排放到环境中，主要主要来源于废电池破碎、粗铅冶炼、精铅冶炼过程的进料口、出料口和出渣口，以及电解槽产生的酸雾。主要污染物为粉尘、二氧化硫、含重金属烟尘、氮氧化物和硫酸雾等（见表2.5）。

表 2.5 再生铅冶炼过程主要废气污染物及来源

工序	污染物来源	主要污染物	排放方式
废铅酸电池破碎分选	蓄电池储存、机械拆解、分选、筛分	含重金属颗粒物	无组织排放
粗铅冶炼	粗铅冶炼炉、还原炉排气口；加料口、除尘器出口；铅液倾倒	颗粒物、二氧化硫、含重金属烟气、氮氧化物等	有组织排放
精铅冶炼	精炼锅进出料口、阳极板浇铸	颗粒物、二氧化硫、含重金属烟气、氮氧化物等	有组织排放
电解精炼	电解槽、阴极铅铸锭	硫酸雾	有组织排放
无组织排放	废电池破碎、炉体进出料口和出渣口，电解槽	颗粒物、二氧化硫、含重金属烟气、氮氧化物等	无组织排放

2.2.1.2 废气主要污染物环境影响

(1) 铅

铅是一种广泛存在于自然界的有毒金属，是一种柔软略带灰白色的重金属。铅及其化合物是一种不可降解的环境污染物，性质稳定，可通过废水、废气、废渣大量流入环境，产生污染，危害人体健康。铅对机体的损伤呈多系统性、多器官性，包括对骨髓造血系统、神经系统、消化系统及其他系统的毒害作用。近年来世界各国对铅污染与危害问题非常重视，1981 年世界卫生组织把铅列为全球生物检测重点研究对象之一，美国和英国成立了铅委员会开展相关学术研究。

2010 年美国癌症学会将铅认定为致癌物质。1996 年张丽君等开展了冶炼厂铅污染与健康关系的研究。1999 年沈金水等研究发现铅锌冶炼过程会影响职工健康。2002 年中国开展了铅污染调查，研究发现成人铅中毒的发病率是 1.01×10^{-4}，其中 95%来自职业中毒。流行病学调查显示在职业人群中慢性铅中毒居职业中毒的首位。职业接触铅、镉对人体影响的研究主要集中在对蓄电池厂和铅锌冶炼行业。1999 年汪国东等完成铅冶炼企业工人血铅与职业性暴露关系研究，发现铅冶炼工人血铅值与空气中铅浓度呈正相关。2007 年徐雨红通过对铅酸电池生产企业铅污染发现，铅酸电池生产企业铅污染导致企业职工尿铅超标严重。

(2) 镉

镉是一种对人身体健康和生活环境都有严重危害的有毒金属。微量镉进入机体即可通过生物放大和积累，对肺、骨、肾、肝、免疫系统和生殖器官产生一系列的损伤。由于镉在人体内的半衰期较长，约为 10～30 年，因此镉的蓄积可能伴随人的整个生命期。人体一般通过食物、水、空气和吸烟接触镉，且镉可作用于人体多个器官。20 世纪 30 年代初，确定了镉污染与日本痛痛病的因果关系后，环境中镉与健康关系的研究日益受到重视。镉已被美国毒理委员会列为第六位危及人体健康的有毒物质，联合国环境规划署和国际职业卫生重金属委员会也把镉列入重点研究的环境污染物。在世界范围内，镉污染的早期流行病学调查主要在欧美的职业接触工人和日本镉污染区人群中进行。中国工业性环境镉污染始于20世纪60年代前后，20世纪90年代中国针对少数镉污染区开展了居民健康危害的调查研究。近年来王志翔等通过对锌冶炼工人健康情况研究发现，伴生金属镉在铅锌冶炼过程中可在人体内蓄积，其蓄积程度与职业接触机会和频率有关。仲立新等通过对电池生产企业镉接触工人的尿镉含量研究发现，工作场所中镉及其化合物浓度超标，尿镉含量与工人工龄呈正相关。

（3）砷

砷广泛分布在岩石、土壤、天然水体中。砷的毒性和生物有效性取决于其化学形态，大部分砷化合物无臭无味，而且易溶于水。砷具有神经毒性，长期砷暴露可出现头痛、嗜睡、烦躁、记忆力下降、惊厥、外周神经炎；砷主要经尿液排出，所以对肾功能影响较大，有很明确的生殖、发育毒性，急性中毒可出现肾衰。砷中毒时，细胞免疫和体液免疫会同时受到影响，研究表明还可能出现肝纤维化和肺间质纤维化。国际癌症研究会将砷列为第一类致癌物。目前，全球数以百万计的人受到砷中毒的威胁，砷污染问题成为许多研究领域关注的热点，如人体流行病检测方法、农业中砷摄入的危险识别方法、砷现场调查监测方法、砷污染水源和土壤等的修复、微生物作为媒介的砷生物地球化学作用研究等。工业活动向环境中排放大量的砷，进而广泛扩散，是土壤、水、空气中砷污染的重要来源。

（4）SO_2

二氧化硫是一种无色、有刺激性气味的气体，有毒、易液化，易溶于水，密度比空气大。人们SO_2轻度中毒时发生流泪、畏光、咳嗽，常为阵发性干咳、鼻、咽、喉部烧灼样痛，声音嘶哑，甚至有呼吸短促、胸痛、胸闷，有时还出现消化道症状，如恶心、呕吐、上腹痛，以及全身症状如头痛、头昏、全身无力等；严重中毒的则可于数小时内发生肺水肿，甚至可因合并细支气管痉挛而引起急性肺水肿。吸入高浓度SO_2主要引起不同程度的呼吸道及眼的刺激症状，可立即引起反射性声门痉挛而致窒息。SO_2形成的酸雨和酸雾危害很大，主要表现为对湖泊、地下水、建筑物、森林、古文物以及人的衣物构成腐蚀。20世纪中期以来，矿冶工业的迅速发展使自然环境受到严重破坏，特别是酸雨的危害使北美、欧洲森林逐渐衰减。美国、加拿大、欧洲纷纷制定并实施在20世纪内使SO_2排放量大大减少的计划，控制SO_2排放的标准也日益严格。

（5）硫酸雾

硫酸雾一般指硫酸生产中一吸塔和二吸塔产生的酸雾。废气中的SO_2在大气中容易氧化生成SO_3，而SO_3跟H_2O反应生成硫酸并放出大量的热，有很强的吸湿性，其与空气中的水汽结合，即生成硫酸雾。当空气中的相对湿度为

50%时，约有20%的 SO_2 生成硫酸雾；当相对湿度为90%时，则有60%生成硫酸雾。空气湿度越大，形成的硫酸雾越多。硫酸具有很强的腐蚀性，其形成的硫酸雾颗粒可侵入人体深部组织对健康造成危害，长期接触高浓度的硫酸雾可导致人体支气管扩张、肺气肿、肺硬化。人对硫酸雾的嗅觉阈为 $1mg/m^3$，当吸入浓度为 $6\sim8mg/m^3$ 的硫酸雾5min即可引起严重呛咳，而吸入高浓度硫酸雾可引起对上呼吸道的刺激。

2.2.2 固体废物污染

2.2.2.1 固体废物

再生铅冶炼行业固体废物污染主要是预处理环节的各类废塑料、隔板，粗铅冶炼和精铅冶炼工序产生的冶炼废渣和浮渣，以及精炼电解过程产生的电解阳极泥（见表2.6）。

表2.6 再生铅冶炼行业固体废物及来源

工序	污染物来源	主要污染因子	去向
废铅酸电池破碎分选	塑料外壳、隔板	有机物、悬浮物等	外售
粗铅冶炼工序	冶炼渣	重金属	外售
精铅冶炼工序	冶炼渣	重金属	返回粗铅冶炼
电解、精炼工序	阳极泥	重金属	综合利用
污水处理	污泥	重金属	返回粗铅冶炼
烟气除尘脱硫	除尘灰、脱硫石膏	重金属	除尘灰返回冶炼系统 脱硫石膏外售或堆存

(1) 废铅酸蓄电池破碎分选工序

破碎分选过程产生的固体废物为废塑料、隔板。

(2) 粗铅冶炼工序

粗铅冶炼工序产生的固体废物主要为冶炼渣。

(3) 精铅冶炼工序

精铅冶炼除杂过程中产生的冶炼渣。

(4) 电解精炼工序

电解精炼过程中，杂质金属和电解液中不溶成分堆积在阳极形成阳极泥。

(5) 烟气除尘和脱硫工序

冶炼烟气除尘和脱硫工序会产生一定数量固废，主要是除尘环节的除尘灰以及烟气脱硫后的二次副产物脱硫石膏。

(6) 废水处理站污泥

废水处理站产生的固体废物为污泥。

2.2.2.2 固体废物的环境影响

铅锌冶炼企业产生的冶炼渣含有铅、锌、镉、铬、砷等重金属。此类重金属废物具有毒性大、污染严重、不易被生物降解等特点，且成分复杂，若处置管理不当会对环境造成严重的危害。

该类污染物的环境影响主要表现在以下几个方面。

(1) 危害生态环境，重金属污染事件频发

近年来，中国重金属污染事件出现高发、频发态势。生态环境部数据显示，2009 年重金属污染事件致使 4035 人血铅超标、182 人镉超标，引发 32 起群体性事件，其中仅血铅超标事件就已涉及陕西、安徽、河南、湖南、福建、广东、四川、湖南、江苏、山东等省份。重金属冶炼渣是造成重金属污染的主要原因之一，重金属冶炼渣若露天堆放，其中重金属化合物和其他有毒有害组分很易随渗滤液浸出，并渗入地下向周围扩散，使土壤和地下水受到污染。有毒重金属进入土壤和水环境中不易分解，所以它所产生的污染过程具有隐蔽性、长期性和不可逆性的特点，对环境和生物的潜在危害极大。

(2) 大量侵占土地，破坏地貌和植被

重金属冶炼渣若不加以处理处置则会侵占大量土地，造成地貌和植被的破坏。据估算，平均每堆积 1 万吨废渣和尾矿则占地 $670m^2$ 以上。重金属冶炼渣的堆积过程：可溶成分随雨水从地表向下渗透，向土壤转化，使土壤富集有害物质，以致渣堆附近土质酸化、碱化、硬化，甚至发生重金属型污染。同时重金属冶炼渣堆积不仅侵占了大量土地，造成了极大的经济损失，并且严重地破坏了地貌、植被和自然景观。

(3) 污染物迁移转化，污染大气

有色金属冶炼产生的含重金属烟尘，堆放过程会随风飞扬，在运输过程中也会产生有害气体和粉尘。

2.2.3 废水污染

2.2.3.1 废水污染物

再生铅冶炼过程产生的废水污染物相对较少，主要包括废酸液、冷却水、车间冲洗水、烟气净化水。其中主要污染物为悬浮物、重金属。再生铅冶炼行业产生的废水经处理后全部循环利用，不外排（见表 2.7）。

表 2.7　再生铅冶炼行业废水污染物及来源

工序	污染物来源	主要污染物	去向
废铅酸电池破碎分选	机械拆解、分离、水力分选	含重金属废水、废酸液	回收
粗铅冶炼工序	冲渣水、炉体冷却水	悬浮物、含重金属废水	循环利用
精铅冶炼工序	炉体冷却水	悬浮物、含重金属废水	循环利用
电解精炼工序	阴极板冲洗水、铸锭冷却水	悬浮物、含重金属废水废酸液	循环利用
车间冲洗	车间清洁用水	悬浮物、含重金属废水	循环利用

(1) 破碎分选工序

破碎分选过程产生的废水污染物主要来源于储存、破碎、分选过程中产生的酸性废水。

(2) 粗铅冶炼工序

粗铅冶炼工序产生的废水主要为设备冷却水、车间冲洗水、冲渣水，主要污染物为悬浮物和重金属废水。

(3) 精铅冶炼工序

精铅冶炼工序产生的废水主要为设备冷却水、车间冲洗水，主要污染物为悬浮物和重金属废水。

(4) 电解精炼工序

电解精炼工序产生的废水主要为阴极板冲洗水，主要污染物为悬浮物、重金属废水和废酸液。

(5) 脱硫工序

脱硫工序产生的废水为脱硫废水，主要污染物为悬浮物和含重金属废水。

2.2.3.2　废水污染物的环境影响

虽然与矿产铅生产相比，再生铅生产过程能节约大量水资源，但仍会产生一定量含重金属的酸性废水。含重金属废水主要是含有铅、砷、镉等金属废水，其中铅是主要污染元素。重金属废水排入水体后，除部分被水生物、鱼类吸收外，其他大部分易被水中各种有机和无机胶体及微粒物质所吸附，再经凝聚沉降沉积于水体底部。它在水中浓度随水温、pH 值等不同而变化，冬季水温低，重金属盐类在水中溶解度小，水体底部沉积量大，水中浓度小；夏季水温升高，重金属盐类溶解度大，水总浓度高。故水体经重金属废水污染后，危害持续时间很长且难以生物降解。

2.3 再生铅冶炼行业环境监管政策

受2009年儿童血铅事件的影响，再生铅冶炼行业环境污染问题逐步引起社会各界的关注。2015年环境保护部发布了再生铅冶炼行业污染物排放标准。新标准发布对再生铅冶炼企业发展提出了重大挑战：

① 污染物排放浓度大幅降低，如与来源执行的污染物排放标准相比，新标准针对颗粒物和二氧化硫的排放浓度限值要求收严了80%和70%；

② 新标准对再生铅冶炼企业污染物排放实施总量和浓度的双监管。在原有浓度排放限值控制基础上，新标准通过给出再生铅冶炼企业污染排放的基准烟气量和基准废水量，增加了对企业污染物排放总量指标的控制要求。据预测，将有2/3以上再生铅冶炼企业无法满足新标准浓度和总量限值控制要求。

与此同时，我国再生铅生产工艺装备水平相对落后，铅综合回收率平均水平仅有80%，远低于国外95%综合回收率。随着行业产品能耗限额以及清洁生产技术规范的陆续发布，如何实现污染物稳定达标、铅资源高效回收以及节约资源能源消耗已成为再生铅冶炼过程的主要困境。自2011年起，为了规范引领再生铅冶炼行业的绿色持续发展，国家陆续出台了一系列再生铅冶炼行业产业和环境保护政策及相关配套措施（见表2.8）。

表2.8 中国再生铅冶炼行业污染防控监管政策

时间	部门	政策	内容
2011年1月	工业和信息化部、科学技术部、财政部	《再生有色金属产业发展推进计划》	明确提出到2015年再生铅占当年铅产量的比例达到40%的目标，而且从技术装备、产业布局、节能减排和综合利用等各方面提出了要求
2011年2月	国务院	批复《重金属污染综合防治“十二五”规划》	把铅列为重点防控的重金属污染物，目标是到2015年，建立起比较完善的重金属污染防治体系、事故应急体系和环境与健康风险评估体系
2011年5月	财政部	《关于加强铅蓄电池及再生铅行业污染防治工作的通知》	明确要采取严格措施整治违法企业，建立重金属污染责任终身追究制
2011年12月	财政部	《关于调整完善资源综合利用产品及劳务增值税政策的通知》	以废旧电池为原料生产铅金属，且废旧资源比重不低于90%，实行增值税即征即退50%的政策
2012年8月	工业和信息化部、环境保护部	《再生铅行业准入条件》（公告第38号）	要求新建再生铅项目必须在5万吨/年以上（单系列生产能力，下同）。淘汰1万吨/年以下再生铅生产能力，以及坩埚冶炼、直接燃煤的反射炉等工艺及设备。鼓励企业实施5万吨/年以上改扩建再生铅项目，到2013年底以前淘汰3万吨/年以下的再生铅生产能力

续表

时间	部门	政策	内容
2013年3月	工业和信息化部等五部委	《关于促进铅酸蓄电池和再生铅产业规范发展的意见》(工信部联节〔2013〕92号)	把铅酸蓄电池和再生铅行业作为国家淘汰落后产能的重点行业，2015年底前淘汰未通过环境保护核查、不符合准入条件的落后生产能力。随后相关政府部门按照再生铅行业相关准入要求，对现有企业逐一进行审查，并陆续向社会公告通过审查的企业名单
2013年5月		《再生铅行业准入公告管理办法》	提出将从再生铅生产规模、生产工艺技术及装置、能源和原材料消耗、环境保护、安全生产等各项技术指标等方面进行准入公告。截至2014年年底，共有2家再生铅企业通过准入公告
2014年5月	工业和信息化部、财政部	《关于联合组织实施高风险污染物削减行动计划的通知》(工信部联节〔2014〕168号)	为了从源头减少铅等高风险污染物产生，计划到2017年，减少废水中总铅排放量2.3吨/年，减少废气中铅及铅化合物排放量8吨/年。实施铅削减清洁生产工程，在再生铅冶炼行业重点推广预处理破碎分选、废铅膏预脱硫、低温连续冶炼，废铅酸蓄电池全循环高效利用，非冶炼废铅酸电池全循环再生等技术
2014年10月	环境保护部、工业和信息化部	《关于开展铅冶炼企业协同处置阴极射线管含铅锥玻璃试点工作的通知》(环办函〔2014〕748号)	符合相关条件的再生铅企业将获得临时许可证开展试点活动。预计该项政策将在2015年进入实质性实施阶段
2015年3月	工业和信息化部	2015年第20号公告《铅锌行业规范条件(2015)》	为进一步加强铅锌行业管理，遏制低水平重复建设，规范现有铅锌企业生产经营秩序，提升资源综合利用率和节能环保水平，推动铅锌行业结构调整和产业升级，促进铅锌行业持续健康发展，根据国家有关法律法规和产业政策，经商有关部门，将《铅锌行业准入条件(2007)》修订为《铅锌行业规范条件(2015)》

2.3.1 源头预防政策

2.3.1.1 国外源头预防政策

(1) 法律法规

西方各发达国家在国家层面纷纷建立了完善的法律体系，颁布了适合于各行业的环境保护和资源利用的法律、法规。完善的政策、法律体系和严格的执法，保障和促进再生铅冶炼行业实现了产业规模化、工艺清洁无害化的良性发展。美国联邦法律现存国家环境政策法（一部关于环保的基础性法律，它建立了环保政策、设定了目标，提供了实现这些目标的方法）、清洁水法、清洁空气法、综合环境响应、补偿、责任法、紧急策划与社区知情法、职业安全与健康法、污染防治法、超级基金修订与再授权法、有毒物质控制法、安全饮用水法以及资源保护与回收法等。意大利则颁布了处理工业废物的法规：DPR（总统令）第915/82号。这些法律包含了对废铅酸电池回收管理和再生铅冶炼行业的环境保护和职业卫生等各项要求，并由各国环境保护机构负责监督实施。各项再生铅冶炼行业环境保护法律法规的制定，极大地促进了行业节能环保防控技术的推广应用，从根本上保证了再生铅冶炼行业绿色健康持续发展。

（2）行业环境保护和职业健康标准

国外针对再生铅冶炼企业生产过程中对周边环境控制提出了相应的控制要求，对空气、废水及土壤中的铅，二氧化硫等做出了严格规定，包括厂区周围的空气质量和生产过程中的环境质量。冶炼企业必须具备专门的环境检测人员时刻监控污染情况。美国《紧急策划与社区知情法》规定社区有权要求厂方提供环保数据，企业必须发布年度环境保护评估报告等。欧洲国家规定若冶炼企业被居民投诉或检测出环境质量超标物质，则环境保护部门会立即要求企业制定相应的改进措施，并于一个月内达到相关污染物排放和环境质量控制指标要求，否则企业将被强制要求关闭停产。西方国家对再生铅冶炼企业职工血铅以及企业周边人群特别是妇女儿童的血铅标准有明确控制要求，欧洲规定再生铅冶炼企业工人的血铅浓度应小于70μg/dL，平均血铅浓度应小于45μg/dL，冶炼企业周围人群血铅浓度应小于35μg/dL，妇女血铅浓度应小于25μg/dL，儿童则应小于15μg/dL。英国环境法律则要求再生铅冶炼企业工作场所必须提供职工防护靴、手套、工作服、防毒口罩、防护眼镜等防护用具，同时要定期针对冶炼企业车间内、企业周边的铅浓度以及职工和周边公众血铅浓度开展达标监测。

美国发布实施的《综合环境响应、补偿、责任法》规定，任何有毒有害物品的处置或无意泄漏进入环境而给环境造成危害的主体应承担永久性责任。美国环保署可对污染点追究永久且连带责任，受污染的地表地下水要求严格达标治理，环保署及州环境保护部门均应下设相应的“紧急响应及清除部门”。英国环保署制订了特别废弃物规定《Special Waste Regulations 1996》，对所有废弃物的分类、认定、评估以及运输、储存、标记等做了详细的规定。

（3）废铅酸电池回收的法律法规

从近几年全球蓄电池销售规模来看，北美蓄电池市场需求旺盛，但铅酸电池产品制造产能日益减缩，很多依赖从中国等国家进口。就铅酸电池产量而言，美国铅酸电池产量与中国接近，2008年制造企业只有33家。日本作为全球铅酸电池生产国之一，其铅酸电池产量主要来源于汤浅公司、西恩迪和日本松下等规模较大公司。受电池制造企业规模化等影响，美国、日本等发达国家在铅酸电池生产技术及污染控制方面一直处于领先水平，主要表现在如下几个方面：

① 铅粉机向大型化发展，优先采用巴顿式铅粉机。铅粉的输送与储存采用密封技术，实现铅粉制造系统的全自动生产；

② 合金配制过程中淘汰有毒有害的铅锑镉合金，使用铅钙等环保型合金。在铅钙合金的配制与铸板过程中，使用铅减渣剂，以减少危险废物铅渣的量；

③ 实现和膏与涂片的一体化与自动化生产，取消涂片工序中的淋酸工艺；

④ 改进铅膏配方和固化工艺，尽量缩短固化时间；

⑤ 采用电池内化成工艺取代极板槽化成工艺，废除极板水洗与极板干燥工艺；

⑥ 用铸焊取代烧焊，推广应用多工位铸焊（四工位以上）自动化装配线生产工艺与设备。

20 世纪 70 年代以后，随着汽车工业成为国民经济的支柱产业以及国民环境意识的逐渐提高，以废铅酸蓄电池为主要原料的再生铅冶炼行业迅猛发展。目前发达国家的铅蓄电池再生铅冶炼工艺主要是采用机械破碎分选和对含硫废铅膏进行脱硫等湿法预处理技术，然后再用火法、湿法、干湿联合工艺回收铅及其他有用物质。对于火法冶炼，发达国家一般采用短窑冶炼或长短窑联合粗铅冶炼工艺，废铅膏经过脱硫预处理后，一方面减少了进炉的物料量，提高了炉料的铅品位，从而减少了烟气量、弃渣量、烟尘量、能耗、二氧化硫排放量，提高金属回收率、工效、产能，有利于环境保护；另一方面也降低了工人劳动强度，减少了生产过程中人为环境污染问题。例如，意大利某公司采用该技术，使炉料的含硫量降低了 90%，这使得冶炼熔剂量和二氧化硫的排放大大减少；与未脱硫相比，脱硫可使冶炼能力提高 30%，铅回收率达到 90%以上，冶炼温度降低 150℃，能耗降低 10%，冶炼废弃物减少 75%。对于湿法冶炼工艺，废铅酸电池的湿法预处理脱硫是实现湿法电沉积冶炼的前提，其主要特点是在冶炼过程中无废气、废渣产生，铅的回收率可达 95%～97%。

废铅酸电池作为一种固体废弃物包含在其中，因此对于废铅酸电池的管理应当符合固体废弃物回收管理法律、法规。1991 年 3 月欧共体（现欧盟）批准实施了关于含有危险物质电池和蓄电池的指令性文件（91/157EEC）。美国各州制定了专门的法令对废弃物进行管理，如缅因州制定《有害废弃物、渣泥、固体废弃物管理》，详细规定了废铅酸电池的回收、收集、标识、运输、储存、冶炼等全过程操作要求和环境保护规定。

(4) 废铅酸电池回收鼓励性政策

为了有效开展废铅酸电池回收，世界各国纷纷制定了相应的鼓励性政策措施。美国通过出台一系列经济鼓励措施促进废铅酸电池有效回收。1996 年 5 月美国总统签署了一项“含汞电池和可充电电池管理”法令，该指令明确要求：

① 电池生产企业应生产适于回收利用和易于处置的小型密封的铅酸电池和其他电池；

② 教育公众关心对各类电池的收集、回收利用和合理处置工作；

③ 任何电池产品及产品的包装材料上，以及使用充电电池的器具的外表上必须贴有统一规定的标签，标签上必须印上“电池不得任意丢弃，须妥善处置”的字样；

④ 鼓励公众使用可充电的电池，参与废电池收集和回收利用工作。

同时该指令规定，对于违反废铅酸电池回收相关规定的，联邦环保署应令其整改或征收不超过10000美元的罚金。除联邦环保署做出相关规定外，美国部分州政府也规定为了有效开展废铅酸电池处理，应对市场上销售的电池征收一定税率，如1990年美国密歇根州通过的一项法律要求，对在本州境内销售的汽车用铅酸蓄电池征收6美元废物处理费用，如果将报废铅酸电池交由电池销售商，则可以享受部分退费的激励政策。美国蓄电池协会作为废铅酸电池回收和冶炼的主管机构，与美国联邦环保署联合制定了一系列的法令、标准，把废铅酸电池作为危险废物管理，禁止随便处置，规定蓄电池生产厂家要承担起回收废电池的任务额，否则将受到惩罚。参照欧美相关管理政策，日本政府也制定了相对完善的废旧电池回收管理政策体系。日本政府要求各地在学校、商店、社会团体、企业和居民点设立废电池回收箱，并对上交废干电池的学生实行有偿鼓励政策。同时日本政府通过奖励资助专业电池回收企业和团体方式促进废电池的有效回收。从事废电池回收的最大组织是北海道的野村兴产株式会社，其每年由全国回收的废电池达13000t，占日本废弃电池量的20%，其中93%通过民间环保组织收集，7%通过生产厂家收集。此公司得到日本电池工业协会的支持。德国的“绿点制度”和“延伸生产者责任制度”是针对所有报废产品回收的相关政策。对于废铅酸电池回收，德国政府规定电池生产商和销售商必须收集所有废电池，并由销售商将有标识和无标识的电池分开回收，然后再由生产商分类处理和利用。

随着公众环保意识的逐步提高，环保政策法规逐步健全，推进清洁生产工艺是世界各国的共同选择。再生铅清洁生产冶炼技术是解决铅再生过程的铅污染、提高铅回收率的重要举措。各国政府积极探索有效的再生铅清洁生产冶炼环境监管政策体系。针对废铅酸电池回收和处理过程进行环境控制，各国的法律和技术导则的基本要求如下：在废铅酸电池收集过程中，必须建立一个有效的废铅酸电池收集系统，涉及废物经销商、电池销售商、运输机构、再生铅厂和消费者。电池在交再生铅冶炼企业前不得倾倒电解液，储存点必须防雨、防水、有地面隔离层、通风，特别强调收集点不得将废电池交给没有授权的铅冶炼者；在运输过程中，要求必须将废铅酸蓄电池作为危险废物放在完好的容器中，并遵照一个预定的路径和时间表运输，有规定的运输标记。要求再生铅冶炼企业对废电池进行分类处理，对电解液及产出冶炼渣的处理均有明确的规定。通过这些规定使废铅酸电池能够持续地从源头流向循环过程，保证整个回收过程的安全和无污染。

综上所述，从目前国内外废电池回收管理政策体系来看，随着公众环保意识的增强，各国政府结合各自国家的特点制定出较为完善的政策、法规或标准，废铅酸电池的回收管理已逐步进入到有序管理阶段，基本实现了铅酸电池“电池用户—回收商—再生铅冶炼厂—电池制造企业”的良性“闭路”循环模式。

(5) 行业企业准入政策

针对再生铅冶炼行业企业准入主要涉及废铅酸电池的收集体系企业和冶炼企业的两类准入。回收利用联盟组织，它是从电池的生产、销售到废电池的收集、回收和铅的二次生产、循环每个阶段的部门、政府（工业部门和环保部门）参与的联盟组织。如意大利铅酸电池和含铅废物回收强制性联盟，负责铅酸电池和铅废物的回收，组织废铅酸电池的储存和再生。西方各国都有类似的组织。美国蓄电池理事会制订了法规式的 BCI 回收模式，目前已有 37 个州和 1 个市按该模式制订了相关的法律。这种回收模式规定购买新蓄电池需交纳一定的抵押金，交回废旧蓄电池后将抵押金返还。美国、德国、瑞典、意大利等国家法规要求蓄电池零售商、批发商、零配件商等有义务接收废铅酸电池；社区和市政部门在集中地点，每个城市设立多个回收点回收废铅酸电池；然后将回收的废铅酸电池送到授权的回收公司或再生铅冶炼企业。国外对从事废铅酸电池回收、运输、储存的厂商必须符合相关法律法规的要求。由环保部门或专门回收管理组织对回收商进行专业技术培训，然后对收集点、储存场所、运输工具、电池包装、容器等回收过程中涉及的硬件设施进行严格的评估和审查，达到法律或技术标准的要求后才能颁发废铅酸电池回收经营许可证。

美国针对再生铅冶炼企业准入明确指出，企业正式生产前必须经过环境评估获取排污许可证。欧洲则要求冶炼企业周边污染物排放浓度必须达到相应空气质量标准要求，环境保护行政主管部门通过对再生铅冶炼企业周围的大气环境质量开展为期一年的监测，包括建厂前大气中铅含量、下雨沉积到地面上的铅含量、周围人群血铅含量等是否满足相关标准要求，一旦发现某项污染因子超标则不予发放排污许可证。根据不完全统计，国外再生铅冶炼企业环保投资一般要占企业总投资的 30%～40%。根据美国的《资源保护和回收法》和《综合环境响应、补偿、责任法》对“危险废弃物”定义，再生铅冶炼过程产生的冶炼渣、废电池槽、废水处理污泥等都属危险废物，企业必须支付 250 美元/吨甚至更高的价格交由有资质的危险废物处理处置单位进行安全处理处置。中国的危险废物名录也将再生铅冶炼过程产生的冶炼渣作为危险废物，同样需要缴纳 2000 元/吨左右的危险废物处理费用交由有资质的单位进行安全处理处置。因此，严格的环境保护法规无形中提高了再生铅冶炼企业的准入条件，要求再生铅冶炼企业生产工艺技术必须达到一定规模、拥有先进的生产技术和完备的环境保护技术设施才能进入再生铅冶炼行业。

2.3.1.2 国内源头预防政策

(1) 行业发展政策

近年来，国家发展改革委员会、工业和信息化部、生态环境部针对有色金属行业重金属污染问题，颁布了一系列污染防治相关政策，提出源头预防、过程阻断、清洁生产、末端治理相结合的污染全过程综合防控政策要求，对再生铅冶炼行业企业的准入要求、生产工艺及末端治理工艺也明确提出了相关要求（见表 2.9）。

表 2.9 中国再生铅冶炼行业监管政策体系

序号	发布日期	政策名称
1	环境保护部 2012 年 38 号公告	《再生铅行业准入条件》
2	国务院办公厅 2009 年 5 月	《有色金属产业调整和振兴规划》
3	发展改革委令 2011 年第 9 号	《产业结构调整目录(2011 年本)》
4	工信部 2011 年 12 月	《有色金属工业“十二五”发展规划》
5	工信部 2011 年 51 号公告	《再生有色金属产业发展推进计划》
6	工信部 2012 年 8 月	《铅酸蓄电池行业准入条件》
7	科技部 2012 年 4 月	《废物资源化科技工程“十二五”专项规划》
8	国家发改委 2010 年第 24 号公告	《废弃电器电子产品处理目录(第一批)》 《制订和调整废弃电器电子产品处理目录的若干规定》
9	环境保护部 2012 年 18 号公告	《铅锌冶炼污染防治技术政策》
10	环境保护部 2011 年 12 月	《铅冶炼污染防治最佳可行性技术指南(试行)》
11	环境保护部 2012 年 11 月	《铅酸蓄电池生产及再生污染防治技术政策(征求意见稿)》
12	环境保护部 2008 年 6 月	《国家危险废物名录》
13	工信部 2013 年 92 号公告	《关于促进铅酸蓄电池和再生铅产业规范发展的意见》
14	工信部 2013 年 95 号公告	《2013 年工业节能与绿色发展专项行动实施方案》
15	工信部 2013 年 210 号公告	关于做好《再生铅行业准入条件》实施工作的通知
16	环境保护部 2011 年 56 号公告	《关于加强铅蓄电池及再生铅行业污染防治工作的通知》
17	环境保护部 2012 年 325 号公告	《关于开展铅蓄电池和再生铅企业环保核查工作的通知》
18	工业和信息化部 2014 年第 39 号公告	《再生铅行业准入条件》企业名单
19	环境保护部 2012	《重金属污染防治“十二五”规划》

2011 年 12 月国务院颁发的《国家环境保护“十二五”规划》明确提出，到 2015 年，主要污染物排放总量显著减少，重金属污染得到有效控制，生态环境恶化趋势得到扭转。在推进主要污染物减排方面，要加大结构调整力度，加快淘汰落后产能，严格执行《产业结构调整指导目录》《部分工业行业淘汰落后生产工艺装备和产品指导目录》，加大钢铁、有色、建材、化工、电力、煤炭、造纸、

印染、制革等行业落后产能淘汰力度，重点行业新建、扩建项目环境影响审批要将主要污染物排放总量指标作为前置条件。同时，合理控制能源消费总量，促进非化石能源发展，增加天然气、煤层气供给，大力推进清洁生产和发展循环经济，提高造纸、印染、化工、冶金、建材、有色、制革等行业污染物排放标准和清洁生产评价指标，全面推行排污许可证制度，加快石油石化、有色、建材等行业的工业炉窑进行脱硫改造。

(2) 再生铅冶炼行业准入政策

2012 年 9 月工业和信息化部发布了《再生铅行业准入条件》，主要用来引导和规范再生铅冶炼行业的持续绿色发展。《再生铅行业准入条件》从项目建设条件、企业生产布局、生产规模、工艺和设备、能源消耗及资源综合利用、环境保护、安全、卫生与职业病防治等方面对给出了明确要求。其中明确要求再生铅冶炼企业新建再生铅冶炼项目单系列生产能力必须在 5 万吨/年以上，2013 年年底以前淘汰 3 万吨/年以下再生铅生产能力，以及坩埚冶炼、直接燃煤反射炉等工艺及设备。在能源消耗与资源综合利用上，《再生铅行业准入条件》要求单独处理含铅废料的再生铅项目综合能耗应低于 130kg 标准煤/吨铅，铅的总回收率应大于 98%，废水实现全部循环利用，冶炼渣中铅含量应小于 2%。

2.3.2 过程控制政策

2.3.2.1 清洁生产标准

随着我国全面推行清洁生产，行业清洁生产标准也成为推进清洁生产的重要依据。中国的行业清洁生产标准，从污染预防思想出发，将清洁生产指标分为六大类，即生产工艺与装备要求、资源能源利用指标、产品指标、污染物产生指标(末端处理前)、废物回收利用指标和环境管理要求；同时结合行业企业指标水平差异性，将上述六类指标分为国际领先水平、国内领先水平和国内一般水平三个级别，形成了涵盖生产工艺全过程的“三级六类”的评估指标体系。截至目前，清洁生产标准已经成为企业挖掘清洁生产潜力、开展清洁生产审核效果、实施新改扩建项目环评、排污许可、排污收税以及评估环境领跑企业的重要标准依据，已经成为各地淘汰落后产能实施环境准入的重要政策依据之一。

为贯彻实施《中华人民共和国环境保护法》和《中华人民共和国清洁生产促进法》，我国目前已经发布了 4 个关于铅冶炼行业的清洁生产标准。其中，《清洁生产标准　废铅酸蓄电池回收业》对火法和湿法清洁炼铅工艺提出了具体的要求，规定了采用自动破碎分选系统和预脱硫的预处理工艺，富氧熔炼、电解沉积和电还原的生产工艺，并对污染物产生指标如冶炼渣含铅量、二氧化硫排放浓度、废塑料回收利用率等进行了详细的规定（见表 2.10）。

表 2.10　铅冶炼行业清洁生产标准体系

序号	标准编号	标准名称
1	HJ/T 447—2008	清洁生产标准　铅蓄电池工业
2	HJ/T 510—2009	清洁生产标准　废铅酸蓄电池回收业
3	HJ/T 512—2009	清洁生产标准　粗铅冶炼业
4	HJ/T 513—2009	清洁生产标准　铅电解业
5	国家发改委 2015 年第 36 号公告	再生铅行业清洁生产评价指标体系

2.3.2.2　排污许可技术规范

排污许可制是依法规范企事业单位排污行为的基础性环境管理制度，生态环境部通过对企事业单位发放排污许可证实施“一证化管理”。西方发达国家如美国、瑞典、挪威、德国、日本等都建立了较为完善的排污许可管理体系，虽然各国实施排污许可制度目的与实施手段各不相同，但排污许可制度基本上全部遵循全生命周期管理理念。美国排污许可制度最早确立于水污染防治领域。1972 年美国国会正式通过《联邦水污染控制法修正案》，首次以法律形式确立排污许可制度，随后美国国会于 1977 年对该法案进行修订，最终形成美国防治水污染和实施水污染排污许可制度的法律基础，即《清洁水法》。1990 年在借鉴《清洁水法》经验基础上，美国国会再次修订《清洁空气法》，确立了针对大气污染物排放的许可证制度。

美国联邦环保署在相关法律的授权之下对排污设施和设备按照一定的条件和要求签发联邦许可证。美国联邦环保署规定，如果美国各州或地方政府有相应的或更为严格的污染物排放标准，且执行机构有权力并且有能力执行这些标准，美国环保署可将全部或一部分签发许可证的权力授权州或地方政府。美国各州和地方政府可就权限下放提出申请，联邦环保署将于接到申请之日起 90 天之内决定是否授权州或地方政府签发许可证。若许可证申请予以准许，则将由州或地方政府在管辖范围内自行签发许可证；若许可证申请予以驳回，则仍由联邦环保署负责签发在该范围内的许可证。除联邦许可证外，一些州或地方政府还自行设置了一些排污许可证。根据规定，联邦环保署必须确立适用于所有州或地方许可证的最基本要求，并为州或地方政府确立自己的许可证制度提供指导；州或地方政府可在确保达到联邦最低要求的同时，根据自身的情况和需求，建立自己的许可证制度。

从 20 世纪 80 年代中期，我国开始试行排污许可制度，并在《中华人民共和国环境保护法》《中华人民共和国水污染防治法》《中华人民共和国大气污染防治法》和《中华人民共和国水污染防治法实施细则》中规定了有关排污许可的内容。2016 年国务院印发《控制污染物排放许可制实施方案》，对完善许可制度实施企事业单位排污许可证管理做出部署。2016 年环境保护部发布了《排污许可证管理暂行规定》，主要用于指导排污许可证申请与核发工作。2017年环境保护部发布了《固定污染源排污许可分类管理名录（2017年版）》，明确提出到2020年共有78个行业和4个通用工序要纳入排污许可管理。

再生铅冶炼行业作为重点管理行业纳入排污许可管理分类管理名录中，并于2018年由生态环境部组织制定和实施了《排污许可技术规范　有色金属行业——再生金属（HJ 863.4—2018）》，该标准涵盖了再生铅等多种再生金属的排污许可申请与核发的相关技术规定。再生铅冶炼行业排污许可技术规范明确给出了行业原辅材料台账要求、行业企业排污许可监管的重点设施和工艺段、排污许可总量许可的污染因子、排污总量许可核算方法、各排放口污染因子的监测频次、行业污染防治可行技术指南、无组织排放监管措施以及企业排污许可年度执行报告等相关技术内容要求。再生铅冶炼行业排污许可技术规范的实施，实现了行业环境监管的模式的重大转变，主要体现在如下几个方面。

（1）由“要我守法”到“我要守法”的守法观念转变

传统环境监管模式下，再生铅冶炼企业各项环境守法行为均通过环境行政主管部门“自上而下”的环境监管，企业处于“要我守法”的被动守法状态。排污许可制度的实施通过企业自行申报许可证，以及定期申报许可证执行台账报告的方式，实时主动将企业各项环境守法情况上报给环境行政主管监管部门，环境保护行政主管部门只需要通过监督性执法，企业则需要自行监测和台账报告等方式实现“自证守法”。由此可见，排污许可技术规范的实施，实现了企业由“要我守法”到“我要守法”的守法观念的转变。

（2）从“末端监管”到“全过程监管”的监管模式转变

受传统末端治理监管模式影响，再生铅冶炼行业企业的环境监管一直处于污染物排放的“末端监管”状态。新颁布的再生金属排污许可技术规范，针对再生铅冶炼行业做出了全过程环境监管的相关要求，主要从企业原辅料类型、生产工艺装备、主要生产设施和排放口、生产全过程无组织防控措施、企业污染自行监测要求以及运行台账和年度报告等方面提出了排污许可申请与核发的技术要求。环境行政主管部门实现了从末端监管到污染全过程防控监管模式的优化提升。

（3）由“浓度监管”到“浓度和总量双监管”的转变

传统末端环境监管模式，对再生铅冶炼企业执法依据主要是行业污染物排放标准，侧重在污染物浓度达标监管上，而对于企业污染物排放总量则只是行政分摊总量，与企业实际生产过程相关性不大。排污许可技术规范通过对再生铅冶炼过程主要排放口许可污染物排放总量，实现了从“污染物浓度监管”到“污染物浓度监管”与“污染物排放总量监管”双监管。

（4）由“有组织监管”到“有组织和无组织双监管”的转变

在传统监管企业厂界污染物浓度基础上，再生铅排污许可技术规范通过对原辅料场、物料转运、投加料口以及冶炼窑炉的环境集烟等环节，明确规定了无组织排放监管的措施要求，通过对生产工艺全过程的无组织排放提出措施和浓度要求，实现了行业企业无组织排放的有效防控。

2.3.2.3 最佳适用技术指南

在过程控制方面，欧盟最早发布了《有色金属工业最佳可行技术指导文件》，中国香港发布实施了《金属再生工业最佳可行方法指南》，这些均是从污染全过程防控角度提出了可行技术清单。2015 年中国发布了《再生铅冶炼污染防治可行技术指南》，可作为再生铅冶炼污染防治工作的参考技术材料。再生铅冶炼污染防治技术包括工艺过程污染预防技术、大气污染治理技术、废酸综合利用技术、废水治理技术、余热利用技术、固体废物综合利用及处理处置技术。再生铅冶炼污染防治可行技术包括工艺过程污染预防可行技术、大气污染治理可行技术、废酸处理可行技术、废水处理可行技术、固体废物综合利用及处理处置可行技术。

《关于促进铅酸蓄电池和再生铅产业规范发展的意见》（工信联节【2013】92 号）明确指出，2015 年前淘汰未通过环境保护核查、不符合准入条件的落后生产能力。目前中国政府大力发展再生铅冶炼行业的政策导向十分明确，随着监管逐步加强，市场逐步规范，未来再生铅在精炼铅中的比重将不断提高。提高再生铅冶炼行业准入门槛本身有利于实现规模化生产，提高产业集中度，避免因利益驱动引发恶性竞争。一旦建立完善的废铅酸蓄电池回收体系，通过各种可能的渠道开展回收工作，并由政策通过立法来保障各回收渠道的畅通，同时政府和企业更注重加强对再生铅规模化生产、节能技术、综合回收利用技术等技术创新工作的投入，将实现回收体系化、利用专业化、废铅酸蓄电池处理与铅酸蓄电池生产上下游衔接，再生铅冶炼行业绿色发展水平的不断提升。

2.3.3 末端治理政策

污染物排放标准是为满足环境质量控制要求的污染物排放限值要求，对污染物排放浓度、排放总量所规定的最高允许值。污染物排放标准实行浓度控制与总量控制相结合的原则，中国《水污染防治法》规定，国家污染物排放标准由国务院环境保护部门根据国家水环境质量标准和国家经济、技术条件制定。美国、欧盟、日本等发达国家和地区对再生铅或有色金属行业都有相应的限制标准，如美国的《再生铅生产有害空气污染物排放标准》《再生铅熔炼废水排放限值导则》，欧盟的《有色金属工业最佳可行技术指导文件》，日本的《对工场及事业场排放的大气污染物质的限制方式与概要》《工场、指定作业场的有害物质相关标准》，中国香港的《金属再生工业最佳可行方法指南》《废水排放入 A 组内陆水域的流出物的标准》等对再生铅冶炼行业污染物的排放做了详细的规定（见表 2.11）。

表 2.11 国内外再生铅冶炼行业排放标准比较

环境监管因子	项目	执行期	铅	铜	锌	汞	镉	砷	颗粒物	二氧化硫	硫酸雾	二噁英
废水及污染物	《污水综合排放标准》(GB 8978—2002)	新建企业 2015 年 7 月 1 日之前，现有企业 2017 年 1 月 1 日以前	1.0mg/L	一级：0.5mg/L 二级：1.0mg/L 三级：2.0mg/L	一级：2.0mg/L 二级：5.0mg/L 三级：5.0mg/L	0.05mg/L	0.1mg/L	0.5mg/L	—	—	—	—
	《再生铜、铝、铅、锌工业污染物排放标准》(GB 31574—2015)	新建企业自 2015 年 7 月 1 日起执行，现有企业自 2017 年 1 月 1 日起执行	0.2mg/L	0.2mg/L	1mg/L	0.01mg/L	0.01mg/L	0.1mg/L	—	—	—	—
	中国香港			0.2mg/L	1mg/L	—	—	—	—	—	—	
	欧盟				0.2mg/L	0.01	0.05	0.05	—	—	—	
	日本			3mg/L	5mg/L	0.005mg/L	0.1mg/L	0.1mg/L	—	—	—	
	爱尔兰			—	金属总量 5mg/L	—	—	—	—	—	—	
	德国			0.5mg/L	1mg/L	—	0.2mg/L	0.1mg/L	—	—	—	
大气及污染物	《大气污染物综合排放标准》(GB 16297—1996)	新建企业 2015 年 7 月 1 日之前，现有企业 2017 年 1 月 1 日以前	0.9mg/m³	—	—	0.015mg/m³	1.0mg/m³	—	150mg/m³	700mg/m³	70mg/m³	—
	《工业炉窑大气污染物排放标准》(GB 9078—1996)	1997 年 1 月 1 日起实施。新建企业执行至 2015 年 7 月 1 日，现有企业执行至 2017 年 1 月 1 日	30mg/m³	—	—	3.0mg/m³	—	—	—	—	—	—

续表

环境监管因子	项目	执行期	铅	铜	锌	汞	镉	砷	颗粒物	二氧化硫	硫酸雾	二噁英
大气及污染物	欧盟		—	—	—	—	—	—	1～5 mg/m^3	50～200 mg/m^3	—	0.1～0.5 ngTEQ/m^3
	日本		—	—	—	—	—	—	排烟量为40000m^3/h时为100mg/m^3；排烟量小于40000 m^3/h时为100mg/m^3	需计算系数	—	0.1～0.5ng TEQ/m^3
	爱尔兰		—	—	—	—	—	—	10mg/m^3	350mg/m^3	—	0.1～0.5 ngTEQ/m^3
	中国香港		—	—	—	—	—	—	10mg/m^3	250mg/m^3	—	0.1ngTEQ/m^3
	《再生铜、铝、铅、锌工业污染物排放标准》(GB 31574—2015)	新建企业自2015年7月1日起执行，现有企业自2017年1月1日起执行	2mg/m^3	—	—	—	0.05mg/m^3	0.4mg/m^3	30mg/m^3	150mg/m^3	20mg/m^3	0.5ngTEQ/m^3
固体废物	《危险废物填埋污染控制标准》(GB 18598—2001)	2001年11月26日批准实施	5mg/L	75mg/L	75mg/L	0.25mg/L	0.5mg/L	2.5mg/L	—	—	—	—

目前《再生铜、铝、铅、锌工业污染物排放标准》（GB 31574—2015）的发布和实施，新标准中对二氧化硫、废水排放指标进一步调低，而且增加了二噁英的排放指标。同时，为了更好地规范再生行业的发展，对现有企业和新建企业提出了不同的要求，对新建企业的要求更严格，并要求现有企业的排放限值在一定过渡期后达到新建企业的控制要求。通过对比可以发现，中国再生铅行业污染物排放限值已经与发达国家的限值基本持平，个别污染物如二氧化硫、硫酸雾等排放限值还严于发达国家和地区要求。与之前中国的标准相比，《再生铜、铝、铅、锌工业污染物排放标准》（GB 31574—2015）对铅的要求从1mg/L降低到0.2mg/L，对镉的排放标准要求从0.1mg/L降到0.01mg/L，锌的排放标准从2mg/L降到1mg/L，铜的排放标准从1mg/L降到0.2mg/L，更加严格的新标准对再生铅冶炼行业的生产工艺技术装备提出了更高要求（见表2.12）。

表2.12 中国再生铅冶炼行业相关污染物排放标准

标准名称	铅	铜	锌	汞	镉	砷	颗粒物	二氧化硫	硫酸雾	二噁英
《污水综合排放标准》(GB 8978—2002)	★	★	★	★	★	★				
《大气污染物综合排放标准》(GB 16297—1996)	★			★	★		★	★	★	
《工业炉窑大气污染物排放标准》(GB 9078—1996)	★			★			★	★		
《再生铜、铝、铅、锌工业污染物排放标准》(GB 31574—2015)	★	★	★	★	★	★	★	★	★	★

在《再生铜、铝、铅、锌工业污染物排放标准》实施之前，再生铅冶炼行业执行依据《污水综合排放标准》（GB 8978—2002）、《大气污染物综合排放标准》（GB 16297—1996）和《工业炉窑大气污染物排放标准》（GB 9078—1996）对各类污染物的排放标准要求。相比之下，新的行业排放标准的执行对再生铅冶炼行业污染防控带来更多压力和挑战。

(1) 大气污染物监管种类增加，指标要求严格化

目前，再生铅冶炼行业污染物排放执行《再生铜、铝、铅、锌工业污染物排放标准》，标准中新增了对大气中砷及其化合物的排放标准要求，对镉及其化合物的浓度要求由原来的1.0mg/m^3降到0.05mg/m^3，颗粒物浓度由150mg/m^3降到30mg/m^3，降幅80%；二氧化硫浓度由700mg/m^3降到150mg/m^3，降幅接近80%；硫酸雾浓度由70mg/m^3降到20mg/m^3，降幅70%以上；铅及化合物由

0.9mg/m^3修改为2mg/m^3同时增加了单位产品基准排气量的要求，从总量控制和浓度控制两个角度提出对再生铅企业的要求。

由于再生铅在生产过程中，车间环境主要存在含铜、铅、镉、砷等重金属烟尘、二氧化硫、硫酸雾等空气污染物。标准的严格化对原料预处理和粗铅冶炼过程的清洁生产提出了技术改进的更高要求。再生铅冶炼冶炼过程的含重金属的铅烟、铅尘、酸雾应采取负压收集，铅烟应采用两级干式袋式除尘、静电除尘或袋式除尘加湿法（水幕或湿式旋风）等除尘技术，铅尘应采用布袋除尘、静电除尘等技术，严格控制废气无组织排放。酸雾应采用物理捕捉加碱液吸收的逆流洗涤技术。《铅酸蓄电池生产及再生污染防治技术政策》鼓励采用微孔膜复合滤料等新型织物材料的高效滤筒及其他高效除尘设备。鼓励采用烟气急冷、活性炭吸附、布袋除尘等技术协同控制二噁英的排放。

(2) 含重金属固体废物监管精细化和严格化

再生铅冶炼过程产生的冶炼渣都含有铅、锌、镉、铬、砷等重金属。此类重金属废物具有毒性大、污染严重、不易被生物降解的特点，且成分复杂，如处置管理不当则会对环境造成严重的危害。再生铅冶炼过程产生的含铅固体废物，包括铅泥、铅尘、铅渣、废活性炭、含铅废旧劳保用品等应交由有危险废物处置资质的企业进行安全处置。国家鼓励以无害的冶炼水淬渣为原料，生产建材原料、制品、路基材料等，以减少占地，提高废旧资源综合利用率。除尘工艺收集的不含砷、镉的烟尘应密闭返回冶炼配料系统或直接采用湿法提取有价金属。废铅产品及含铅、砷、镉、铊等有害元素的物料应就地回收，按固体废物管理的有关规定进行鉴别和处理。再生铅冶炼过程产生的飞灰和残渣冶炼渣、铅酸污泥等列入国家危险废物名录，为了防止危险废物转移时产生污染，要求危险废物必须按照有关规定填写危险废物转移联单。对从事危险废物经营活动的单位实行许可证管理制度，禁止无证或不按许可证规定的范围从事活动；对危险废物产生单位的规定是禁止将危险废物提供或委托给无证单位处置。

(3) 废水及污染物排放要求更加严格

《再生铜、铝、铅、锌工业污染物排放标准》对各类污染物的排放标准提出了更加严格的要求。废水排放指标进一步调低，生产废水排放口中总铅浓度小于0.2mg/L，总镉浓度小于0.01mg/L，总砷浓度小于0.1mg/L，总汞浓度小于0.01mg/L。为了更好地规范再生行业的发展，对现有企业和新建企业提出了不同的要求，对新建企业的要求更严格，并要求现有企业的排放限值在一定过渡期后达到新建企业的控制要求。规定的污染物种类更加齐全，也更能体现再生金属行业的特征，对再生铅冶炼行业的发展提出了更严格的要求。

2.4 再生铅冶炼行业物质代谢研究进展

因铅资源的战略性和环境毒性，对铅代谢的元素流分析开展相对较早。Hanse 等从铅资源开采和社会领域使用和报废等大尺度，完成了丹麦国家层面铅代谢元素流分析；Rauch 等从资源利用的环境影响角度，完成了全球铅代谢环境影响分析，指出铅资源代谢过程对环境影响日渐突出；Elshkaki 等基于对荷兰经济系统铅动态代谢分析，指出荷兰经济系统铅元素流库存流量较大，应开展废铅酸回收实现铅资源的高效利用；Tukker 等完成了欧盟成员国铅代谢分析，从铅污染环境风险防控的角度指出进入填埋场的铅废物流会大幅降低；Smith 等从经济系统铅资源代谢路径需求角度，研究了美国铅资源回收率已高达 95% 以上；Reisinger 等从国家资源利用政策制定的角度，完成了澳大利亚铅资源元素流代谢分析（见图 2.12）。

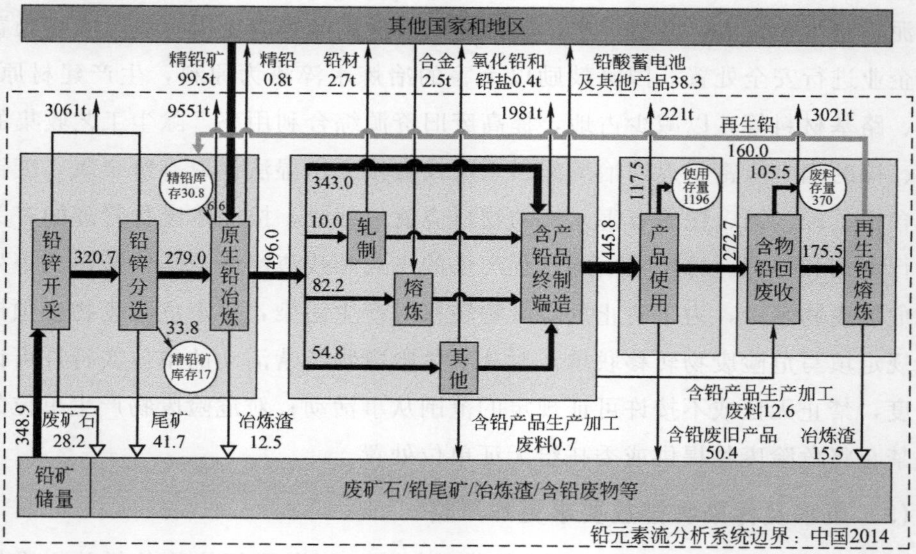

图 2.12　中国经济系统铅元素代谢流图（除标注外，其余铅流量和存量单位均为万吨）

注：刘巍．中国铅酸蓄电池行业清洁生产和铅元素流研究［D］．北京：清华大学，2016.

国内学者开展铅资源元素流代谢研究相对较晚。毛建素等完成了全球尺度的铅元素流分析，指出全球铅资源代谢全生命周期过程中有 50% 的铅经使用过程耗散并以废物形式排入环境；在借鉴 STAF 分析模型基础上，毛建素等提出了经济系统铅资源人为代谢循环分析模型；郭学益等完成了 2006 年中国铅元素流代谢分析；毛建素等运用 STAF 模型分析发现，近十年中国国家层面铅资源代谢效率有所提升；刘巍等基于中国铅消费全口径数据收集和统计，完成了2016年中国铅资源的元素流代谢分析，通过与2000年中国国家层面铅资源代谢比较发现，随着铅工业迅速发展，中国国家层面铅资源利用过程排污环境中铅损失量呈增长趋势，年均增长率达到10.40%，主要集中在涉铅的工业领域，如铅采选业冶炼、铅酸电池制造和再生铅冶炼过程等行业；姜文英等基于铅锌冶炼工艺资源高效利用需求，针对冶炼过程铅及其伴生元素开展元素流分析；从冶金铅矿资源的高效提取角度，大量学者针对原生矿铅冶炼过程资源和能源的高效利用、粗铅冶炼、水口山工艺以及粗铅精炼等生产工序或工段开展铅元素流分析；钟琴道等从原生矿铅冶炼过程重金属防控角度，完成了铅元素流代谢分析；对于铅资源消耗的主要行业铅酸电池制造行业元素流分析也是学者们关注的重点。毛建素等运用元素流分析方法比较了中瑞两国铅酸电池行业的铅资源利用效率，指出中国铅酸电池行业铅利用效率低下造成环境损失量达到33%；Liang等通过分析环境中铅物理化学形态，指出中国经济系统铅资源消耗损失率为54.80%，其中有73.30%来自铅产品使用和报废回收冶炼过程。针对再生铅冶炼过程元素流分析起步较晚且相对较少，Rae等基于物质循环利用的角度开展再生铅冶炼行业研究，提出为了铅资源的高效利用应开展废铅酸电池再生冶炼；Nakamura等从物质代谢产业链闭合角度，提出再生铅冶炼产业技术发展应紧密围绕铅酸电池制造需求而发展；万斯等就废铅膏预脱硫火法精炼工艺及湿法冶炼工艺完成了铅元素流分析，但该研究仅针对工艺生产过程铅元素流代谢量进行核算；万文玉等针对矿产铅和废铅膏混合冶炼工艺，以生产工序为系统边界完成了铅元素流分析。

为了实现铅冶炼过程物质代谢效率的提升，国内外学者陆续开展了系列的探索研究。Lewis等研究指出，降低和减少生产工艺过程的污染排放和环境影响路径应涵盖两方面，首先是摸清污染物排放特征，其次根据污染物理化特征追踪影响污染物产排特征的生产参数，通过改变生产参数优化污染物改变并降低污染排理化特征和排放量。针对再生铅冶炼过程污染减排优化的研究陆续开展。Kukurugya等研究发现，磨矿和浸出工艺技术对铅、铜、镍等金属浸出回收效率的影响；Rabah等针对短窑冶炼工艺企业的颗粒物和高能耗问题开展研究，指出通过采用电池浆料球团化等清洁技术，可节约35%左右的热量、12.50%的能耗以及67%左右悬浮颗粒排放。张松山等提出冶炼过程的采用尿素溶液为浸出剂进行脱硫工艺减少二氧化硫的排放；Ma等针对二氧化硫污染问题，研究提出采用湿法冶金脱硫和真空热还原法从废铅酸蓄电池废铅膏中回收铅；Eunyoung等提出几种以硝酸为基础的浸出方法，从再生铅冶炼废渣中选择性地回收铅和其他微量金属；Ellis等针对火法冶炼工艺冶炼烟气等问题，提出湿法制备铅酸电池材料氧化铅工艺技术；Andrews等研究并提出湿法冶炼工艺可实现铅资源的高效回收；Sonmez等针对火法冶炼工艺二氧化硫排放问题，提出了采用柠檬酸和柠檬酸钠溶液对废铅膏中的硫酸铅浸出脱硫工艺；Maruthamuthu等采用新的电动技术，从废铅膏中分离出铅和硫酸盐，可降低火法冶炼带来的二氧化硫等烟气污染问题高效回收，同时可降低火法冶炼过程带来的污染问题；潘军青等运用原子经济法提出了碱性溶液中电解氧化铅直接生产高纯度金属铅的新方法；Li 等以废铅酸蓄电池膏为原料，在柠檬酸溶液中浸出合成了该氧化铅的前驱体柠檬酸铅，湿法冶炼制备纳米结构氧化铅，可避免冶炼过程颗粒物和二氧化硫污染问题；田昕等从冶炼工艺反应机理上，定性比较了中国再生铅火法冶炼和湿法冶炼工艺技术的环境影响效果差异，指出湿法冶炼技术可实现火法冶炼污染物大幅降低。虽然大量学者探索了再生铅湿法冶金技术，从冶金技术原理上提出了可避免火法冶金特有的污染问题，但是从技术产业化推广的角度，受湿法冶炼原辅料、能耗等因素影响，湿法冶金技术无论从经济可行还是二次污染问题仍然问题突出；田西等通过文献和资料调研数据，完成了中国现有的火法和湿法冶炼工艺的环境影响生命周期评估，指出湿法冶炼技术的二次酸雾等污染问题不可忽视且成本较高；詹光等研究也指出湿法冶金技术能耗过高导致经济成本过高的问题明显。

(1) 物质代谢系统边界“局部性”特征明显，基于系统学分析尚显不足

大量宏观尺度铅元素流代谢研究显示，铅资源代谢过程环境损失量偏大，且主要集中在铅产品使用和报废产品铅再生过程。铅资源消耗产业链涵盖了铅矿开采、冶炼、铅酸电池制造和废铅酸电池铅再生冶炼。目前针对铅矿开采、冶炼、铅酸电池制造等铅资源代谢研究相对成熟，而对于废铅酸电池再生铅冶炼的铅元素流代谢研究涉及较少。虽然少数学者针对铅膏预脱硫火法、湿法冶炼工艺开展了铅物质流核算，但由于这两种工艺运行成本过高而导致实际生产中应用率很低，这在一定程度上限制了研究结果对再生铅冶炼过程污染减排的有效指导。同时废铅膏中含有砷、镉、硫等杂质元素，以废物代谢形式伴随铅资源代谢全过程。目前针对杂质元素的废物代谢尚未开展相关研究。因此，为了减少再生铅冶炼过程铅、砷、镉、硫等污染物排放和环境影响，针对再生铅冶炼过程铅、砷、镉、硫等资源和废物流协同代谢研究迫在眉睫。

从物质代谢研究来看，目前针对国家、城市区域以及行业层面研究相对成熟，对于微观企业层面物质代谢尚无统一的方法，从现有企业层面物质代谢研究来看主要分成两类：一类是只关注资源的高效利用的物质代谢研究，将系统边界划定在生产系统工序，物质代谢更多关注产品制造系统的资源和能源的利用效率；另一类则是从污染防控研究角度出发，将物质代谢研究的系统边界确定为末端治理系统，或者是将生产系统与末端治理系统孤立开来进行对比分析，很少从系统学的角度将二者统一纳入生产全过程，并分析二者之间相互关系和相互影响机制，物质代谢研究的系统边界“局部性”特征明显。针对生产过程某一生产工序技术如破碎技术、废铅膏预脱硫技术、粗铅冶炼技术、精铅冶炼技术、制酸技术、除尘技术、脱硫技术等，这种局部子系统的目标优化只能满足其服务子系统目标，对于大系统目标优化则可能存在正相关或者负相关两种可能，如废铅膏预脱硫技术是实现废铅酸电池二氧化硫排放达标最佳技术，但是该技术的应用带来再生铅生产过程大量硫酸钠二次污染物产生，从生产全过程系统边界分析预脱硫并非最佳可行。从物质代谢机理来看，资源利用与环境影响只是硬币的两面，二者相互依存相互影响，任何局部系统的优化不能体现和实现系统总体最优。因此，开展基于系统学开展的物质代谢系统边界的确定对实现再生铅冶炼过程物质代谢总体目标优化尤为重要。

(2) 针对物质代谢路径、种类和节点配置的研究较少

随着清洁生产和循环经济的日渐发展，“节能、降耗、减污、增效”已成为再生铅等行业绿色发展的战略目标。因此，为有效开展再生铅冶炼过程铅资源高效回收和污染防控，需开展冶炼过程各生产工序物质代谢路径、代谢量、代谢状态及其影响因素的系统分析模型。然而，无论是欧盟提出的元素流分析模型框架还是耶鲁大学提出的STAN元素流分析模型，其关注的重点是将系统设置为黑箱的资源代谢量研究，缺少对系统内部物质代谢路径、影响因素以及优化方法的深入研究，特别是缺少对生产工艺过程资源和废物协同代谢研究。因此，开展基于清洁生产和循环经济理念的再生铅冶炼过程元素流代谢分析模型显得尤为重要。

目前物质代谢研究大部分采用“黑箱式”代谢研究，仅仅关注系统的输入端和输出端的代谢量，对于系统内物质代谢种类、代谢路径、代谢节点和代谢形态的分类、配置和优化研究则相对较少。随着企业层面推行清洁生产和循环经济需求，迫切需要构建基于生产工序的物质代谢种类、代谢路径、代谢节点配置的代谢分析方法，指导和规范企业层面物质代谢优化，提高物质代谢效率并降低代谢过程环境影响。

(3) 关注物质代谢量居多，对物质代谢形态研究不足

目前针对再生铅冶炼过程污染物排放主要集中在污染排放对周边土壤和水体污染等影响效果、儿童血铅以及操作环境职业健康等领域，大量研究表明，再生铅冶炼企业周边铅、砷、镉、硫等环境污染问题严重，部分学者也从污染相关性角度定性推测可能与含重金属的冶炼烟气和冶炼渣有关，但针对再生铅冶炼过程污染物排放的理化特征研究较少，对冶炼过程污染产生物理形态、化学特征以及可能潜在的环境影响研究少之又少，这也导致了对再生铅冶炼过程污染排放特征不明，在一定程度上制约了对再生铅冶炼过程的有效溯源。

任何工业生产过程均是物质代谢的过程，系统开展物质代谢特征和优化分析则是提升资源利用率降低环境污染负荷的重要方法。再生铅冶炼过程同样属于物质代谢过程，冶炼过程资源浪费和污染超标排放，其核心原因是对冶炼过程资源代谢特征、代谢量、代谢路径以及优化方法不清晰。因此，为了有效解决再生铅冶炼过程绿色可持续发展面临的资源和环境问题，本书将重点从冶炼过程物质代谢机理、代谢系统边界、代谢物质流分类、代谢路径、代谢模式、代谢量、代谢形态以及代谢效率8个方面，重点围绕再生铅冶炼过程清洁生产与末端治理协同代谢模式、资源和能源协同代谢效率、多污染物协同代谢机理和效率以及物质代谢量和代谢形态的协同优化的四个协同优化尺度，开展如下领域研究：

① 再生铅冶炼物质代谢及协同控制理论基础研究；

② 再生铅冶炼物质代谢及协同控制方法模型研究；

③ 再生铅冶炼过程物质代谢量核算；

④ 再生铅冶炼过程物质代谢形态分析；

⑤ 再生铅冶炼过程物质代谢机理和代谢规律研究；

⑥ 再生铅冶炼过程物质代谢协同优化分析；

⑦ 再生铅冶炼过程物质代谢效率分析。

第3章

再生铅物质代谢及协同控制理论基础

3.1

系统学

20 世纪 40 年代奥地利学者冯．贝塔朗菲首次提出系统论概念，指出系统是一个有机的整体，它是由若干个相互联系相互作用的部分组成；系统中的部分被称为系统组成元素或者子系统。系统在特定环境下具备特定的功能。系统论包括了一般系统论、控制理论、信息论、耗散结构理论和合作理论以及系统分析技术。由此可见，系统是由若干元素组成的集合，且组成要素之间相互作用和相互依赖。系统特征表现为要素集合以及各类集合关系。假设 $S=[R,E]$，其中 S 代表系统，R 代表系统组成要素，E 则代表要素集合关系。通常系统的要素集合关系可以分成四类（即 $R=R_1\cup R_2\cup R_3\cup R_4$），即 R_1 指系统组成要素相互关系，R_2 指系统要素与系统之间的关系，R_3 系统与环境关系和 R_4 系统其他各种关系。任何系统要实现与环境的平衡，则环境对系统存在反馈机制，可以根据反馈对系统输入影响的效果分为“负反馈”和减少系统输入的“正反馈”。这种反馈因研究的系统边界不同而不同，对于系统 S 是外界环境的反馈，对系统内部则是系统组成要素之间的反馈（见图 3.1）。

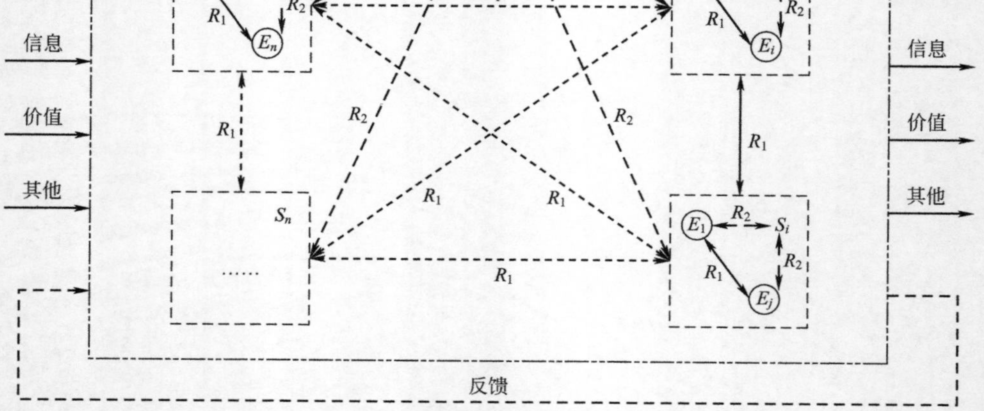

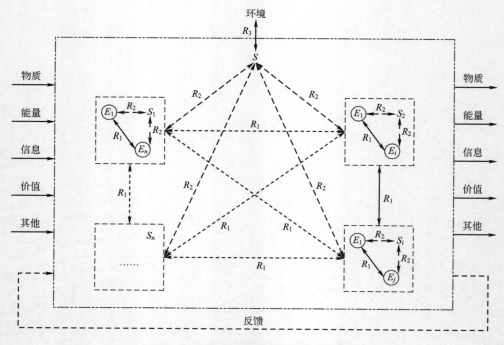

图 3.1　系统边界和要素组成的集合关系

通常作为研究对象的要素集合称之为系统，要素集合的边界则为系统边界，与系统边界密切相关的定义为环境。根据系统与环境之间物质传递将系统分成三类，主要包括了无任何传递的孤立系统、只有能量传递的封闭系统以及物质及能量双传递的开放系统。在工业生产过程中，生产系统需要从环境中输入物质和能量，制造产品的同时将非预期产出（各类废物和无法利用的热能）排入环境。由此可见，工业系统输入端主要以资源和能源消耗为主，输出端废物排放会引起破坏环境平衡造成环境污染。对于工业系统的“反馈机制”则同样存在两种情况：一种系统内部各要素间的反馈机制，主要是由于物质和能量回用和梯级利用，导致前段生产工序输入变化的反馈机制，一般是降低了“系统一次输入”的减少，将其定义为“正反馈”；另一种则是因末端治理对系统输入变化的反馈机制，主要是为了减少系统污染导致“系统二次输入”的增加，将其定义为“负反馈”。

工业系统生产过程即是物质代谢的过程，生产系统通过消耗资源和能源进而生产产品，但受工业生产技术装备水平以及经济成本效益等因素限制，工业生产过程无法实现资源和能源全部有效利用，一部分资源以废物或者副产物的形式伴随着产品生产过程而产生；生产过程中能源消耗除一部分能源未能被生产系统有效利用造成能源浪费之外，同时因能源消耗产生大量污染物质。工业生产过程作为一个完成的系统，其输入端为资源和能源，生产过程消耗了资源和能源生产工业产品，输出端为产品和污染物。因此，对工业生产系统中资源和能源代谢特征和代谢规律的识别和分析，可有效开展工业生产过程资源能源利用效率以及污染物产生和排放特征及其影响要素评估，为工业生产过程开展绿色化水平提升的提供重要分析方法。

3.2 物质代谢

“物质代谢”一词源于生命科学，1857 年 Moleschott 在其出版的《生命的循环》一书中指出“生命是能源、物质与周围环境交换的代谢现象”。随着物质代谢理论的逐步完善，自 20 世纪 60 年代开始国内外学者开展针对经济发展与物质代谢的关系展开学术讨论和研究。1965 年 Wolman 在物质代谢基础上提出了“城市代谢”概念，指出城市发展过程就是通过物质和能量的代谢不断向环境输出产品和废物的过程；1969 年美国首次完成了国家层面物质代谢分析，指出经济系统物质代谢过程即为经济系统与自然环境资源和能源相互转化的过程；1989 年 Frosch 提出“产业代谢”的概念，指出产业生产过程就是物质的输入消耗、系统存储以及以废物形式输出到自然环境的过程；产业代谢方法研究目前主要集中在美国、德国和世界资源研究所等机构提出的物质代谢领域。1998年王如松等提出工业代谢的概念，指出“工业代谢是模拟自然生态系统代谢功能的系统分析方法”，伴随着循环经济研究领域不断拓展；段宁等指出工业代谢过程伴随着产品代谢和废物代谢量两类代谢。综上所述，物质代谢可以理解为“系统与自然环境之间的资源和能源的输入、存储、输出的过程”。2010年国内学者傅泽强等从生物学、生态学、哲学以及生态经济系统的角度分别给出了物质代谢定义的不同诠释。由此可见，目前学术界尚未针对物质代谢提出统一的定义。但是，无论从哪种角度分析，从物质代谢理论提出的根本初衷及其应用来看，物质代谢以理解为“系统与自然环境之间的资源和能源的输入、存储、输出的过程”。物质代谢理论可为解决和评估经济发展与生态系统平衡问题提供理论基础和方法依据。

物质代谢理论涵盖了三方面核心要素，即代谢系统、代谢过程和代谢量。从系统边界大小可将代谢系统分为由全球和国家宏观尺度、区域或城市中观尺度以及企业或家庭微观尺度三类。受代谢数据可获得性影响，目前在前两个尺度研究相对较多，针对这些领域资源代谢、存储及不同区域的物质转移、资源代谢特征及其可持续性评估；如针对全球范围内的铜、铝、铁等金属代谢量以及存量评估，德国、奥地利、日本等国家层面特定物质代谢分析；欧洲各国陆续开展的铜、铅、锌等金属代谢分析；Ethan等通过完成全球25个经济发达城市物质代谢分析发现，城市物质代谢中能源代谢量和种类的变化促进了城市可持续发展的进程；Rosado等学者分别在对瑞典斯德哥尔摩、加拿大多伦多以及中国北京等城市开展近20年来的物质代谢研究，提出城市物质代谢特征、影响要素以及城市可持续发展的物质代谢建议；Agudelo-Vera等运用物质流核算分析方法提出了循环型城市发展的方案；Newman等运用物质代谢理论提出城市可持续发展内涵，应包括从自然系统输入到经济系统物质的可持续供给，还应包括经济系统输出到自然系统的废物的可代谢消纳；张蓓等提出物质代谢方法可用于循环经济指标体系研究，实现对区域层面循环经济绩效评估；陈跃等从环境管理角度指出未来物质代谢分析可称为发展循环经济实现环境有效管理的重要手段之一。目前针对企业和家庭层面的物质代谢研究相对较少，Wouter Biesiot等完成荷兰家庭物质代谢核算，指出物质代谢模式差异对物质代谢效率影响很大；刘晶茹等参照国外研究方法，完成了家庭水和食物碳代谢分析；Bringezu等对物质代谢的环境影响理论开展研究，指出物质代谢在可持续领域的应用除关注系统物质代谢量的减量化外，还应将系统代谢物质的无毒或者低毒的特征纳入物质代谢分析，但该研究仅仅提出了研究方向，并未针对方法学开展系统研究。

物质代谢遵循了物质和能量守恒原理，目前其分析方法主要有物质流分析方法（Material Flow Analysis，MFA）、能值分析方法（Energy Flow Analysis，EFA）、生态足迹法（Ecological Footprint，EF）、全生命周期评价（Life Cycle Analysis，LCA）等，目前应用最广和最为成熟的是物质流分析方法。

(1) 物质流分析方法

物质流分析思想最早发源于 100 多年前。Ayres 于 1969 年首次针对社会经济系统物质代谢提出物质流分析框架。Wernick 等提出经济系统物质流分析方法（Economicwide-material flow analysis，EW-MFA）；1997 年 Adriaanse 等结合可持续发展生态工业发展需求，拓展了物质流分析方法应用领域；2001 年欧盟将物质流种类分成了输入流、储存流、输出流、物质流代谢效率、物质流代谢强度等十余个指标评估系统物质代谢情况。随着物质代谢系统不断细化以及对某类物质代谢分析需求，1999 年 Guinee 等基于物质代谢研究提出了元素流分析方法（Substance Flow Analysis，SFA）。元素流分析方法适用单质和微观系统边界物质代谢研究，Hansen 等完成了德国元素代谢分析；Mathieux 等运用 SFA 与 LCA 结合方法，完成了欧洲报废汽车中铝元素的物质代谢及其环境影响分析；刘毅等完成了磷元素的代谢分析；Han 等针对山东省某园区铜和硫的物质代谢完成元素流分析，从元素代谢效率及环境影响等角度提出了园区绿色发展对策建议；张佳兴等针对中国汞物质流分析提出了汞污染削减路径分析；陆钟武等针对钢铁行业铁元素的企业层面物质代谢研究；耶鲁大学生态工业中心研究开发了元素流分析的存量-流量模型（Stock and Flow，STAF），主要针对元素代谢的开采、生产、消费、回收等全生命周期开展元素流核算评估，运用该模型以及国内从国家、区域等尺度完成了磷、硫、铜、锌、银、铁等 60 余种元素流代谢。元素流分析方法日渐成为分析资源消耗特征的重要方法之一。

(2) 能值分析方法

能值分析方法起源于 20 世纪 80 年代，由美国著名生态经济学家 H. T. Odum 提出。H. T. Odum 指出能值是指某一流动或储存的能量是包含另一类别能量的数量。能值分析则是将生态系统中能量流、物质流、信息流、人口流、资金流等不同类别、不可比较的能量转换成同一计量单位能值进行统一核算，系统评估生态效益、经济效益和可持续发展性能的分析方法。能值分析方法指标分为一般指标、评价指标和可持续发展指标三类。与原有经济系统中单一货币计量相比，能值分析方法相对全面和客观。目前能值分析方法应用领域较为广泛，包括国家尺度、区域和城市尺度、生态系统尺度等。

(3) 生态足迹法

生态足迹的概念是 1992 年 William Rees 教授首次提出，随后在 1996 年提出了生态足迹具体核算方法。生态足迹分析方法是指人类作为地球生态系统消费者，其生产和生活行为对地球形成的压力，即任何人所需要地球表面支持自身生存所遗留给自然生态系统的痕迹，它是基于土地面积的量化评估各类行为的生态影响效果的评估方法。

生态足迹通过生物生产性土地实现，其中生物生产性土地是指具有生态生产能力的土地或水体，化石能源、可耕地、林地、草场、建筑用地和还要等各种资源和能源消费，通过折算为生物生产性土地，然后乘以其均衡因子进而计算求和即为生态足迹。各类生物生产面积的均衡因子核算可通过全球该类生物生产面积的平均生态生产力与全球所有各类生物生产面积的平均生态生产力。

目前生态足迹核算主要包括两种方法：Wackernagel 等基于生物生产力，通过与物质流分析技术和生命周期分析方法结合的表现消费计算生态足迹核算方法；Bicjnell 等提出投入觇标追踪满足中消费的直接和间接生产投入。目前生态足迹核算方法主要应用于国家尺度、省市、地方、企业、大学、家庭乃至个人的核算研究。

(4) 全生命周期评价

全生命周期评价（Life Cycle Analysis，LCA）最早起源于 1969 年美国可口可乐公司对其生产的饮料瓶环境影响定量化评估，随后学术界开始了对 LCA 方法学的探索研究，直到 20 世纪 80 年代晚期 LCA 才得以广泛应用。LCA 是一种针对产品、工艺或者服务展开的资源能源消耗和环境影响评价，其评价范围涵盖了原材料开采、加工、产品制造、运输、使用和报废的整个生命周期过程。1997 年国际标准化组织出版了首个生命周期评价国际标准《生命周期评价原则和框架》（ISO 1040），该标准中将 LCA 主要分为目标范围的确定、清单分析、影响评价和结果解释四个主体部分。随着 LCA 方法的日渐成熟和应用领域的不断扩展，目前 LCA 评价对象已经从最初的单一产品扩展到资源开采、工业生产过程、工业园区以及建设项目等系统性评价，评价内容也从单纯的资源能源、环境领域日渐增加了经济系统和社会政策等众多领域。截至目前，根据 LCA 评价系统差异性和评价方法差异，已经形成了过程全生命周期评价（Process-based LCA，PLCA）投入产出全生命周期评价（Input-output LCA，I-O LCA）和混合生命周期评价（Hybrid LCA，HLCA）。PLCA 是基于实地调研、监测等手段获取产品生产过程各阶段的资源能源消耗，自下而上地计算产品的环境影响。该方法针对性和精确度强，但存在核算不完整的截断误差的缺点。单纯从系统边界来看，I-O LCA 和 HLCA 相对 PLCA 更全面，前两种基本涵盖了国民经济系统，目前主要应用于国民经济系统宏观评价。从评价准确性来看，PLCA 相较其他两种方法则更具优势，目前主要应用产品评价（见表 3.1）。

表 3.1 物质代谢的主要分析方法

分析方法	系统边界	物质种类	方法优缺点
物质流分析方法(MFA) 元素流分析(SFA)	全球、国家、区域、城市、企业	物质流、能量流，按照各自重量加合	优点：核算方法简单，数据直观； 缺点：只考虑物质“量”，对因物质“质”差异而导致的环境影响效果分析不足，缺乏统一核算数据支撑

续表

分析方法	系统边界	物质种类	方法优缺点
能值分析方法(EFA)	国家、区域、城市、企业	物质流和能量流等，统一为能值核算	优点：可将生态价值和经济价值统一评估； 缺点：能值转换率不确定性大影响核算结果准确率低
生态足迹法(EF)	全球、国家、区域、城市	物质流和能量流，单位土地的生态负荷	优点：可量化表征物质代谢与生态承载力相互影响，核算方法直观、简单； 缺点：缺少对经济、技术等要素的评估，无法适用于企业和家庭物质代谢核算评估
生命周期分析方法(LCA)	经济系统、产品	物质流、能量流，通过已有的生态环境影响如 Gabi 等数据库，结合物质代谢数量进行环境影响分析	优点：物质代谢路径涵盖较全，全面反应物质在自然系统-经济系统全过程代谢气候变化、生态影响等宏观尺度的影响效果分析； 缺点：系统边界、环境影响类别选取较为主观以及影响数据可获得性不强

3.3

清洁生产

工业化生产带来的环境污染问题仅靠末端治理（End-of-pipe treatment，EPT）的局限性日渐明显。末端治理脱离了污染物产生的根源环节即生产系统，不考虑生产过程产生的废物的回收和再循环利用，仅仅针对污染物排放口通过物理沉降、化学反应、生物降解等方法实现污染物排放量的削减和排放方式的介质转移，如废气污染物迁移转化到废水中，废水污染物迁移转化到固体废物中，固体废物通过焚烧等再次转移到大气中等，去除一次污染物的同时还伴随产生二次污染物，同时造成资源能源的极大浪费。

与此同时，受技术可达性和经济可达性影响，并非所有的污染治理技术可实现污染物的全部彻底消除，如部分有机物污染物质很难通过物理化学反应甚至生物反应实现转化，只能通过生产系统改进和优化设计和生产方案才能从根源上解决，末端治理技术的技术局限性明显。

生态环境系统作为一个完整的系统，各种介质之间息息相关，相互影响。末端治理措施仅仅是“问题导向”，针对具体局部问题入手，对于交叉系统性环境问题则显得力不从心，如在环境属地管理制度下末端治理措施对区域性和全球性环境问题的解决则效果甚微甚至是治理盲区，如全球变暖、臭氧层破坏、重金属的迁移转化等领域可见一斑。因此，受末端治理技术适用范围、适用对象、技术可达性以及经济可达性等多方面因素的影响，单纯依靠末端治理技术已经无法满足日益复杂的环境污染问题，更无法支撑环境质量持续改善的战略需求（见表3.2）。

表3.2 清洁生产与末端治理比较分析

项目＼效果	清洁生产	末端治理
产生时间	20世纪80年代	20世纪70～80年代
控制方式	产品全生命周期	污染物末端达标排放
产污量	减少	无变化
排污量	减少	治理后减少
资源利用率	增加	无显著变化
资源消耗	减少	增加
产品产量	增加	无变化
产品成本	降低	增加污染治理成本
污染治理费用	减少	受排放标准限值影响
二次污染	可能性小	可能性大
适用对象	全社会	企业及周边
经济效益	增加	减少

如何有效解决生态系统自我清洁和修复机理，在消耗资源能源同时实现工业系统与生态系统的有机融合，最大限度地降低工业生产系统对生态环境系统影响的负效应，已经成为自第二次工业革命之后工业发展的新方向，即工业生态学的提出。工业生态学研究领域亟待解决的几个关键科学问题：首先，工业生产系统可通过向自然降解自净和恢复的生态系统借鉴哪些？其次，工业生产系统可借鉴哪些来自自然生态系统的废物分解和再利用方式？最后，工业生产系统如何构建类似自然生态系统的生产系统与分解系统有机协作模式？清洁生产（Cleaner Production，CP）无疑成为实现上述目标的根本途径和方法。

清洁生产理念的提出最早可追溯到1975年美国3M公司提出的污染预防计划，提出通过技术和管理实现企业污染物排放量的削减和企业成本的降低，该计划首次将环境目标和经济成本与工业生产过程相结合，是对污染防控由传统末端治理向源头和过程防控的伟大尝试，但并未形成推广复制的理念和模式。1976年欧共体在巴黎举行的“无废工艺和无废生产的国际研讨会”，本次会议首次提出资源环境因素与生产过程相结合推广模式，通过无废工艺倡导提出生产过程在消除废物的同时重点应识别和发现污染根本原因，从根源上消除和减少废物的产生。1979年，欧共体通过了《关于少废无废工艺和废料利用的宣言》，自此以正式文件的形式明确了清洁生产对协同优化资源能源消耗和污染防控的定位和作用。随着清洁生产理念和实践的不断拓展和深化，1984年美国国会颁布实施了《资源保护和回收法——固体及有害废物修正案》，系统提出了废物最小化的污染防控体系。1987年，为了推进“我们共同的未来”，国际社会提出了可持续发展的概念。从理论上讲，可持续发展就是在不危及满足下代人需求的基础上满足当代人的需求。可持续发展真正的挑战是如何把理论推向实践。清洁生产提供了一种把可持续发展从理论框架推向实际行动的可操作的途径。它不是针对全球污染问题的一种头痛医头式的被动的措施，而更多的是一种预防的战略。1989 年，联合国环境规划署提出了“清洁生产”战略和推广计划，自此世界各国纷纷就“废物最小化”“污染预防”“无废工艺”“源削减”“清洁技术”等不同角度开展清洁生产宣传和实践工作（见图 3.2）。

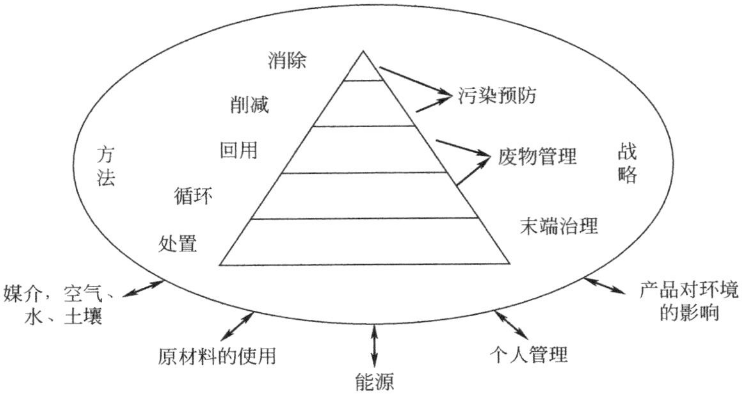

图 3.2　清洁生产在生态环境保护中的战略定位

综上所述，清洁生产是环境保护的重大战略，重点解决的如下几个方面的问题：首先，如何提高生产过程资源能源利用效率，从根源上减少和避免废物的产生；其次，哪些方式是实现生产过程产生的废物的再利用和再循环的最佳模式；最后，如果通过优化生产工艺过程与末端治理过程组合模式，实现工业生产系统资源能源利用效率的最大化和环境影响最小化的双赢目标。

为了从法律层面深入和拓展清洁生产理念和实践范围，1990 年美国颁布实施的《污染预防法》明确指出，“源削减与废物管理和污染末端控制有着原则区别，且更尽人意”，以法律的形式确定了污染预防的法律地位，将污染预防替代以往的废物最小化要求；同时为了全面推进污染预防理念，该法将污染预防从有害废物拓展到各类废物产生环节，自此美国创建了以预防为核心的环境战略框架，实现了对基于末端治理的环境污染控制战略和政策法律体系的重大调整。同年，为了更好地推进清洁生产，欧洲实施了污染预防活动示范项目的 PRISMA 计划，并且发布实施了《PREPARE 防止废物和排放物手册》。1992 年，在巴西里约热内卢首脑会议上，清洁生产作为推进可持续发展的重要战略被正式提出来。《21 世纪议程》把清洁生产作为重要的条款加以引用，并事实上成为了实施清洁生产的框架性指南。它同时指出了在考虑多方利益相关者和多方合作伙伴利益的基础上，采纳清洁生产的方向和重点领域。

联合国环境署给出清洁生产的概念：清洁生产是一种新的创造性的思想，该思想将整体预防的环境战略持续应用于生产过程、产品和服务中，以增加生态效率和减少人类及环境的风险。该定义给出了清洁生产涉及的3个领域范围：

① 生产过程，即要求节约原材料和能源，淘汰有毒原材料，减少降低所有废弃物的数量和毒性。

② 产品：要求减少从原材料提炼到产品最终处置的全生命周期的不利影响。

③ 服务：要求将环境因素纳入设计和所提供的服务中。

2002年和2012年中国颁布并修订了《中华人民共和国清洁生产促进法》，两版的法律中也明确给出了清洁生产定义，该法中指出“清洁生产是指不断采取改进设计、使用清洁的能源和原料、采用先进的工艺技术与设备、改善管理、综合利用等措施，从源头削减污染，提高资源利用效率，减少或者避免生产、服务和产品使用过程中污染物的产生和排放，以减轻或者消除对人类健康和环境的危害”（见图3.3）。

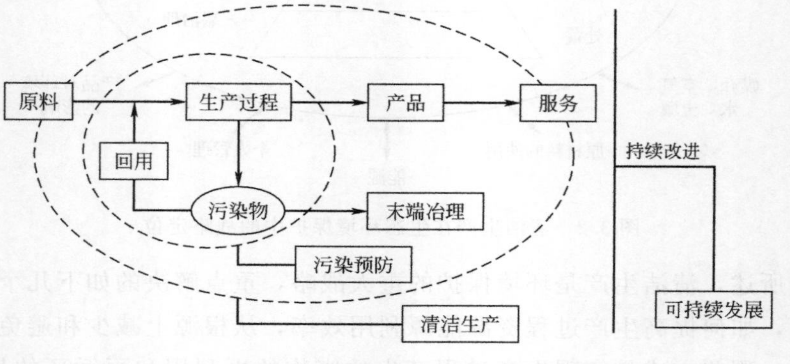

图3.3　清洁生产与可持续发展定位

清洁生产遵循系统学、热力学物质守恒和生态学基本原理，通过对原辅材料、生产工艺、技术装备、资源能源利用方式和强度、污染物的产生、废物循环利用、绿色产品以及清洁生产全过程管理8个方面，开展污染“低毒低害”以及减量化的源头预防，通过废物的循环利用实现污染过程削减，在节约资源能源消耗的同时实现生产过程污染负荷最小化以及产品绿色化生产。其根本宗旨是实现“节能、降耗、减污、增效”，作为社会生产方式的重要优化工具，清洁生产的提出，实现了环境污染监管模式由“末端治理”到“源头和过程防控”的战略转移和提升，也是构建绿色产业发展模式的重要途径和抓手（见图3.4）。

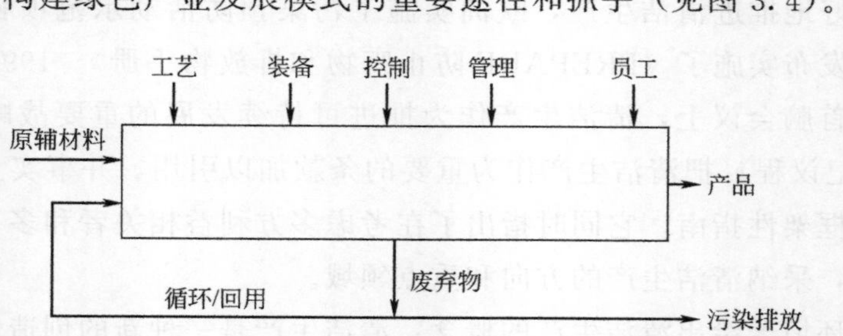

图3.4　工业生产系统清洁生产全过程分析

3.4

协同学

3.4.1 协同学概述

“协同”一词最早起源于希腊文，是同步、和谐、协调、协作、合作等意思。协同学（Synergetics）则起源于20世纪60年代，由德国物理学赫尔曼·哈肯基于对激光的统计学和动力学归类方法，提出系统从无序到有序演变机理，并于1971年出版了《协同学》一书；该书首次给出了“协同”的定义，是指两个或者两个以上的不同主体通过协调与合作，为完成和实现共同的目标或者任务过程中，实现各自能力的提升和总体业绩的倍增现象。自此，协同学作为一个学术研究领域正式成立，该理论的根本宗旨是通过揭示外部参量驱动以及内部子系统之间相互作用前提下，系统以自组织方式形成空间、时间或者功能有序结构的条件和特征，进而发现系统从无序到有序演变规律，最终实现系统的协同效应。协同学将系统分解为组元或者子系统等组分构成，组分之间主要发生物质、能量、信息等交换，并通过协同作用构建组分或各子系统之间的合作关系，促使系统从无序到有序或者从一种有序结构演变为另外一种新的有序结构的相变过程；与此同时产生的协同效益则是任何子系统或组分单独作用所不具备的，即出现了系统效益1+1>2的效果。

协同学理论包括了系统的序参量、伺服原理、自组织原理以及协同效应等内容。基于物理学原理，系统在相变点处的所有内部变量可以分为快驰变量和慢驰变量，其中慢驰变量是决定系统相变进程的变量，被称为系统序参量，序参量之间通过伺服原理和自组织原理等，促进系统从无序到有序状态的演变。哈肯认为只要外界环境发生微小变化，系统有可能产生新的序参量，当系统动态变化达到某个临界点时序参量也会相应增长到最大，此时系统出现全新的宏观有序的有组织结构。系统的序参量存在有很多种，部分系统可能有一个序参量，部分系统可能是众多序参量协同作用的结果。协同学指出在一定的时间段内，某个特定的序参量可能支配其他的序参量起到主导作用，而其他的序参量在主序参量运动下起到配合的作用。

伺服原理是指系统的快变量服从慢变量，序参量支配子系统行为。它从系统内部稳定因素和不稳定因素间的相互作用方面描述了系统的自组织的过程。其实质在于规定了临界点上系统的简化原则——快速衰减组态被迫跟随于缓慢增长的组态，即系统在接近不稳定点或临界点时系统的动力学和突现结构通常由少数几个集体变量即序参量决定，而系统其他变量的行为则由这些序参量支配或规定，正如协同学的创始人哈肯所说，序参量以“雪崩”之势席卷整个系统，掌握全局，主宰系统演化的整个过程。

自组织是相对于他组织而言的。他组织是指组织指令和组织能力来自系统外部，而自组织则指系统在没有外部指令的条件下，其内部子系统之间能够按照某种规则自动形成一定的结构或功能，具有内在性和自生性特点。自组织原理解释了在一定的外部能量流、信息流和物质流输入的条件下，系统会通过大量子系统之间的协同作用而形成新的时间、空间或功能有序结构。

3.4.2 协同效应

协同效应是指由于协同作用而产生的结果，是指复杂开放系统中大量子系统相互作用而产生的整体效应或集体效应。对千差万别的自然系统或社会系统而言均存在着协同作用。协同作用是系统有序结构形成的内驱力，任何复杂系统，当在外来能量的作用下或物质的聚集态达到某种临界值时子系统之间就会产生协同作用。这种协同作用能使系统在临界点发生质变产生协同效应，使系统从无序变为有序，从混沌中产生某种稳定结构，协同效应说明了系统自组织现象的观点。

基于系统学、经济学和管理学，协同效应主要表现在如下几个方面：

① 系统协同效应的产生根源，首先需要不同主体间的通力合作，构建不同主体间的有机系统合作机制和架构；

② 系统协同效应的实现内在动因，是不同主体之间在合作体系框架建立的前提下，合作过程中通过互取所长和互补缩短的有机融合，实现不同主体能力的发挥、拓展和延伸；

③ 系统协同效应的外在表征，是不同主体在合作关系建立前提下，通过内在动因的推动实现超越每个独立个体所能产生的协作规模效应，即通俗意义上理解的1+1>2的规模效应。

1998年美国环保署在阿根廷、巴西、智利、中国、印度、墨西哥、菲律宾和韩国等国家开展了综合环境战略项目。综合环境战略手册中给出了协同效应两层含义：一是减少大气污染物排放的同时可以带来温室气体的减排；二是减少大气污染物和温室气体的排放可以带来的公共健康和经济效益。美国环保署的综合环境战略主要侧重于综合措施的效益评估及政策内涵，而非注重于污染物之间的相互协调性、污染控制措施之间的关联性。联合国政府间气候变化专门委员会第二次评估报告中使用了温室气体减排的“次生效益（secondary benefits）”和“伴生效益（ancillary benefits）”的概念，但“协同效益”一词正式出现是在2001年联合国政府间气候变化专门委员会的《第三次评估报告：TAR》中，该报告指出“协同效应是因各种原因而同时实施的各种政策所获得的收益”，大多数以减缓温室气体为目的的政策在其初始阶段也常常涉及其他同样重要的决策目标，包括与发展、可持续性和公平相关的目标。2000 年经济合作与发展组织在美国华盛顿组织了一个国际研讨会，目的之一就是要更清晰地让政策的附属效益和成本进入到气候变化的辩论中，并在联合国政府间气候变化专门委员会第三工作组的报告中提供了信息。亚洲发展银行认为，协同效应可以从全球和地方两个视角来看。从全球角度看，协同效应是指从减缓气候变化的各项措施中产生的附加效益，如减少空气污染、提高健康效益、增加能源的可获取性进而提高能源安全等；从地方视角看，温室气体控制的额外效益还包括了发展及其他经济社会问题等。日本认为所谓具有协同效应的防止气候变暖的措施，就是解决措施在防止气候变暖的同时也能满足发展中国家发展需要的措施。2011 年中日联合研究组对上述定义进行了系统的梳理，并且总结得出，协同效应的内涵适用于与气候变化相关领域及非气候变化领域两个方面。其中，与气候变化相关的领域又可以归为物质化和货币化两大角度，货币化角度包括实施与气候变化相关的政策对人体健康、农业以及其他社会经济产生的效益，这种效益一般是单向的；而物质化角度则包括实施与气候变化相关的政策对环境介质以及生态环境产生的影响和效益，一般是双向的，即协同效应可以分为正协同效应、负协同效应。

(1) 第一阶段：认识到温室气体减排和大气污染控制的协同效应

世界上最早尝试将次生效益纳入成本效益分析的研究者之一是 Ayres 和 Walter，他们于 1991 年发表了文章“The Greenhouse Effect：Damages，Costs and Abatement”。他们指出 Nordhaus 的研究使用了简化的计算方式，这些研究没有考虑次生效益，因而低估了温室气体控制的效益。随后 Pearce 支持了他们的观点，他指出 Nordhaus 忽略了次生效益，因此忽略了一项主要的效益。Ayres 和 Walter 发现德国的协同效应很可能超过美国，因为德国的人口密度大于美国，Burtraw 和 Toman 指出“人口密度对各种措施的协同效应十分重要”，他们对比了欧洲和美国的协同效应，指出欧洲和美国的评估结果和数据差异可能是地理原因造成的。在美国东部大部分的硫排放沉降在离岸地带，而不是落在欧洲陆地上。除了人口和地理的原因，他们认为可能还有其他的原因也导致了这些差异，Burtraw 和 Toman 等针对欧洲的实施案例研究发现温室气体减排与大气污染控制有协同效应，且对于环境影响的经济效益的估值更高。

(2) 第二阶段：协同效应评价方法学及案例研究

最初的一些文献使用“固定系数法”来研究度量“次生效益”，即在控制温室气体的同时所产生的局地大气污染物减排效益，如果排放 X 吨碳的同时会排放 Y 吨其他污染物，那么单位碳减排的次生效益为 $\$VY/X$，此处的 V 表示每吨碳带来的其他污染物的外部性环境成本。固定系数法存在的致命缺陷是污染系数实际上是平均值而不是边际值，没有考虑到将来或过程控制政策的情况。由于边际排放与平均系数之间有着很大的差距，所以导致某些次生效益或协同控制效果的估算值偏高。对于某些温室气体减排的控制措施，根本不存在次生效益或伴生效益，且可能出现相反的结果是增加空气污染成本，如碳捕获与封存技术等。Hans A. AAHEIM 等阐述了使用综合方法评估匈牙利节能项目成本效益的重要性，以及二氧化碳减排的协同效应，其中评估结果指出协同效应可能是减少大气污染物带来的健康效益以及减少材料的损害和减小植被损害。但是与减少当地和区域污染带来的效益相比，温室气体减排带来的效益可能较小。Schopp 等总结了欧洲排放控制措施对酸雨和地面臭氧的影响作用，评价了目前实施的政策对于酸雨和地面臭氧的影响。Cifuentes 评价了墨西哥城、圣地亚哥、圣保罗和纽约市减少化石能源燃烧带来的健康效益。根据综合环境战略的研究方法，West 等研究了墨西哥城市群大气污染改进方案的协同效应，认为其除了能够达到既定目标外，还可以得到明显的温室气体减排效果。Cifuentes 研究了智利圣地亚哥地区实施城市交通项目的协同效应，结果表明项目对温室气体、局地大气污染物都有着重要的减排作用。2005 年，韩国应用自下而上的分析方法对温室气体政策和措施进行了健康方面的协同效应分析，为空气污染和温室气体减排的政策制定提供了参考。Yeora Chae 评估了首尔空气质量管理规划与二氧化碳排放控制措施的协同效应，该研究分析了 NO_x、PM_{10} 与 CO_2 的减排与成本估计，并定量化评价了多种大气污染物和温室效应气体减排的措施。利用排放因子计算各种减排措施产生的 NO_x、PM_{10} 与 CO_2 减排量，综合各因素单位减排成本，比较各种措施的减排成本效率。研究结果表明，综合的环境战略与常规情景相比，协同效应结果已经超出二氧化碳预期减排目标，并同时达到空气质量改善目标。

瑞典环保局认为开展协同控制可以实现较好的减排效果，并于 2010 年初出版了《大气污染和气候变化——同一个硬币的两面》(Air Pollution and Climate Change—Two Sides of the Same Coin)，研究了气溶胶、臭氧与甲烷、氮氧化物对气候变化的影响。欧盟计算了为达到 2030 年温室气体减排目标所采取的措施，及局地大气污染控制协同效应。结果表明实施温室气体减排方案使得局地大气污染控制目标的实现成本每年降低了大约 100 亿欧元，约占总成本的 25%，相应的协同效应表现为健康损害的降低和生态系统损害的减少。且 2030 年的协同效应将大于 2020 年的协同效应。Wagner 等采用 GAINS 模型模拟了《京都议定书》附件一国家实施温室气体减排措施的效果，结果表明达到二氧化碳减排目标的同时可以额外削减 5% 的 SO_2、NO_x、PM 的排放量。Bollen 等运用 MERGE 模型模拟证明，气候友好型环境保护政策的确存在协同效应，即全球实施气候友好型环境保护政策在 2015 年获取的收益要大于单独实施应对气候变化政策与单独实施控制大气污染政策获取收益之和。Sharon L Harlan 等探讨了全球气候变化、城市热岛效应和空气污染给城市发展带来的负担，提出的城市气候风险管理计划中的措施将产生健康的协同效应。Douglas Crawford-Brown 检验了 180 个国家在温室气体减排过程中产生的全球 PM 减排和相应的健康效益。

(3) 第三阶段：追求协同效应最大化的协同控制措施的选取与设计

在认识到协同效应的存在并对其进行了定量估算后，进一步的问题是：有什么样的控制措施可以使协同效应最大化？因此，协同效应的概念后协同控制的概念就应运而生。

Tollefsen，P 等研究表明，如果在欧盟大气质量控制战略中纳入减缓气候变化的因素，则在最优政策情景下整个欧盟地区人群健康和农作物破坏的损失可减少 344 亿欧元，如果考虑气候变化减缓因素在内则可达到 369 亿欧元，即大气污染控制措施所产生的减缓气候变化协同效应为 25 亿欧元。Haakon Vennemo 等采用 CGE 模型对中国实施不同的温室气体控制措施进行了分析，研究结果表明二氧化碳强度控制措施对环境的协同效应最大。

相比国外，中国开展协同控制和协同效应研究起步相对较晚，但发展阶段基本和国外大同小异，主要经历了三个发展阶段。

(1) 第一阶段：逐步认识和发现大气污染和温室气体减排协同效应

随着中国环境空气质量改善需求日益强化，以及全球环境气候变化履约工作的不断开展，中国学者开始认识到当地污染和温室气体减排彼此关联，陆续开展一些大气污染物减排和温室气体减排项目的协同效应研究，例如针对北京、上海、石家庄等地方案例以及西气东输项目环境协同效应研究。Kristin 等在山西太原案例中，通过自下而上的模型研究发现，如果积极实施清洁能源战略，提高能源效率，加快产业结构调整，推进绿色交通等协同控制政策，每年可削减 100 万～600 万吨二氧化硫排放，9000～48000 人免受健康损失，同时碳减排每年可实现 300 亿元人民币收益。

(2) 第二阶段：协同效应的实证研究阶段

随着协同效应研究的陆续开展，国内学者陆续针对如何有效实现协同效应开展实证研究。毛显强等首次从环境-经济-技术角度系统地提出了技术减排措施的协同控制效应评价方法，即采用协同控制效应坐标系、污染物减排量交叉弹性分析和单位污染物减排成本三种方法相配合，多角度评价技术减排措施对 SO_2、NO_x 和 CO_2 的协同控制效应。该研究以火电行业为案例进行分析，采用协同控制效应坐标系、污染物减排量交叉弹性分析的结果表明，末端治理措施不具有协同性，而前端控制措施和过程控制措施具有较好的协同性；采用单位污染物减排成本评价的结果表明，末端治理措施优先度排序靠后，而前端控制措施和过程控制措施排序靠前，且针对不同污染物的排序结果有所不同。

(3) 第三阶段：协同控制政策分析阶段

基于协同效应的实证研究基础上，对于如何分析协同控制政策对协同效应的影响因素识别和评估研究陆续开展。部分学者对当地污染控制的协同效应收益和温室气体减缓政策同时分析，提出同时减少地方污染物排放及减缓温室气体排放的政策调整措施，以获得最大的环境政策协同效应，并使协同效应最大化。杨宏伟采用区域能源环境经济综合评价模型，对与温室气体减排政策协同效应密切相关的现行技术及未来技术发展情况、当地环境保护政策以及未来经济发展等因素的作用进行了量化分析和研究。结果表明，当地可持续发展政策和未来技术发展水平对协同效应至关重要，如果不考虑当地可持续发展政策的效果将导致错误的评价结果。

3.4.3 协同控制

在认识到协同效应的存在并对其进行了定量估算基础上，如何开展协同控制可实现协同效应最大化目标，由此协同控制的概念应运而生。2000 年俄罗斯学者 A. Kolesnikov 基于协同学首次提出“协同控制”的概念，它主要是基于现代数学和协同学的基本原理提出的状态空间优化方法。

协同控制的理论基础主要来源于系统论、信息论、突变论等，其理论适用范围广，因此被广泛应用于电子、信息、物流等诸多领域的调控优化，最先应用的领域是电子领域，用于优化变换器 buck 电路和 boost 电路的多重并联控制。随后广泛应用于工业工程中优化调控、电网供电系统优化配置、航空航天系统的安全飞行优化、交通网络的优化调配、人工智能系统、事故应急系统物流系统的优化等领域。

美国环保署在综合环境战略项目前期也曾使用“协同控制”，但并未给出清晰内涵与明确界定。环境领域引入“协同控制”的概念最早起源于 2000 年经济合作与发展组织和政府间气候变化专门委员提出“温室气体减排成本与附属效益”，会议期间针对气候变化减缓措施与大气污染减缓措施之间效益的关联性。随后联合国政府间气候变化专门委员会（Intergovernmental Panel on Climate Change，IPCC）提出了温室气体减排的“次生效益”和“伴生效益”的概念。随后 2001 年 IPCC 正式提出“协同效应”概念，即“协同效应是因各种原因同时实施的多种政策措施所获得的收益”，这是协同概念首次引入环境保护研究领域，该阶段国际上开展了大量的温室气体与大气污染协同减排项目研究。王金南指出，“协同控制”指气候变化与大气污染控制措施目标一致且各项措施之间具有协同合作的客观性，贺晋瑜认为“协同控制”主要是温室气体和污染物的协同减排；胡涛指出“协同控制”是各类能产生协同效应措施的控制模式。

3.4.3.1 多污染因子协同控制

多污染物的协同控制开始于对单一污染物的控制。国内外学者针对二氧化硫、氮氧化物、颗粒物等污染物控制开展了大量的研究，通过改进工艺、产业结构调整、制定和实施相关法律法规等手段开展污染物控制。但在解决实际环境问题过程中，往往涉及多种污染物，且多种一次污染物经过各种物理化学反应会生成对人体健康危害更大的二次污染物。因此，多种污染物综合治理的协同控制研究领域应运而生。

截至目前，环境领域多污染物协同控制涉及的主要污染物包括了二氧化硫、氮氧化物、颗粒物、氨以及挥发性有机化合物。如李万忠等结合循环流化床锅炉的烟气特征和火电厂除尘、脱硫、脱硝的技术工艺路线，提出了3套多种污染物综合治理、协同控制的工艺路线。Ali Hasanbeigi等使用经修改的CCE等式量化了山东省水泥工业节能技术产生的PM_{10}和SO_2减排和健康的协同效应。当考虑协同效应时，生产复合水泥和石灰石硅酸盐水泥两种改变产品的措施可实现节能措施的成本大幅降低。薛文博等应用空气质量模型定量分析了电力行业多污染协同控制与复合型大气污染间的定量关系，分别对2008年基准排放情景、2015年和2020年目标控制情景的硫、氮沉降及$PM_{2.5}$污染状况进行了模拟，并使用113个国控重点城市实际检测的数据验证模拟结果。结果表明，电力行业二氧化硫减排对缓解区域性的硫酸沉降污染具有显著效果，而NO_x减排难以有效控制氮沉降污染，二氧化硫和氮氧化物的减排可降低硫酸盐、硝酸盐等二次细颗粒物浓度，从而间接地缓解$PM_{2.5}$污染，但仅依靠电力行业减排对控制$PM_{2.5}$污染的效果相对有限。

3.4.3.2 行政、经济、法律多政策协同控制

随着协同控制理念在环境领域不断深化和拓展，协同控制领域研究成果日渐影响甚至引导相关环境政策的制修订。2013年国务院出台的《大气污染防治行动计划》中指出，要通过加大综合治理力度、调整优化产业结构、提高科技创新能力、调整能源结构、严格节能环保准入、完善环境经济政策、健全法律法规体系等多种措施使京津冀、长江三角洲、珠江三角洲等区域空气质量明显好转。田春秀等针对目前我国存在的环境保护和低碳发展不一致的现象，从认知水平、技术水平、政策手段、体制机制等方面开展分析，指出多种政策应开展协同性评估。毛显强等为了研究中国交通领域未来可能实施的减少碳排放的措施的效果，使用CIMS模型预测了常规情景和政策情景下，2008～2050年中国交通行业CO_2和空气污染物的动态排放。在碳税、能源税、燃油税、清洁能源交通工具补贴、降低票价等多种控制措施中，能源税和燃油税是最有可能实现二氧化碳减排目标的措施，而补贴是最不可能实现减排目标的措施。

3.4.3.3 区域间的协同控制

从20世纪70年代早期开始，欧洲国家认识到酸化是其主要的环境问题，主

要的致酸物质有来自化石燃料燃烧的SO_2、NO_x和来自农业生产过程中的NH_3。这些污染物一旦到达大气中，就会通过大气被改变和传输并沉积在地球的表面，因而一个国家的酸沉降及其环境影响可能由来自其他几个国家的排放结果影响。1979年，欧洲和北美国家签署了“长距离跨境大气污染物公约”，此公约为控制和减少跨境大气污染对人类健康和环境的损害创立了一个国际合作的框架。在此公约下，达成了几个在欧洲减少致酸污染物的协议，例如第一个协议致力于减少单一污染物的排放（即1985年减排SO_2和1988年减排NO_x）。1991年，就挥发性有机化合物的减排达成了一个协议。随着环境问题的区域化和全球化，区域间协同控制日渐提升到政策监管层面。

2005年，美国环保署颁布“州际空气污染控制规定”（Clean Air Interstate Rule，CAIR），要求东部23个州对SO_2和NO_x排放进行同期控制，以解决两种污染物跨州污染问题；2011年美国环保署颁布实施了“跨州空气污染控制规定”（Cross-State Air Pollution Rule，CSAPR）。在环保署规定的大框架下，东部各州制定了各种多污染物排放控制规定。其中，特拉华州于2006年12月制定的“电厂多污染物排放控制规定”（Delaware Air Pollution Control Regulation 1146：Electric Generating Unit Multi-Pollutant Regulation）被认为是东部地区比较完善也比较成功的第一部州级多污染物排放控制规定。该规定同时限定NO_x、SO_2和汞（Hg）的排放标准；要求在2006年12月至2009年5月的两年半中，特拉华州各大电厂均安装各种综合控制系统，同时控制NO_x、SO_2、Hg及$PM_{2.5}$排放，减排成本大体控制在每吨万元以下。刘飞等在研究北京大气污染防控对策的同时，指出北京市环境质量改善需要周边省份开展区域协同控制。刘大为等对关中地区大气环境质量改善研究发现，关中城市群大气相互影响效果明显，建议应在主体机制、工作机制、保障机制三个方面开展关中区域大气污染联防联控。随后随着我国大气污染防控区域性污染特征日渐凸显，京津冀、长江三角洲、珠江三角洲、成渝、汾渭平原等大量区域性联防联控的协同控制研究陆续开展。

3.4.3.4 清洁生产与末端治理协同控制

粗放式发展方式导致了环境污染的不可逆，而单纯依靠末端治理措施已经无法有效满足环境质量持续改善提升的目标要求。大量研究表明，源头预防和过程控制的清洁生产技术具有协同效应，而末端治理措施协同效应较小或不具有协同效应。

随着末端治理措施的局限性日渐凸显，人们面临着工业生产系统如何选择有效污染防控措施实现协同效应最大化。清洁生产概念的提出弥补了末端治理措施解决环境问题的不足，实现了环境保护管理模式的创新，清洁生产与末端治理有机协作成为环境保护协同控制和协同效应研究的新领域。Mantovani等研究了工业生产系统清洁生产措施与末端治理模式的优劣性和差异性，提出工业生产系统应该开展清洁生产与末端治理协同控制；Lee 等研究指出从可持续发展的目标来看韩国企业应该在现有末端治理基础上推行清洁生产污染防控措施；Wu 等比较了马来西亚的棕榈油生产过程末端治理技术与清洁生产技术绩效差异，指出基于厌氧消化清洁生产技术在解决棕榈油生产过程资源浪费和甲烷等污染问题上优于末端治理；Zotter 比较分析了生产工艺过程中末端治理技术和清洁生产技术贡献差异性，认为末端治理在满足法律法规及技术应用过程中风险性相对较小，但清洁生产技术可以持续地实现企业绩效提升，二者应该有机结合；Manuel 等就经济合作发展组织国家 286 家企业调研数据分析发现，清洁生产措施无论从经济效益还是环境效益上均优于末端治理措施，所以企业应在现有末端治理基础上积极开展清洁生产，且尽量实现企业清洁生产与末端治理的有机协同。刘胜强等构造了大气污染物协同减排当量指标 AP_{eq} 来评价钢铁行业中的具体技术措施对 SO_2、NO_x 和 CO_2 的综合减排效果，讨论了协同控制分析方法和技术措施减排路径。源头和过程控制技术的优先度要高于末端治理，但仅靠前端和过程控制，NO_x 减排目标能够实现，而 SO_2、CO_2 和 AP_{eq} 减排目标难以实现，需实施部分末端控制措施或借助结构调整和规模控制手段。毛显强等研究结果表明，末端治理措施优先度排序靠后，而前端控制措施和过程控制措施排序靠前，且针对不同污染物的排序结果有所不同。

本书重点针对再生铅冶炼过程的资源能源节约和污染防控，因此在上述四种协同控制类型中将重点围绕清洁生产与末端治理的协同控制开展理论和实证研究。

第 4 章

再生铅冶炼过程物质代谢及协同控制方法

4.1

物质代谢量的系统学理论方法

4.1.1 物质代谢边界确定

基于系统学分析发现，再生铅冶炼过程物质代谢划分为两个阶段：一是废铅酸电池中铅资源再生的清洁生产子系统，可将其定义为生产过程代谢子系统；二是冶炼过程产生的污染物的末端治理子系统，可将其定义为污染治理代谢子系统。清洁生产子系统消耗废铅膏和辅料等再生铅产品，没有被有效利用的铅以及硫、砷、镉等杂质则以废物代谢形式进入末端治理子系统，两个子系统之间通过物质代谢完成冶炼过程。因此，为了同时开展再生铅冶炼过程资源流和废物流代谢分析，本次物质代谢分析的系统边界确定为清洁生产子系统和末端治理子系统两个子系统构成的系统边界（见图 4.1）。

基于上述对再生铅冶炼过程物质代谢路径、物质流种类的划分，可给出冶炼过程物质流代谢分析模型如下。

① 基于原辅材料清洁度影响下，再生铅冶炼过程污染物产生量：

$$W_r=(1-\gamma_1)M_1+(1-\gamma_2)M_2+(1-\gamma_3)M_3+\cdots+(1-\gamma_n)M_n$$
$$=\sum_{i=1}^{n}(1-\gamma_i)M_i \tag{4.1}$$

② 基于原辅材料清洁度、生产技术、工艺装备水平影响下，再生铅冶炼过程污染物产生量：

$$W_t=\gamma_1 M_1(1-\beta_1)+\gamma_2 M_2(1-\beta_2)+\cdots+\gamma_n M_n(1-\beta_n)$$
$$=\sum_{i=1}^{n}\gamma_i M_i(1-\beta_i) \tag{4.2}$$

③ 基于原料清洁度、生产技术、工艺装备水平、生产过程回用，再生铅冶炼过程污染物产生量：

$$W_{re}=\gamma_1 M_1(1-\beta_1)(1-\eta_1)+\gamma_2 M_2(1-\beta_2)(1-\eta_2)+\cdots+\gamma_n M_n(1-\beta_n)(1-\eta_n)$$
$$=\sum_{i=1}^{n}\gamma_i M_i(1-\beta_i)(1-\eta_i)$$
$$=\sum_{i=1}^{n}W_t(1-\eta_i) \tag{4.3}$$

④ 再生铅冶炼过程清洁生产子系统各生产工序污染物的产生量：

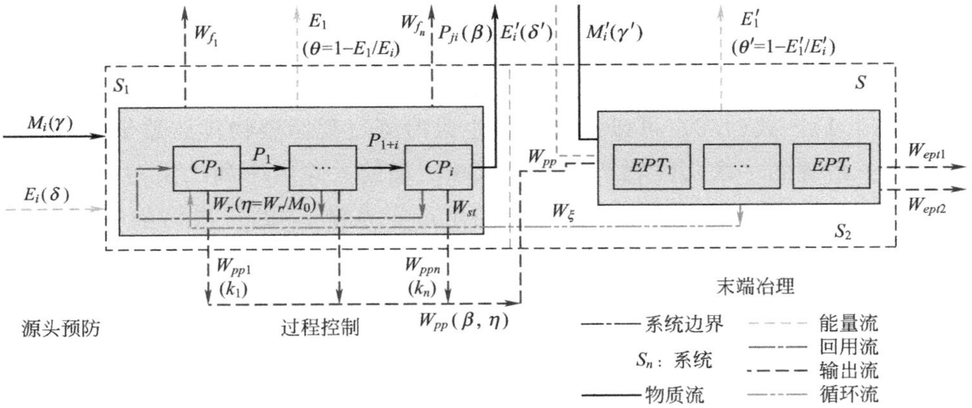

图 4.1　再生铅冶炼过程物质代谢系统边界及组成（见书后彩图 1）

S—再生铅冶炼过程系统边界；S_1—再生铅冶炼过程铅产品制造的清洁生产子系统；S_2—再生铅冶炼过程对 S_1 系统产生的污染物末端治理子系统；M_0—输入再生铅冶炼过程的原辅材料；M_i'—末端治理子系统投入的二次资源；P—再生铅冶炼过程生产的铅产品流；E_i—产品生产系统 S_1 的能源损失量；E_i'—末端治理系统的能源损失量；W_r—再生铅冶炼过程废物回用量；W_{pp}—再生铅冶炼过程一次污染物产生负荷；W_{ppn}—再生铅冶炼过程各生产工序一次污染物产生负荷；W_ξ—再生铅冶炼过程循环利用流；W_{ept1}—再生铅冶炼过程一次污染物排放流；W_{ept2}—再生铅冶炼过程二次污染物排放流；θ—再生铅冶炼过程清洁生产系统能量利用效率；γ—再生铅冶炼过程清洁生产系统原辅材料清洁度；δ—再生铅冶炼过程清洁生产系统能源清洁度；β—再生铅冶炼过程清洁生产系统资源利用效率；η—再生铅冶炼过程清洁生产系统资源综合循环利用率；θ'—再生铅冶炼过程末端治理系统能量利用效率；γ'—再生铅冶炼过程末端治理系统二次资源清洁度；δ'—再生铅冶炼过程末端治理系统二次能源清洁度。

$$\begin{aligned} W_{ppn} &= W_r + W_t + W_{re} \\ &= \sum[M_i(1-\gamma_i)+\gamma_i M_i(1-\eta_i)(1-\beta_i)] \\ &= \sum[M_i(1-\gamma_i\beta_i-\gamma_i\eta_i+\gamma_i\eta_i\beta_i)] \end{aligned} \tag{4.4}$$

⑤ 再生铅冶炼过程物质代谢一次污染物产生量：

$$W_{pp} = W_{pp1} + W_{pp2} + \cdots + W_{ppn} = \sum_{i=1}^{n}[M_i(1-\gamma_i\beta_i-\gamma_i\eta_i+\gamma_i\eta_i\beta_i)] \tag{4.5}$$

⑥ 基于清洁生产与和末端治理协同控制再生铅冶炼过程一次污染物排放量：

$$W_{ept1} = \sum_{i=1}^{n}[M_i(1-\gamma_i\beta_i-\gamma_i\eta_i+\gamma_i\eta_i\beta_i)](1-e) \tag{4.6}$$

式中　e——再生铅冶炼过程末端治理系统的去除率。

⑦ 基于清洁生产与和末端治理协同控制再生铅冶炼过程二次污染物产生量：

$$W_{ept2} = W_{pp} f(W_{pp}) \tag{4.7}$$

式中　$f(W_{pp})$——系统 S_2 去除单位子系统 S_1 产生的 W_{pp} 的产生二次污染物函数。

⑧ 再生铅冶炼过程的物质代谢废物排放总量：

$$W_s = W_{ept1} + W_{ept2} = \sum_{i=1}^{n}[M_i(1-\gamma_i\beta_i-\gamma_i\eta_i+\gamma_i\eta_i\beta_i)](1-e)+W_{pp}f(W_{pp}) \tag{4.8}$$

由式(4.1)～式(4.8) 可以看出，再生铅冶炼过程污染物排放总量 W_s 取决于清洁生产子系统的一次污染物产生量、末端治理的去除效率和二次污染物的产生量。从系统污染物排量放最小出发，清洁生产子系统 S_1 的一次污染物产生量越小，则末端治理子系统 S_2 去除效率要求越低，二次资源和能源投入量越低，产生的二次污染物就越少。因此，基于再生铅冶炼过程污染物排放总量最小化目标，清洁生产与末端治理两个子系统相互依存相互影响，存在协同控制关系（见图 4.2）。

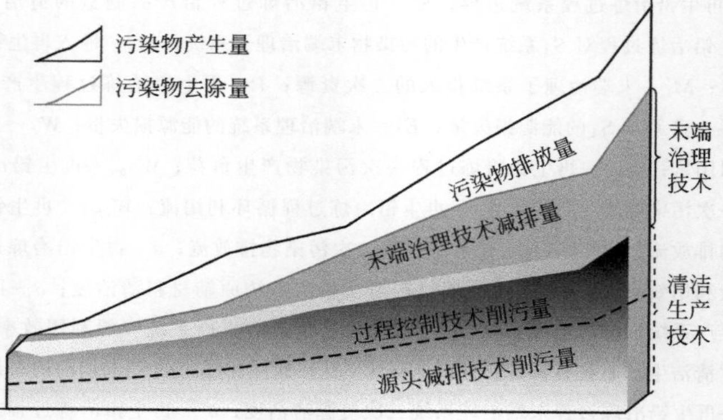

图 4.2　再生铅冶炼过程物质流代谢废物流代谢通量

4.1.2　物质流代谢路径

传统物质代谢元素流分析将生产过程作为“黑箱”，将元素流种类划分为输入流、储存流和输出流三类，对生产过程内部元素流代谢路径、代谢节点及其优化配置关注不多，导致无法有效评估和识别生产过程资源消耗、污染物产排特征及其影响因素。再生铅冶炼过程物质流主要包括了输入端、系统内部和输出端三大类。再生铅冶炼过程第 i 个生产工序元素流代谢主要分为输入流 P_{i-1}、输出产品流 P_i、废物流 W_i、回用流 C_i、末端治理循环流 U_i'、一次废物流 W_{ept1}，二次废物流 W_{ept2}，不同代谢路径的元素流决定了各冶炼生产工序的资源利用效率和污染物产污负荷（见图 4.3）。

基于再生铅冶炼过程污染物产排状况分析需求，根据清洁生产源头防控和过程控制的原则，本书将清洁生产和循环经济的源头减量化（reduce）、过程再利用（reuse）以及末端再循环（recycle）的理念应用到冶炼过程物质流代谢路径

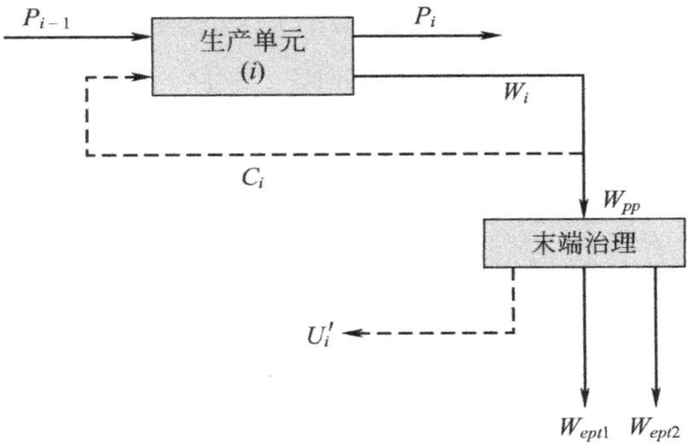

图 4.3　再生铅冶炼过程物质代谢路径分析

分析方法中，将再生铅冶炼过程“减量化”目标定义为：冶炼过程铅回收量一定的前提下，降低和减少资源能源消耗量和污染物的产生量；“再利用”可定义为冶炼过程各类废物返回冶炼系统，作为输入流进入再生铅冶炼过程回用的过程；“再循环”可定义为冶炼过程一次污染物经末端治理后返回生产系统，作为输入流再次进入再生铅冶炼过程，物质流不同的代谢路径对资源能源利用效率和污染物产排强度至关重要。由此可见，再生铅冶炼过程物质流代谢路径可直接改变物质流代谢种类并影响代谢效率，因此可通过优化元素代谢路径降低再生铅冶炼过程的资源能源消耗和环境影响效果。

4.1.3　代谢物质流分类

为优化和提升系统物质代谢路径和效率，本书基于清洁生产和循环经济原理，将再生铅冶炼过程物质流代谢种类分为系统输入流、中间产品流、产品输出流、中间废物产生流、一次污染物产生流、清洁生产回用流、末端治理循环流、一次污染物排放流和二次污染物排放流共计 9 类（见表 4.1）。

表 4.1　再生铅冶炼过程代谢物质流分类

物质流种类	字母	物质流含义	优化效果
系统输入流	M_0	系统原辅材料输入量	减少资源消耗
	M_i	去除一次污染物输入量	减少二次污染物
中间产品流	P_i	中间产品产出量	提高资源利用率
产品输出流	P	系统最终产品产量	—
中间废物产生流	W_i	一次废物产生量	减少一次污染物
一次污染物产生流	W_{pp}	生产子系统过程废物产出量	降低产污负荷
清洁生产回用流	C_i	中间废物可回用量	提高资源利用率
末端治理循环流	U_i	经末端治理子系统后循环流	提高资源利用率
一次污染物排放流	W_{pp1}	系统一次污染物的排放量	减少一次污染物
二次污染物排放流	W_i'	因一次污染物产生二次污染	减少二次污染物

基于物质守恒及物质流分类，再生铅冶炼过程物质流代谢应满足如下平衡：

$$M_0+M_i=W_{pp}+P \tag{4.9}$$

由式(4.9) 可以看出，再生铅冶炼过程物质代谢废物输出流量取决于系统输入量和产品代谢量两要素的共同改进，单纯减少任何一项也不能确保系统废物流量一定能减少。因此需要减少系统输入流同时还要提高系统资源利用效率，而这两项指标取决于清洁生产子系统资源利用效率和回用率。

$$W_i=C_i+W_{ppn} \tag{4.10}$$

从式(4.10) 可以看出系统一次污染物 W_{ppn} 产生量，取决系统物质代谢中间废物产生量 W_i 和回用量 C_i，将式(4.10) 两边除以系统输入物质流总量，可以得出系统的一次废物产生率 $W_{ppn}/(M_0+M_i)$。由此可见，只有降低生产过程物质代谢的中间废物产生率 $W_i/(M_0+M_i)$，并同时增加冶炼过程废物流的回用率 $C_i/(M_0+M_i)$，才能实现生产系统一次废物产生率的降低，否则改善任何一项均不能确保实现上述目标，而物质代谢中间废物产生率和回用流的配置同样取决于清洁生产子系统。

$$W_i=U_i+C_i+W_{ept1} \tag{4.11}$$

将式(4.11) 两边同除以系统中间过程废物产生量，可以看出，若要实现系统一次污染物排放率 W_{ept1}/W_i 降低，则需要提升系统物质代谢中间废物回用率，同时还应提高末端治理后的废物循环利用率。由此可见，再生铅冶炼系统物质代谢一次污染物排放量取决于清洁生产子系统 S_1 回用流和末端治理子系统 S_2 循环流物质代谢节点的配置和优化。

$$M_i+W_{ppn}=U_i+W_{ept1}+W_{ept2} \tag{4.12}$$

将式(4.12) 同时除以 W_{ppn} 可以得出，再生铅冶炼过程系统物质代谢二次污染物产生量取决于末端治理子系统 S_2 的循环率 U_i/W_{ppn}、一次污染物削减率 W_{ept1}/W_{ppn} 以及末端治理子系统二次输入物料利用效率 M_i/W_{ppn}。由此可见，再生铅冶炼过程一次污染物排放量和二次污染物产生量取决于清洁生产与末端治理两个子系统物质代谢的协同控制。

从物质代谢的角度来看，镉、砷、硫等元素废物代谢伴随铅资源代谢全过程，通过分析发现冶炼过程各元素代谢特征及其与冶炼过程生产参数变化响应关系，可厘清和掌握再生铅冶炼过程污染物产排规律，进而改变生产工艺参数优化废物流代谢量、代谢路径以及代谢形态等降低冶炼过程的污染排放和环境影响。

4.1.4 物质代谢模式

基于再生铅冶炼过程清洁生产与末端治理协同性分析，可将其物质代谢模式划分为如下 4 种。

(1) 无优化措施的物质代谢模式 (None)

再生铅冶炼过程系统物质代谢只包括了输入流和输出流，即废铅酸电池通过破碎分选、粗铅冶炼和精铅冶炼等环节生成再生铅产品，冶炼过程物质代谢无任何优化措施的代谢模式（见图 4.4）。

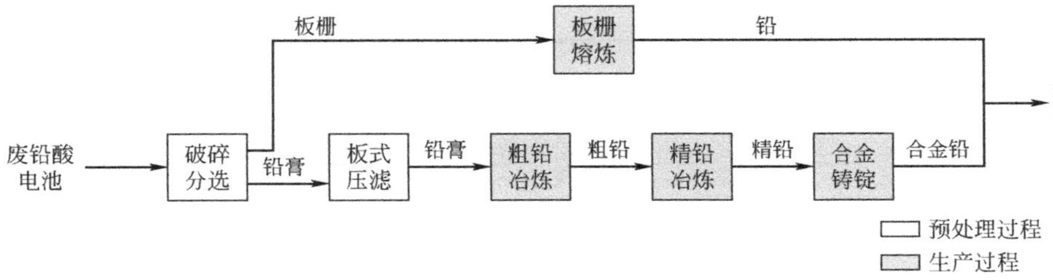

图 4.4 再生铅冶炼过程无优化措施的物质代谢模式

(2) 清洁生产代谢模式 (Cleaner Production，CP)

再生铅冶炼过程包括了废铅酸电池到再生铅的生产子系统和污染物末端治理的子系统。清洁生产代谢模式是指冶炼过程系统物质代谢除输入流和输出流外，通过改变生产过程一次废物流的代谢路径，即将生产过程中间废物流通过冶炼过程回收到生产系统，再利用优化为生产子系统的清洁生产回用流，进而实现冶炼过程物质代谢模式的优化，即再生铅冶炼过程清洁生产物质代谢模式（见图 4.5）。

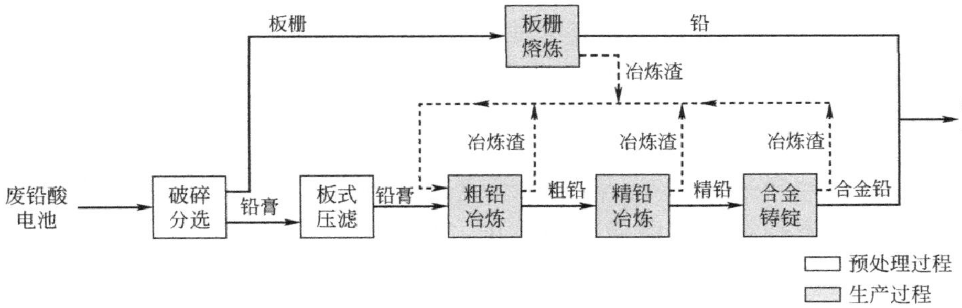

图 4.5 再生铅冶炼过程生产子系统清洁生产代谢模式

(3) 末端治理的物质代谢模式 (End-of-pipe treatment，EPT)

再生铅冶炼过程系统物质代谢从外界输入废铅酸电池、辅助原料和燃料能源等，终端输出再生铅产品。污染物治理的物质代谢模式是针对污染物末端治理子系统进行物质代谢的优化模式。通过对冶炼过程产生的一次废物产生流增加末端治理设施的方式，将一次废物产生流代谢类型改变为一次废物排放流和二次废物排放流；同时通过将部分二次废物流作为可循环再利用资源再次进入冶炼系统，主要是冶炼烟气含重金属除尘的再循环利用，实现一次废物排放流代谢路径的优化，提升再生铅冶炼系统的一次含铅废物流的再生利用效率的同时，实现一次废物流排放量的降低。因此，上述增加末端治理设施并同时优化二次废物产生流代谢路径的物质代谢模式即为再生铅冶炼过程末端治理的物质代谢模式（见图4.6）。

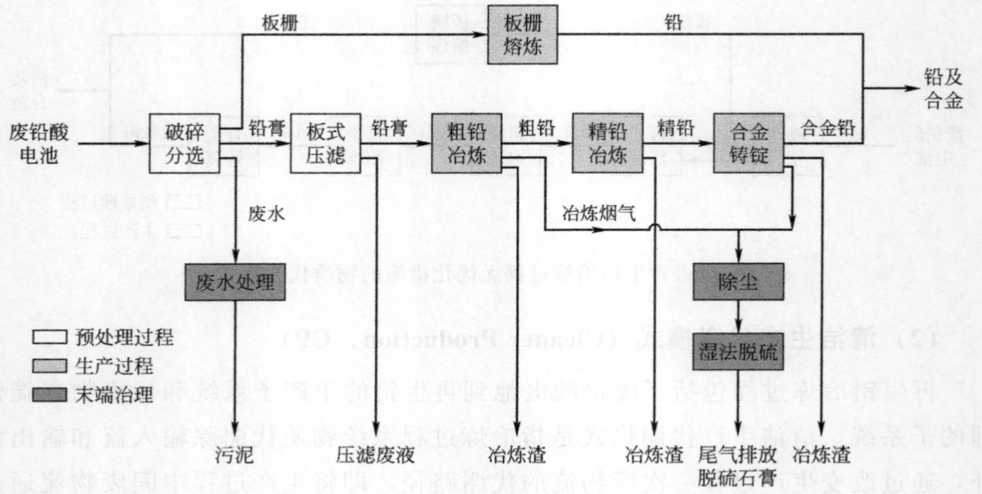

图 4.6　再生铅冶炼过程污染物末端治理代谢模式

(4) 清洁生产与末端治理协同优化物质代谢模式（Cleaner Production and End of pipe treatment，CP&EPT)

再生铅冶炼过程包括了废铅酸电池到再生铅的清洁生产子系统 S_1 和污染物末端治理的子系统 S_2。清洁生产与末端治理协同优化代谢模式是指基于系统学原理，为实现冶炼全过程系统最优，对生产子系统中间废物流代谢路径优化的清洁生产代谢模式的补充，对污染物末端治理子系统一次废物产生流和一次废物排放流代谢种类和代谢路径的优化，对末端治理代谢模式完善的协同优化代谢模式。在清洁生产与末端治理协同优化代谢模式下，通过生产子系统增加清洁生产措施改变冶炼渣代谢路径，实现了将生产子系统中间废物流优化为清洁生产再利用流的代谢物质流种类的优化；污染物末端治理子系统通过增加废水治理、除尘和脱硫等设施，减少了再生铅冶炼过程冶炼废水和冶炼烟气的产生量，实现一次废物流排放量的降低，同时通过将冶炼烟气除尘后含铅烟气的再循环利用，实现流污染物治理子系统一次废物排放流代谢路径和代谢量的优化，降低流烟尘中铅污染物的排放负荷。清洁生产与末端治理协同优化物质代谢模式是清洁生产物质代谢与末端治理物质代谢模式的系统优化组合模式（见图4.7）。

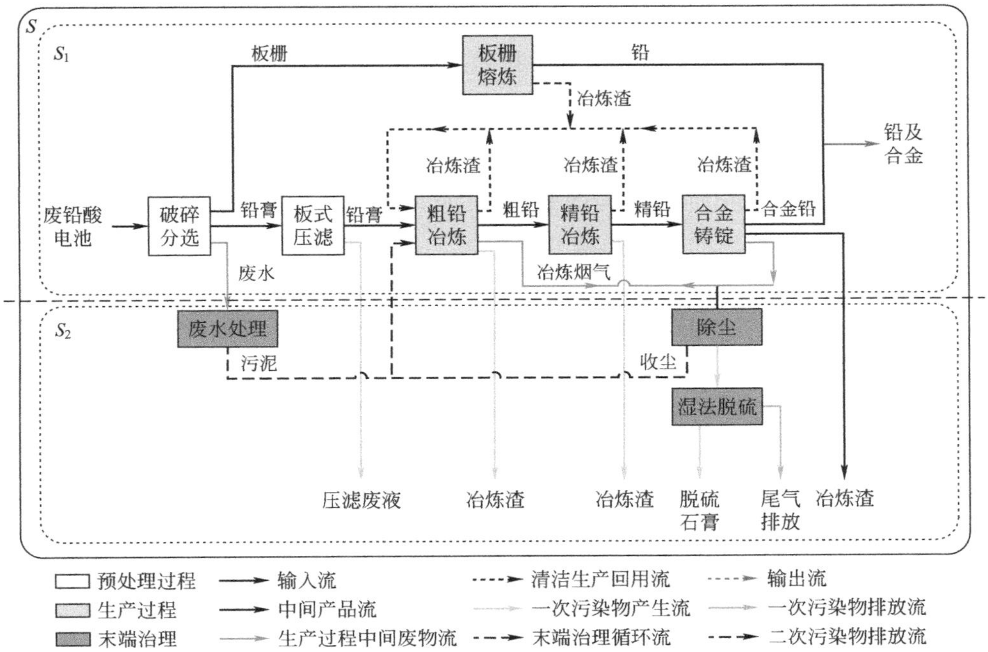

图 4.7 清洁生产与末端治理协同控制物质代谢模式（见书后彩图 2）

4.2 物质代谢形态分析方法

4.2.1 冶炼烟气代谢形态分析

再生铅冶炼过程冶炼烟气的主要环境影响是对环境空气质量的影响。目前环境空气质量主要影响效果分为空气质量能见度、臭氧污染以及人体健康损害等方面，再生铅冶炼行业废气污染排放环境影响主要是大气能见度降低和人体健康受损。

环境空气质量能见度的降低是通过对可见光吸收和散射产生的消光作用导致能见度降低。Goodman 等研究表明较细的颗粒物更容易通过呼吸道、血液和肺泡进入人体代谢过程；李沛等从人体健康影响，Chen 等通过对上海等城市颗粒物角度、阚海东等从环境医学角度、林俊等重金属粒径分布规律、魏复盛等通过对四大城市大气颗粒物 42 种元素富集等不同领域的研究，证实了细微颗粒物较粗粒子的环境危害更大，$PM_{2.5}$ 以下粒径铅等重金属富集量是 PM_{10} 粗颗粒的几百到上千倍。

富含铅、砷、镉、铬、锰等金属元素，细粒子因为颗粒小、比表面积大而造成更多有毒重金属容易富集。对于有色冶炼烟气重金属富集状况研究，目前开展较多的主要是原生矿冶炼的烟气重金属，如刘大钧等针对原生矿铅冶炼烟气排放颗粒物铅含量研究，指出75%以上的外排铅富集在$PM_{2.5}$以下的微细颗粒物上；贾小梅等通过对原生铅SKS冶炼工艺外排烟气颗粒粒径分析，指出重金属铅等主要富集在微细颗粒物中；袁陈敏等对原生铅冶炼企业烟气中重金属铅和镉的污染开展了人体健康研究，指出其周边血铅超标严重并建议同时关注镉元素的环境污染问题。

不同粒径下颗粒物的环境影响差异巨大，造成人体上述结果的主要原因有如下几方面：

① 人体过滤和细粒子物理特性，造成人体更容易吸收细颗粒；

② 细微颗粒物比表面大易携带细菌和病毒导致其对人体危害大。

因此，只有全面针对再生铅冶炼过程外排烟气颗粒物粒径以及对不同粒径重金属富集开展研究，才能有效判定其大气环境影响以及对人体危害可能产生的影响效果。目前对颗粒物粒径研究更多关注大气环境受体或者是原生矿冶炼，对于再生铅冶炼烟气粒径及重金属富集等研究未见报道。因此，为了有效开展再生铅冶炼过程冶炼烟气的环境影响和人体健康损害可能性，实现儿童血铅和土壤重金属污染的有效溯源，本书将从颗粒物粒径分布及重金属铅富集状态开展再生铅冶炼烟气理化特征的物质代谢形态分析。

4.2.1.1 颗粒物形态和粒径分布

颗粒物造成环境影响和颗粒物粒子形态、粒径大小以及质量浓度有关，而颗粒物质量浓度与粒径之间相关性取决于其形态分布特征。假定所测外排烟气颗粒物在不同粒径段百分比与粒子直径存在一定的相关性，可通过线性拟合方式判定二者相关性。颗粒物的粒径分布形态主要分为正态分布和对数正态分布两种；若是正态分布，则颗粒物质量浓度累积百分比与粒子直径呈线性相关，如果是对数正态分布则与粒子直径呈对数线性相关。

可通过如下方法识别和判定颗粒物形态分布特征。

① 对于服从正态分布，则有：

$$y = ax + b \tag{4.13}$$

$$b = \frac{n\sum_{i=1,j=1}^{n,m} xy - (\sum_{i=1}^{n} x)(\sum_{j=1}^{m} y)}{n\sum_{i=1}^{n} x^2 - (\sum_{i=1}^{n} x)^2} \tag{4.14}$$

$$a = (\sum_{j=1}^{m} y - b\sum_{i=1}^{n} x)/n \tag{4.15}$$

$$r = \frac{n\sum_{i=1,j=1}^{n,m} xy - \sum_{i=1}^{n} x\sum_{j=1}^{m} y}{\sqrt{[n\sum_{i=1}^{n} x^2 - (\sum_{i=1}^{n} x)^2][n\sum_{j=1}^{n} y^2 - (\sum_{j=1}^{m} y)^2]}} \tag{4.16}$$

式中 y——累积百分比；

x——与累积百分比对应的最大粒子直径；

a、b、r——系数。

② 对于服从对数正态分布的，则有：

$$y = a + b\ln x \tag{4.17}$$

其中 a，b 和相关系数 r 计算方法如下：

$$b = \frac{n\sum_{i=1,j=1}^{n,m}(\ln x)y - (\sum_{i=1}^{n}\ln x)(\sum_{j=1}^{m}y)}{n\sum_{i=1}^{n}(\ln x)^2 - (\sum_{i=1}^{n}\ln x)^2} \tag{4.18}$$

$$a = (\sum_{j=1}^{m}y - b\sum_{i=1}^{n}\ln x)/n \tag{4.19}$$

$$r = \frac{n\sum_{i=1,j=1}^{n,m}(\ln x)y - \sum_{i=1}^{n}\ln x\sum_{j=1}^{m}y}{\sqrt{[n\sum_{i=1}^{n}(\ln x)^2 - (\sum_{i=1}^{n}\ln x)^2][n\sum_{j=1}^{m}y^2 - (\sum_{j=1}^{m}y)^2]}} \tag{4.20}$$

通过核算烟气监测样品颗粒物分布 a 和 b 数值，可给出颗粒物中位直径 D_M 及其几何标准偏差 σ_g：

$$D_M = \exp\left(\frac{0.5 - a}{b}\right) \tag{4.21}$$

$$\sigma_g = \frac{\exp(0.8143 - a)/b}{D_M} \tag{4.22}$$

基于上述相关系数 r 的核算比较，若 $r(Z) > r(D)$ 则认为烟气颗粒物呈正态分布；反之呈对数正态分布。

4.2.1.2 颗粒物化学组分成分谱

再生铅冶炼过程颗粒物化学成分谱采样，包括外排烟气和企业无组织排放降尘两类，其中外排烟气采用了静电低压撞击器（ELPI，dekati）进行采样，采样仪器主要包括加热烟枪，稀释通道采样系统和保温低压电子撞击器（ELPI）两部分。无组织排放降尘则通过除尘再悬浮获得其化学组分谱（见图 4.8）。

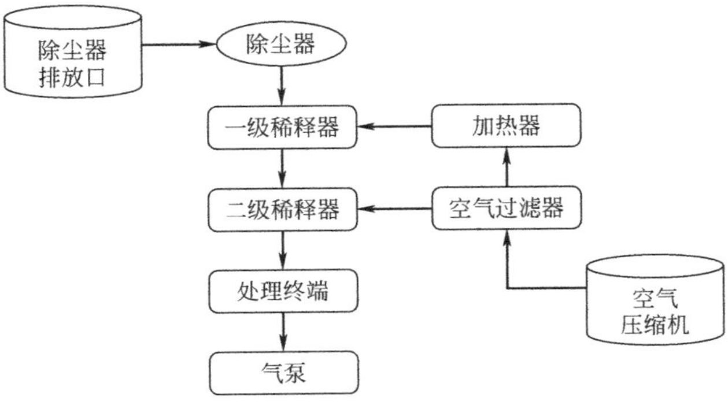

图 4.8 再生铅冶炼烟气颗粒物稀释通道采样器

稀释器可以有效解决排放源排放浓度过高带来的不易测量烟气浓度的问题，加热器可以有效针对含有大量水气的烟气进行采样，通过加热器保存采样器中烟气的温度，有效抑制烟气中颗粒物浓度在采样过程中受温度变化而产生的变化。颗粒物稀释通道 ELPI 采样仪器的技术参数见表 4.2。

表 4.2　再生铅冶炼烟气采样器捕集粒径范围

级数	切割粒径/μm	几何平均直径/μm
13	10	
12	6.8	8.2
11	4.4	5.5
10	2.5	3.3
9	1.6	2.0
8	1.0	1.3
7	0.65	0.81
6	0.4	0.51
5	0.26	0.32
4	0.17	0.21
3	0.108	0.14
2	0.06	0.08
1	0.03	0.04

本次采样主要遵循如下原则。

① 利用烟气分析仪（KM9106）测定烟道内的烟气温度和主要气体含量。

② 根据下式计算出烟气的分子量：

$$M_s = \sum X_i M_i$$

式中 M_s—烟气分子量；

X_i—某一成分气体的体积百分数，%；

M_i—某一成分气体的分子量。

③ 根据下式计算出烟道内的烟气流速：

$$V_s = 128.9 K_p \sqrt{\frac{(273+t_s)P_d}{M_s(B_a+P_s)}}$$

式中 V_s——烟气流速；

K_p——皮托管修正系数，取值 0.84±0.01；

t_s——烟气温度；

M_s——烟气的分子量；

B_a——当地的大气压；

P_s——烟气静压；

P_d——烟气动压。

本研究对再生铅冶炼外排烟气和无组织排放扬尘构建化学组分谱，外排烟气直接针对稀释通道膜采样进行分析，无组织排放尘源样品处理主要经过晾晒自然风干，过150目筛进入再悬浮颗粒物PM_{10}和$PM_{2.5}$采样分析。样品化学成分分析主要包括了无机元素（Pb、Na、Mg、Al、Si、S、K、Ca、V、Cr、Mn、Fe、Ni、Cu、Zn、As等）、碳组分［有机碳（OC）、元素碳（EC）］、水溶性离子（SO_4^{2-}等）组分。对聚丙烯膜样品开展无机元素分析，对石英膜样品进行离子和碳元素组分分析。

本研究中冶炼烟气颗粒物化学组分分析方法见表4.3。

表4.3 再生铅冶炼烟气颗粒物化学组分分析方法

分析项目	分析方法	所用仪器
颗粒物质量浓度	重量法	十万分之一天平
OC、EC	热光反射法	热/光碳分析仪 DRI2001A
SO_4^{2-}、NO_3^-、NH_4^+、Br^-、Cl^-、F^-	离子色谱法	Dionex ICS 2000
Na、Mg、Al、Si、K、Ca、Ti、V、Cr、Mn、Fe、Co、Ni、Cu、Zn、Pb、Cd、As、Hg、Se	等离子发射光谱/质谱法	ICP 9000(N+M)

4.2.1.3 颗粒物中重金属的富集

在对采集颗粒物样品粒径分布形态判定分析基础上，结合颗粒物不同粒径下化学组分浓度监测分析，采用累积浓度核算方法，可开展冶炼烟气不同粒径段下铅、砷、镉等重金属排放的累积占比分析。通过对冶炼烟气中重金属累积浓度的分析，可完成不同粒径段下重金属的富集量，同时还可以核算和分析不同粒径段下重金属在颗粒物中的逐步累积增量，为烟气治理措施的制定和污染防控提供科学依据和支撑。

4.2.2 冶炼渣代谢形态分析

物质代谢的环境影响取决于物质代谢量和代谢形态两种因素。重金属对环境的影响不仅取决于其排放量，其代谢形态也是影响重金属迁移转化造成环境影响的重要因素，某些情况下代谢形态的影响效果甚至超过代谢量的影响，如三价镉被认为是生物体必备的微量元素，而六价镉却是危害性极强的有毒物质，前者毒性不到后者的1%。由此可见，在同等的环境影响效果下三价铬和六价铬的所需代谢量存在上百倍的差异。因此，单纯开展重金属代谢量分析远远不能满足其环境影响效果分析，应在代谢量核算分析基础上增加重金属代谢形态分析，才能科学、系统地完成重金属物质代谢环境影响分析。

因污染物各类重金属含量较低且组分复杂，很难对其直接分离测定。目前对重金属分析通用方法为化学提取法测定重金属含量，如对沉积物中重金属元素生物有效性分析的一步提取法和分级提取法。目前，Tessier 等提出五步连续提取法、欧共体标准局提出的 BCR 三步提取法以及之后 Rauret 等提出的修正的 BCR 五步提取法等成为重金属形态分析的主要方法。欧盟提出的 BCR 连续提取分析方法，将重金属的形态分为酸可提取态、可还原态、可氧化态和残渣态四种形态，通过试验分析污染物中各类形态重金属物质含量进而评估其生态活性，依据生态活性可有效评估含重金属污染物的环境影响潜在效果。该方法得到国内外学者普遍认可并逐步推广应用到大气、水以及土壤介质的重金属污染环境影响效果研究领域。

随着对大气污染物中重金属污染关注度的日益加强，国内学者纷纷采用 BCR 连续提取分析方法开展颗粒物中重金属环境影响效果研究。张美秀等完成了长春市大气中 $PM_{2.5}$ 中重金属影响分析；王文全等完成了乌鲁木齐市大气颗粒物中镉的形态，并提出采用生物有效性系数（Bioavailability index，BI），即重金属中酸可提取态、可还原态和可氧化态占所有形态的比值，用该指标来评价重金属潜在的环境影响效果。冯茜丹等采用 BCR 连续提取分析方法完成了广州市大气 $PM_{2.5}$ 中重金属形态分析，指出镉、锌、铅和砷的生态活性系数较高。姚慧等用 BCR 连续提取分析方法完成了柴油车尾气中重金属形态分析。随着重金属污染防控的日益加强，BCR 连续提取分析方法日渐被广泛应用于采选矿尾矿库、冶炼渣、冶炼土壤中重金属环境影响分析。大量研究结果显示，BCR 连续提取分析方法可有效识别污染物中重金属形态，进而定量化有效评估其潜在的环境影响；杜平等通过对有色金属冶炼厂土壤的重金属形态分析发现，锌和镉以酸可提取态和残余态为主，铅和铜的则以可还原态和残渣态为主；李富荣等运用 BCR 连续提取分析方法完成了土壤中重金属形态间相互转化研究，指出受外界环境的影响重金属各类形态之间可发生相互转化，因此增加了污染物中的重金属潜在的环境影响复杂性和不确定性。

根据我国危险废物相关管理规定，由于再生铅冶炼渣中含铅、砷、汞、镉等重金属被列入了国家危险废物名录，因此须按照危险废物管理进行相关毒性的鉴定。为了科学有效地开展再生铅冶炼渣的环境影响效果评估，本文提出对再生铅冶炼渣代谢形态研究应涵盖如下几方面。

(1) 冶炼渣的危险废物性质鉴别

《国家危险废物名录（2016）》中将再生铅冶炼渣列为危险废物，根据危险废物管理要求，再生铅冶炼渣的管理要根据危险废物的相关标准要求开展。截至目前，我国针对危险废物的管理标准发布了共计 7 项，主要包括了危险废物的毒性、腐蚀性、易燃性等特征鉴别标准（见表 4.4）。

表 4.4 中国危险废物鉴别系列标准

序号	标准名称	标准号
1	《危险废物鉴别标准 腐蚀性鉴别》	GB 5085.1—2007
2	《危险废物鉴别标准 急性毒性初筛》	GB 5085.2—2007
3	《危险废物鉴别标准 浸出毒性鉴别》	GB 5085.3—2007
4	《危险废物鉴别标准 易燃性鉴别》	GB 5085.4—2007
5	《危险废物鉴别标准 反应性鉴别》	GB 5085.5—2007
6	《危险废物鉴别标准 毒性物质含量鉴别》	GB 5085.6—2007
7	《危险废物鉴别标准 通则》	GB 5085.7—2019

含重金属物质被列入了国家危险废物名录，并须按照危险废物管理要求开展相关毒性分析，对再生铅冶炼渣的危险废物属性鉴别应包含铅、砷、镉等 16 种物质，并开展毒性浸出和腐蚀性试验分析。运用《危险废物毒性鉴别 腐蚀性》（GB 5085.1—2007）分别开展再生铅冶炼渣 pH 值腐蚀性分析，根据该标准要求，若 pH≤2 或者 pH≥12.5 时则冶炼渣具有腐蚀性。

(2) 重金属形态分析

废铅酸电池中富含铅、砷、镉、铬等多种重金属，因此冶炼过程造成冶炼渣中重金属含量种类复杂。为了有效评估冶炼渣的环境影响效果，还应在重金属代谢量核算分析基础上开展冶炼渣中重金属形态分析，可按照欧盟关于重金属的 BCR 多步连续提取法开展监测和分析。

根据 BCR 多步连续提取法，重金属中四种化学形态中最为活跃的是酸可提取态，这种化学形态的金属在外界 pH 值降低时很容易被释放出来，极易造成环境危害和人体健康损害；相对于酸可提取态，重金属的可氧化态和可还原态则较为稳定，但是大量研究表明，当外界条件发生变化时重金属多种形态间可发生相互转化进而对环境造成影响。残渣态的重金属比较稳定，不易迁移和转化，对环境的危害相对较小。为了定量评估冶炼渣中不同重金属形态的潜在环境影响水平，本书将采用重金属生物有效性系数方法，开展冶炼渣潜在环境影响评估分析。重金属生物有效性系数是指在四种不同的重金属形态中，酸可提取态、可还原态以及氧化态三种形态的重金属含量在重金属总量中的占比。污染物中重金属的生物有效性系数越高则其潜在的环境影响风险系数越大，反之则越小。重金属生物有效性系数的计算公示如下：

$$BI=\frac{F_1+F_2+F_3}{\sum_{i=1}^{4}F_i} \tag{4.23}$$

式中 BI——重金属的生物有效性系数；

F_1——重金属中酸可提取态含量；

F_2——重金属中可还原态含量；

F_3——重金属中酸可氧化态含量。

4.3 物质代谢的协同优化方法

清洁生产与末端治理协同控制研究尚处于起步阶段，对于协同控制模式、协同效应评估方法、协同优化方法模型等尚未形成成熟的理论方法。本书结合再生铅冶炼过程污染防控需求和协同优化研究定位，选取了神经网络分析方法作为再生铅冶炼过程物质代谢协同控制的建模和分析方法的方法学。

4.3.1 资源代谢的协同优化

4.3.1.1 基于 BP 神经网络的协同优化模型

20 世纪 40 年代基于对信息数据处理需求，Pitt 等提出了模仿人类大脑进行信息处理的神经元生物模型，在此基础上日渐发展提出了人工神经网络（Artificial Neural Networks，ANN）。神经网络模型方法不断拓展，主要包括了径向基神经网络、误差逆向传播神经网络以及广义回归神经网络等。BP 神经网络模型（Back Propagation，BP）属于误差逆向传播神经网络，包括了输入层、隐藏层和输出层三个方面，主要由神经元、权值、阈值、层和激活函数组成。

BP 神经网络模型的激活函数主要包括了 Sigmoid 型正切和对数函数、Logsig 导数函数以及阈值函数等。在激活函数的选择上，通过误差逆向传播训练，完成前向传播依次对隐藏层、输出层和输入层进行权重调整，直至神经网络模型预测的输出与预期输出的平均方差最小，保障对处理信息非线性关系的任意逼近。因此，BP 神经网络模型广泛应用到复杂系统优化模拟预测等领域。随着环境问题日益复杂，BP 神经网络强大的信息处理和模拟功能，也被广泛应用到环境科学领域污染物减排和优化研究。田庆华等通过构建“5-8-1”的神经网络模型，完成了含锑硫化矿工艺的锑浸出模拟和预测；杨智迪等完成了印染废水处理工艺的模拟和优化；另外，大量基于 BP 神经网络模型开展的工业行业的污染防控陆续开展。各项研究结果显示，BP 神经网络模型能很好地实现工业生产过程污染物减排数值模拟和优化。

4.3.1.2 BP 神经网络的参数设置

任何一个 BP 神经网络均可理解为 n 个自变量向 m 个因变量的映射函数关系。BP 神经网络结构中，可将输入向量 x 看作自变量，输出值 y 看作因变量，神经网络模型则是通过激活函数 Φ，将自变量 x 转化为 y 的映射函数。其中神经元是 BP 神经网络的基本单元，它主要通过权值 ω_{ij} 相互连接构成一个神经网络模型输入层与隐藏层之间的映射，隐藏层与输出层之间同样通过权值相互连接。ω_{ik} 是神经网络输入层中第 i 个节点到隐藏层第 k 个节点的权值，θ_k 为隐藏层节点阈值。神经网络建模和预测模拟前，首先要针对网络模型结构、激活函数和训练函数、权值和阈值的修正方法等核心参数确定开展研究，上述参数是决定 BP 神经网络模型成功泛化的重要前提（见图 4.9）。

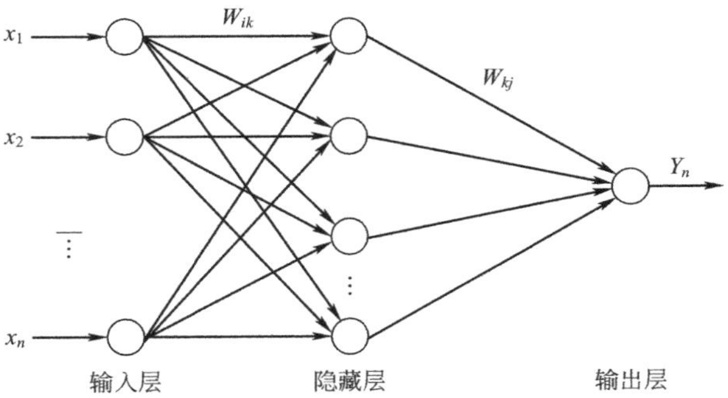

图 4.9 BP 神经网络模型结构

(1) 神经网络隐藏层设置

BP 神经网络隐藏层的设置可直接影响网络性能，隐藏层节点过少或者过多，都将影响神经网络模型输入和输出之间映射信息不足或者网络过于复杂，无法有效实现模型构建和模拟。目前针对神经网络模型隐藏层设置目前尚无统一方法，通常采用经验法，通过模拟试验确定，判定方法为：

$$n_l = \sqrt{nm} \tag{4.24}$$

$$n_l = \log_2^n \tag{4.25}$$

$$n_l = \sqrt{n+m} + a \tag{4.26}$$

式中，$a \in [0,10]$，属于整数；n_l、n、m 分别为输入层、隐藏层和输出层的神经元数量。

(2) 激活函数和训练函数的选取

激活函数是神经网络模型建模过程的重要环节，它的选取决定了神经网络模型对输入和输出之间映射函数关系的有效建立，也是直接决定模型有效泛化和预测的重要参数。神经网络模型的激活函数一般涵盖了 logsig 函数、purelin 函数和 tansig 函数等，可根据模型实际应用需要选取激活函数类型。

为了应用 BP 神经网络误差反向传递，通过不断优化隐藏层、输出层和输入层的权重，实现神经网络模型无限接近预期输出。根据模型的学习效率，训练函数主要包括了 traingdx 算法、梯度下降法、快速 BP 法等多种模型训练方法。

(3) 权值和阈值修正核算方法

权值和阈值主要是保障神经网络模型泛化和模拟的精确度，模型泛化过程也是模型对阈值和权值的不断修正过程。神经网络模型一般采用梯度下降法开展网络学习和泛化。

假设 y_i 为隐藏层第 i 个节点的输出，则 net_i 为第 i 个节点的输入，则有：

$$y_i = f(net_i) = (\sum_{i=1}^{n} \omega_{ik} x_j - \theta_i) \tag{4.27}$$

假设 S_k 为神经网络第 i 个节点到输出节点输入，则有：

$$S_k = f(net_k) = f(\sum_{i=1}^{n} u_{ij} y_j - \theta_k) \tag{4.28}$$

则假设 E 为隐藏层输出与神经网络预测目标值之间的模拟误差，则有：

$$E = \frac{1}{2} \sum_{k=1}^{m} \{z_k - f[\sum_{i=1}^{n} u_{ij} f(\sum_{j=1}^{n} (u_{ij} x_j - \theta_i) - \theta_k)]^2\} \tag{4.29}$$

因此：

$$\frac{\partial E}{\partial U_{ij}} = \sum_{k=1}^{n} \frac{\partial E}{\partial S_k} \frac{\partial S_k}{\partial U_{ki}} = \frac{\partial E}{\partial S_t} \frac{\partial S_t}{\partial U_{ij}} \tag{4.30}$$

基于式(4.29) 和式(4.30) 可得：

$$\frac{\partial E}{\partial \omega_{ij}} = \sum_{j=1}^{m} \sum_{i=1}^{n} \frac{\partial E}{\partial S_t} \frac{\partial S_t}{\partial y_i} \frac{\partial y_i}{\partial \omega_{ij}} \tag{4.31}$$

假设：

$$\alpha_t = -(Z_t - S_t) f'(net_k)$$

则有：

$$\frac{\partial E}{\partial U_{ij}} = -\alpha y_i \tag{4.32}$$

同理可计算神经网络中输入节点与隐藏层节点权重为：

$$\frac{\partial E}{\partial \omega_{ij}} = \sum_{j=1}^{m} \sum_{i=1}^{n} \frac{\partial E}{\partial S_t} \frac{\partial S_t}{\partial y_i} \frac{\partial y_i}{\partial \omega_{ij}} \tag{4.33}$$

$$\frac{\partial S_t}{\partial y_i} = f'(net_k) y_i \quad \frac{\partial y_i}{\partial \omega_{ij}} = \frac{\partial y_i}{\partial net_k} \frac{\partial net_k}{\partial \omega_{ij}} = f'(net_k) x_j \tag{4.34}$$

则有：

$$\frac{\partial E}{\partial \omega_{ij}} = -\alpha'_t x_j \tag{4.35}$$

假设神经网络隐藏层节点：

$$\alpha'_t = f(net_k) \sum_{t=1}^{n} \alpha_t U_{ij} \tag{4.36}$$

则有：

$$\frac{\partial E}{\partial \omega_{ij}} = -\alpha'_t x_j \tag{4.37}$$

基于上述推导可知，BP 神经网络权重修正值与误差函数梯度下降成正比，因此则有：

$$\Delta U_{jt} = -\lambda \frac{\partial E}{\partial U_{jt}} = -\lambda \alpha_t y_i \tag{4.38}$$

$$\Delta \omega_{ti} = -y' \frac{\partial E}{\partial \omega_{ti}} = -\lambda \alpha'_t x_i \tag{4.39}$$

由式(4.27)～式(4.39) 可知，神经网络各层节点、输出节点和隐藏层节点权重修正值可分别按照如下公式计算：

$$\alpha_t = (z_t - s_t) f'(net_k) \tag{4.40}$$

$$U_{ij}(k+1) = U_{ij}(k) + \Delta U_{ij} = U_{ij}(k) + \lambda \alpha_t y_i \tag{4.41}$$

$$\omega_{ij}(k+1) = W_{ij}(k) + \lambda' \alpha_t y_i \tag{4.42}$$

4.3.1.3 BP 神经网络模型模拟精度

BP 神经网络模型应用过程则主要通过设置隐藏层数量设置学习率，最终通过模型模拟的评估神经网络模型预测指标主要包括决定系数（R^2）、平均方差（MSE）和平均绝对误差（MAE），其中 R^2 越趋近 1，MSE 趋近 0，则说明 BP 神经网络模型模拟预测结果越准确（见表 4.5）。

表 4.5 BP 神经网络模型的组成要素和内涵

序号	要素	含义	表达式
1	输入向量	神经网络输入变量	$X(x_1, x_2, x_3, \cdots, x_n)$
2	输出值	神经网络模拟输出	y
3	权值	各神经元之间通过权值连接	$\omega_i (i = 1, 2, \cdots, n)$
4	阈值	可为定值或变值，主要是保障神经网络获得所预期的函数关系	θ
5	激活函数	将神经网络输入向量转化为输出值的函数	φ
6	学习率	η	$\eta \in (0,1)$
7	神经元	网络基本组成单元	$y = f(\sum_{j=1}^{n} \omega_{ki} - \theta_i)$
8	决定系数	R^2	$R^2 = 1 - [\sum_{t=1}^{n} (t_i - O_i)^2 / \sum_{t=1}^{n} (O_i)^2]$
9	平均方差	MSE	$MSE = (1/p) \times \sum_{i=1}^{n} (t_i - O_i)^2$
10	平均绝对误差	MAE	$MAE = (1/p) \times \sum_{i=1}^{n} \lvert (t_i - O_i) \rvert$

4.3.1.4 BP 神经网络模拟和预测

BP 神经网络建模过程主要包括了样本数据归一化处理、样本模型训练、模型模拟以及预测过程。

(1) 样本数据归一化处理

BP 神经网络模型泛化前需要对处理数据进行归一化处理，通过将处理数据样本归一为［0，1］无量纲数据，目的是避免样本之间因数值差异较大，而出现神经网络模型模拟预测中的误差不符合泛化精度要求。

样本处理方法一般采用如下方法：

$$\overline{X}=\frac{X_i-X_{\min}}{X_{\max}-X_{\min}} \tag{4.43}$$

式中 $\overline{X}$——样本的平均值；

X_i——某样本值；

$X_{\max}$——样本的最大值；

$X_{\min}$——样本的最小值。

（2）样本模型训练和模型模拟

目前 traingdx 算法发展至今，在模型模拟效率及模拟精度等具有与其他算法不可比拟的优越性。通过将样本分类为训练样本和模型泛化精度检测样本，可完成 BP 神经网络模型的泛化和建模，通过误差的反向传播，对神经网络的权值和阈值的不断修正和优化，直至满足模型对样本的训练泛化在设定的精度范围内，才确认 BP 神经网络模型构建成功，然后将泛化成功的 BP 网络模型应用于数值模拟和预测（见图 4.10）。

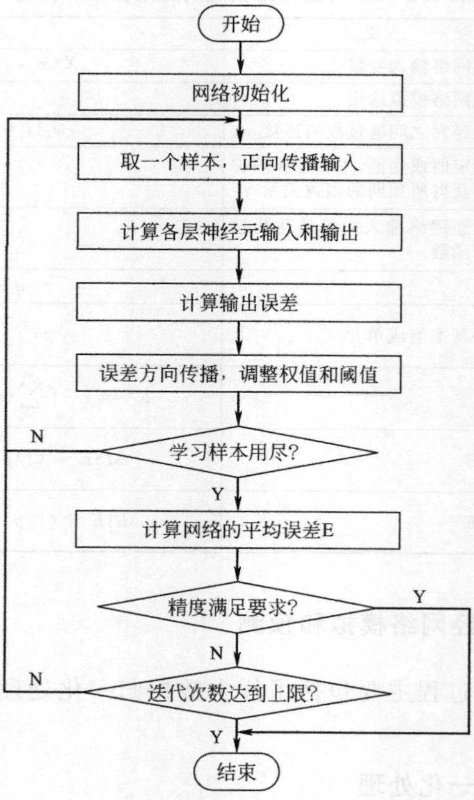

图 4.10 再生铅冶炼过程物质代谢 BP 神经网络模型模拟流程

4.3.2 资源和能源代谢的协同优化

经典热力学中一个过程从体系初始平衡态开始，在过程中任何时候体系和环境都可以恢复到原来的初始状态，即为可逆过程。发生在界面上热和功等相互作用，在正向和反向过程中是数值相等和方向相反，因此体系回到初始状态，环境没有留下任何痕迹。然而，在现实发生的任何宏观过程都是不可逆（irreversible process）的，因此现实过程的发生均对环境产生了不同程度的影响。工业生产属于典型的不可逆过程，因此需要从外界输入物质和能量通过对系统做功完成生产过程，即任何工业生产都是资源和能源消耗代谢的过程。根据物质和能量守恒定律，可假定生产系统技术水平等参数确定的前提下，物质代谢效率越高则能耗越高。能源消耗一方面满足工业生产正常开展，另一方面能源浪费则直接影响生产成本和二次污染，进而影响工业生产的正常运转。实际生产过程不可能无限制地提高资源利用效率而无视能源消耗，因此需要寻找二者最佳的组合模式。

再生铅冶炼过程属于典型的非自发不可逆生产过程，其资源代谢效率与能源消耗量同样满足上述正相关性。本书完成了不同物质代谢模式的资源利用效率研究，但由于再生铅冶炼过程属于连续过程，能源消耗伴随资源代谢连续进行，从企业生产运行数据上无法有效区分不同物质代谢模式（NONE、CP、EPT 和 CP&EPT）下系统能耗变化差异。因此也导致了优化物质代谢模式提高资源代谢效率的同时，无法及时有效地判定是否实现了系统能耗最优，可能造成冶炼过程资源利用效率提升的同时能源浪费。因此，如何有效平衡资源代谢效率与能源消耗二者协同关系则是实现再生铅冶炼过程“节能、降耗、减污”多目标优化需要解决的重要科学问题之一。

再生铅冶炼过程清洁生产和末端治理是两个相对独立的子系统，其系统边界清晰，可分别构建两子系统物质代谢效率-能耗的映射函数，通过分析各子系统物质代谢效率与能耗响应变化规律，运用协同控制、系统学和能量守恒原理，可构建再生铅冶炼过程系统资源代谢效率-能源消耗的协同控制分析方法。

从再生铅生产系统清洁生产与末端治理协同性分析来看，影响冶炼过程物质代谢的主要因素是原辅材料纯度 γ、资源利用效率 β、资源综合循环利用率 η 以及末端去除率 e 四项代谢参数。假设再生铅冶炼过程清洁生产子系统 S_1 第 i 个生产工序产生的污染物为 $W_i=f_i(\beta_i,\eta_i,\gamma_i)$，则有 $M=f_iM_0$，那么原辅材料经历了第 $i+1$ 道生产工序后产生的污染物为 $W_{i+1}=f_{i+1}f_i\cdots f_1M$，其中将 $f_{i+1}f_i\cdots f_1$ 称为清洁生产函数传递序列。这里我们将第 i 个生产工序的决策变量定义为 $x_i=(\beta_i,\eta_i,\gamma_i)$，$x_i\in\Omega=S^{a_i}\times S^{b_i}\times S^{c_i}$，$S^{\theta_i},\theta=\{a,b,c\}$是一个离散集合。因

此 $f_i = f_i(x_i)$，$f_i: S^{a_i} \times S^{b_i} \times S^{c_i} \mapsto \Re$，$\Re$ 是实数集。定义决策超向量 $x = \prod_{i \in \Theta} x_i$，$\Theta$ 是生产工序个数集合，这样定义清洁生产子系统资源代谢效率映射函数K_1：$x \mapsto \Re$，$K_1 = \prod_{\Theta} f_i$，那么经过 Θ 个生产工序的污染物产生量为 $K_1(x) \cdot M_0$，由此可得，再生铅冶炼过程清洁生产子系统决定的系统一次污染物产生量为 $W_{pp} = M_0[1-K_1(x)]$。

同理，我们可以定义再生铅冶炼过程末端治理子系统映射函数及末端治理传递序列，它们满足 $K_2(x) = g_{i+1} g_i \cdots g_1$，这里超向量 x 是末端治理技术构成的超向量，含义同 x。因此，再生铅冶炼过程一次污染物经过清洁生产与末端治理协同控制排放量为 $W_{ept1} = K_2(x)w = [1-K_2(x)] \times [1-K_1(x)] \times M_0$。

基于再生铅代谢系统协同性分析，K_1取值于工业生产系统的原辅材料纯度、生产工艺技术类型和水平、环境管理水平和员工素质等。本次假定环境管理水平和员工素质等满足企业正常生产管理基本要求和职业操作要求，对生产系统 K_1 的影响可忽略。K_1代表针对产品生产系统 S_1产生的污染物末端治理效率，其中 $0 < K_1 < 1$。

依据物质守恒和热力学第一定律能量守恒原理，可做如下假设：

$$M_1 = M_0 K_1 \tag{4.44}$$

$$M_2 = M_0(1-K_1) \tag{4.45}$$

$$M_3 = M_0(1-K_1)(1-K_2) \tag{4.46}$$

式中 M_0——再生铅冶炼过程原辅材料输入量。

M_1——再生铅冶炼过程精铅产品量；

M_2——再生铅冶炼过程清洁生产子系统一次污染物产生量；

M_3——再生铅冶炼过程一次污染物排放量。

再生铅冶炼过程系统能源消耗涵盖清洁生产子系统能耗和末端治理子系统能耗两部分，因此则有：

$$E = E_1 + E_2 \tag{4.47}$$

$$E_1 = M_0 f_1(K_1) \tag{4.48}$$

$$E_2 = M_0(1-K_1) f_2(K_2) \tag{4.49}$$

式中 E——再生铅冶炼过程总能耗，即系统 S 的总能耗；

E_1——再生铅冶炼过程清洁生产能耗，即子系统 S_1的能耗；

E_2——再生铅末端治理系统能耗，即子系统 S_2的能耗；

$f_1(K_1)$——再生铅冶炼过程清洁生产子系统物质代谢效率-能源消耗函数；

$f_2(K_2)$——再生铅冶炼过程末端治理子系统物质代谢效率-能源消耗函数。

假设 M_1 为产品产量，将式(4.47) 两边同时除以 M_1可以获得如下公式：

$$\frac{E}{M_1} = \frac{E_1}{M_1} + \frac{E_2}{M_1} \tag{4.50}$$

其中：

$$\frac{E_1}{M_1}=M_0 f_1(K_1)/M_1=f_1(K_1)/K_1 \tag{4.51}$$

$$\frac{E_2}{M_1}=f_2(K_2)(1-K_1)/K_1 \tag{4.52}$$

因此，将式(4.51) 和式(4.52) 分别代入式(4.50) 可得：

$$\frac{E}{M_1}=f_1(K_1)/K_1+f_2(K_2)(1-K_1)/K_1 \tag{4.53}$$

令 $E_s=\frac{E}{M_1}$，将 E_s 定义为再生铅生产系统 S 生产单位产品能耗；令 $E_{pp}=\frac{E_1}{M_1}$，将 E_{pp} 定义为清洁生产子系统生产单位产品能耗；令 $E_{ept}=\frac{E_2}{M_1}$，将 E_{ept} 定义为末端治理子系统去除单位一次污染物的能耗。

由式(4.53) 可得：

$$E_s=E_{pp}+E_{ept}=[f_1(K_1)+f_2(K_2)-f_2(K_2)K_1]/K_1 \tag{4.54}$$

根据再生铅冶炼生产系统的特征，$f_1(K_1)$ 函数应满足如下函数关系：

条件 1：当 $K_1=0$ 时，则 $f_1(K_1)=0$，即生产系统无原料投入，则系统能源消耗量为 0。

条件 2：当 $0<K_1<1$ 时，则有函数 $\frac{\mathrm{d}f_1(K_1)}{\mathrm{d}K_1}>0$，$\frac{\mathrm{d}^2 f_1(K_1)}{\mathrm{d}(K_1)^2}>0$，即随着系统的原料利用效率不断提升，其能源消耗呈增长趋势。

条件 3：当 $K_1=1$ 时，则有函数 $f(K_1)\to\infty$，若满足原辅材料 100%的利用则需要投入无限大量的能源，从实际生产来看，即生产系统无法实现原辅材料 100%利用。

下面就 $f_1(K_1)$ 函数类型判定展开讨论：

① 满足条件 1 时，则 $f_1(K_1)$ 可假定为 $f_1(K_1)=a_1K_1$；

② 同时满足条件 1 和条件 2 时，则 $f_1(K_1)$ 可假定为 $f_1(K_1)=a_1K_1^{b_1}$，其中 $b_1>1$；

③ 同时满足条件 1 条件 2 和条件 3 时，则 $f_1(K_1)$ 函数可假定为 $f_1(K_1)=a_1K_1^{b_1}/(1-K_1^{b_1})$，同理可构建对于 $f_2(K_2)$ 函数为：$f_2(K_2)=a_2K_2^{b_2}/(1-K_2^{b_2})$。

给定生产序列 Θ 以及技术集合 Ω，可以对应一个清洁生产子系统的映射函数 K_1 和 $f_1(K_1)$。具体而言，给定 Θ 以及 Ω，可以得到 $K_1=\prod_{\Theta} f_i$，于是记作 $|K_1|=\Psi$。将 K_1 构成向量 $K_1^{\sigma}=(K_1^1 \quad K_1^2 \quad \cdots \quad K_1^{\Psi-1} \quad K_1^{\Psi})^T$，对应的能耗量可以求得，记作 $f_1^{\sigma}=(f_1^1 \quad f_1^2 \quad \cdots \quad f_1^{\Psi-1} \quad f_1^{\Psi})^T$。

运用最小二乘法可拟合各子系统资源代谢效率-能源消耗函数为：

$f_1 = [a_1 K'^{b_1}_1/(1-K'^{b_1}_1) \quad a_1 K^{2b_1}_1/(1-K^{2b_1}_1) \quad \cdots \quad a_1 K^{(\Psi-1)b_1}_1/(1-K^{(\Psi-1)b_1}_1) \quad a_1 K^{\Psi b_1}_1/(1-K^{\Psi b_1}_1)]^T$ 进而可求解 a_1 和 b_1。同理可求解 a_2 和 b_2。

根据上述假设和函数类型数理讨论，可初步构建再生铅冶炼过程资源代谢效率-能源消耗协同控制函数关系为：

$$E_s = f_1(K_1)/K_1 + f_2(K_2)(1-K_1)/K_1 = a_1 K_1^{b_1-1}/(1-K_1^{b_1}) + a_2 K_2^{b_2}(1-K_1)/K_1 \tag{4.55}$$

4.4 物质代谢效率分析方法

4.4.1 资源代谢效率分析

基于再生铅冶炼过程四种物质代谢模式，即无任何优化措施的代谢模式、清洁生产代谢模式、末端治理代谢模式以及清洁生产和末端治理协同控制代谢模式，可构建如下基于再生铅冶炼过程物质代谢的协同优化代谢效率分析指标。

(1) 铅资源利用效率

再生铅冶炼过程铅资源利用效率是指冶炼过程系统再生铅产品输出与再生铅冶炼原辅料总量的占比。本书物质代谢过程代谢量核算前提为假定系统铅产品输出流为1000kg。再生铅冶炼过程四种不同的物质代谢模式，通过增加回用流 C_i 和循环流 U_i，优化代谢路径并增加代谢节点的配置，一方面降低系统输入流原辅材料 M_0 的变化，另一方面可降低一次污染物产生量和末段治理二次物料输入量 M_i 的变化。再生铅冶炼过程四种物质代谢模式下，铅资源代谢效率可分别按照如下方法核算：

① 基于 NONE 模式下系统物质代谢资源利用率 β_{none}：

$$\beta_{none} = P/(M_0 + M_i + M_p) \times 100\% \tag{4.56}$$

② 基于 CP 模式下系统物质代谢资源利用率 β_{cp}：

$$\beta_{cp} = P/(M_0 - \sum_{i=1}^{n} C_i) \times 100\% \tag{4.57}$$

③ 基于 EPT 模式下系统物质代谢资源利用率 β_{ept}：

$$\beta_{ept} = P/(M_0 + M_i - \sum_{i=1}^{n} U_i) \times 100\% \tag{4.58}$$

④ 基于 CP&EPT 模式下系统物质代谢资源利用率 $\beta_{cp\&ept}$：

$$\beta_{cp\&ept}=P/(M_0+M_i-\sum_{i=1}^{n}U_i-\sum_{i=1}^{n}C_i)\times 100\% \tag{4.59}$$

该指标主要是指再生铅冶炼过程铅资源回收利用情况，取决于冶炼过程各生产工序利用技术效率。假定系统输出端产品流量确定，该指标越大则需要系统输入端物质流输入量越小。

(2) 铅综合循环利用率

该指标是指再生铅冶炼过程清洁生产回用流 C_i 和末端治理循环流 U_i 总量占冶炼过程中间废物产生量的比例。该指标越大则说明物质代谢效率越高。再生铅冶炼过程四种物质代谢模式下，铅综合循环利用率可分别按照如下方法核算。

① 基于 CP 模式下系统资源综合循环利用率 η_{cp}：

$$\eta_{cp}=\sum_{i=1}^{n}C_i/\sum_{i=1}^{n}W_i\times 100\% \tag{4.60}$$

② 基于 EPT 模式下系统资源综合循环利用率 η_{ept}：

$$\eta_{ept}=\sum_{i=1}^{n}U_i/\sum_{i=1}^{n}W_i\times 100\% \tag{4.61}$$

③ 基于 CP&EPT 模式下系统资源综合循环利用率 $\eta_{cp\&ept}$：

$$\eta_{cp\&ept}=\sum_{i=1}^{n}(C_i+U'_i)/\sum_{i=1}^{n}W_i\times 100\% \tag{4.62}$$

(3) 资源代谢损失率

资源代谢损失率指再生铅冶炼过程产生的中间废物流 W_i，分别经过清洁生产回用流 C_i 和末端治理循环流 U_i 节点配置后，一次污染物排放量 W_{ept1} 情况。该指标随不同物质代谢模式的代谢路径、代谢节点和代谢量的变化而变化。再生铅冶炼过程四种物质代谢模式下，资源代谢损失率可分别按照如下方法核算。

① 基于 NONE 代谢模式下系统一次废物流产出率 ω_{none} 为：

$$\omega_{none}=W_i/M_0\times 100\% \tag{4.63}$$

② 基于 CP 代谢模式下系统一次废物流产出率 ω_{cp} 为：

$$\omega_{cp}=(W_i-\sum_{i=1}^{n}C_i)/(M_0-\sum_{i=1}^{n}C_i)\times 100\% \tag{4.64}$$

③ 基于 EPT 代谢模式下系统一次废物流产出率 ω_{ept} 为：

$$\omega_{ept}=(W_i-\sum_{i=1}^{n}U_i)/(M_0+M_i-\sum_{i=1}^{n}U_i)\times 100\% \tag{4.65}$$

④ 基于 CP&EPT 物质代谢模式下系统一次废物流产出率 $\omega_{cp\&ept}$ 为：

$$\omega_{cp\&ept}=(W_i-\sum_{i=1}^{n}C_i-\sum_{i=1}^{n}U_i)/(M_0+M_i-\sum_{i=1}^{n}C_i-\sum_{i=1}^{n}U_i)\times 100\% \tag{4.66}$$

4.4.2 协同优化代谢效率㶲分析

工业生产系统环境问题产生的根源是资源能源消耗，表现为资源耗竭和环境污染，对于两者均可以通过热力学熵的形式加以表征，并通过热力学第一定律和第二定律进行“量”和“质”的核算，实现其系统最优过程。热力学第一定律关注的是能量守恒定律，即能量既不会消失也不会增加；热力学第二定律则是关注能量品质的问题，凡涉及热现象的过程都是不可逆的，即能量存在客观贬值的规律。

工业生产系统是对资源和能源的消费过程，而资源和能源价值最大化则是环境保护的根本途径和重要手段。从机械物理意义来看，物质和能量只是从一种潜在有用的形式向另一种无用形式转化的过程，资源的消耗则是以资源形式投入，经过生产和消费过程，最终以污染排放形式产出，不存在生产和消费过程。从物理学熵的角度来看，物质和能源消耗过程就是从低熵资源和高能值能源形式，转变为高熵废物和低能值能源的过程，整个生产过程是熵增过程。工业生产过程中，物质和能源最终以废物的形式返回生态环境中，对于高熵形式的废物和低能值能源返回环境途径只有两种：一种是废物和低能值能源的再利用和再循环；另一种是耗散损失。遵循热力学第一定律，能源遵循守恒定律，耗散损失到环境中的物质和能源越多，则能源损失量也越大，生产系统资源能源利用效率越低，熵增越大。因此，只有通过清洁生产，提高生产过程中资源和能源的利用效率，最大限度地吸收系统负熵，才能从根本上改变生产系统的熵增过程。热力学第二定律阐述了能值退化和贬值规律，在生产过程中物质和能量的贬值和退化只能沿着由可利用到不可利用，从高能值到低能值转化过程，且该过程是不可逆的过程。即便是废物实现了循环再生，该过程同样遵循热力学第二定律，是熵增过程。㶲的定义：为系统与环境作用，从所处状态到与环境相平衡状态的可逆过程中，对外界做出的最大有用功。㶲是一个以环境为基准的相对量，是体系偏离环境参数程度的指标。若系统是由于温度同环境的差异而具有的对相关外界做出最大有用功的能力，称为热㶲；若系统是由于压力同环境的差异而具有的对相关外界做出最大有用功的能力，称为压力㶲；若构成系统的物质由于化学结构、组成以及聚集状态同环境的差异而具有的对相关外界做出最大有用功的能力，称为化学㶲。㶲概念的提出对于准确评价能量有效利用起着重要的作用。

工业生产系统的环境影响主要取决于生产系统和污染物的末端治理系统的㶲损失。生产系统的㶲损失主要是工业生产系统清洁生产水平差异导致的㶲利用效率的差异，末端治理作为大的生产系统的附属系统，通过输入能量方式降低污染物质排放浓度和总量，同样存在系统㶲损问题。因此，对于现有工业生产系统来讲，为了使工业生产系统总的㶲损最小化，则需要提高生产系统清洁化水平（即节能降耗），进而降低生产系统的㶲损率；按照排放达标统一要求来核算，同样需要末端治理设施的污染物进口浓度和总量要低，这样才能降低因去除污染物质浓度差和总量差带来的二次能源的投入总量，同时对末端治理设施的运行效率的不同要求则对应该系统㶲的利用效率。

4.4.2.1　热力学㶲及参数

㶲是系统与环境达到相平衡的状态参数，其单位与能量一致，为焦耳。系统与环境达到的相平衡主要有两种热平衡和化学平衡，分别用物质的物理㶲和化学㶲表征，系统输出物质的㶲值越大则代表系统破坏环境平衡能力越强。因此，从上述㶲的定义可以看出，㶲是个相对参数，取决于如下 4 个方面参数的变化。

(1) 环境基准状态参数选取

环境基准状态参数主要包括了环境的温度（T_0）和压力（P_0），本次㶲分析选取国际上通用的 $P_0=1.01325\times10^5\mathrm{Pa}$，$T_0=298.15\mathrm{K}$ 的环境基准状态。

(2) 基准物质选取

基准物质是指系统与环境达到平衡时㶲值为 0 的物质。㶲值大小还取决于基准物质焓（H_0^0）和基准物质熵（S_0^0）的差异性分析。目前学术界针对不同元素环境基准核算模型为㶲研究环境模型，主要有如下几种（见表 4.6）。

表 4.6　㶲分析环境基准物质研究环境模型

序号	模型名称	模型类型
1	Szargut 模型	以自然界为基准物质模型
2	Yoshida 模型	环境基准状态基准物质模型
3	Kameyama 模型	针对少数物质模型

上述几种模型中 Yoshida 龟山-吉田模型已经转化为日本的工业生产能效标准，并得到了其他国家认可。本书选取 Yoshida 模型中给出的基准物质进行㶲核算。

(3) 系统物质代谢种类和代谢量

即系统资源和能源消耗种类和代谢量等；主要参数包括各类资源和能源代谢量（$M_0,M_1,M_2,M_3,\cdots,M_i,W_{ept1},W_{ept2},E_i\cdots$）等。

(4) 系统自身的状态参数

系统温度、压力、系统各类物质组成的摩尔分数 n_i 等，主要参数包括了 T_s、P_s、n_i 等，这些可根据再生铅冶炼过程各类生产工艺参数进行选值。

4.4.2.2　㶲分析模型

基于资源能源协同优化代谢机理分析，可构建再生铅冶炼过程物质代谢效率的㶲分析模型为：

$$E_x = f(M_0, M_1, M_2, M_3, \cdots, M_i, W_{ept1}, W_{ept2}, T_0, P_0, T_s, P_s, H_0^0, S_0^0, n_i, E_i \cdots\cdots) \tag{4.67}$$

上述函数关系表达了系统物质的㶲核算与环境基准状态、基准物质、物质代谢量和系统自身状态 4 个方面的参数。

㶲包括了物理㶲和化学㶲两大类。其中，物理㶲是系统代谢物质与基准环境温度差异导致的能量损失，从环境污染的角度主要是指热污染，即系统散热对环境的影响。化学㶲则是由于物质化学性质差异与环境模型中最稳定态的基准物质（㶲值为零）焓和熵的化学㶲。各项㶲值分析可按照热力学第二定律进行核算，其中物质代谢各类物质流的物理㶲和化学㶲核算方法为：

$$E_{x,ph} = Q\left(1 - \frac{T_0}{T_s}\right) \tag{4.68}$$

$$E_{x,ch} = (H_0 - H_0^0) - T_0(S_0 - S_0^0) \tag{4.69}$$

式中 $E_{x,ph}$——物质的物理㶲；

$E_{x,ch}$——物质的化学㶲；

T_0——环境模型的基准热力学温度，K，取值为 298.15K；

T_s——系统组成最稳定状态基准物质的温度，K；

Q——系统由于与环境温度差异导致的热量损失，kJ；

H_0——生产系统与介质环境达到平衡时基准状态下物质的摩尔焓；

H_0^0——环境模型基准物质对应的基准物质焓，kJ/kg；

S_0——生产系统与介质环境达到平衡时基准状态下物质的摩尔熵；

S_0^0——环境模型中基准物质的熵，kJ/K。

对于再生铅冶炼过程物质代谢效率的㶲分析主要涉及如下几类㶲的核算。

(1) 纯物质的㶲核算方法

再生铅冶炼过程原辅材料和产品等以纯物质形式出现，其化学㶲和物理㶲核算方法分别按照式(4.70) 和式(4.71) 核算：

$$E_{x,ph}(X_xY_yZ_z) = (H - H_0) - T_0(S - S_0) \tag{4.70}$$

$$E_{x,ch}(X_xY_yZ_z) = n_x(E_{x,X})_n + n_y(E_{x,Y})_n + n_z(E_{x,Z})_n + (\Delta G_f^0)X_xY_yZ_z \tag{4.71}$$

式中 $E_{x,ph}(X_xY_yZ_z)$——化合物 $X_xY_yZ_z$ 的物理㶲；

H、H_0——生产系统与介质环境达到平衡时的摩尔焓和基准状态下物质的摩尔焓；

S、S_0——生产系统与介质环境达到平衡时的摩尔焓和基准状态下物质的摩尔熵；

T_0——环境模型的基准热力学温度，K，取值为 298.15K；

$E_{x,ch}(X_xY_yZ_z)$——化合物 $X_xY_yZ_z$ 的化学㶲；

$E_{x,X}$、$E_{x,Y}$、$E_{x,Z}$——X、Y、Z 三种物质标准状态的单位摩尔的化学㶲，J/mol；

$(\Delta G_f^0)_{X_xY_yZ_z}$——化合物 X、Y、Z 的标准生成自由焓，本次取值主要参考物质自由焓手册。

(2) 混合气体的物理㶲和化学㶲

再生铅冶炼过程存在天然气气体燃料和氧气混合气体等；冶炼过程中由于燃料天然气采用氧气或者空气助燃，在冶炼系统形成混合输入气体，需要核算其系统输入㶲，物理㶲 E_{ph} 按照式(4.72)、化学㶲 E_{ch} 按照式(4.73) 分别核算：

$$E_{ph}=\sum_{i=1}^{n}\left\{n_iC_{pi}\left[(T_b-T_0)-T_0\ln\left(\frac{T_b}{T_0}\right)\right]+n_iRT\left[\ln\frac{P_n}{P_0}-\left(1-\frac{P_n}{P_0}\right)\right]\right\} \tag{4.72}$$

$$E_{ch}=(\sum_{i=1}^{n}n_i)(\sum_{i=1}^{n}\varphi_iE_{x,ch}^i+R_MT_0\sum_{i=1}^{n}\varphi_i\ln\varphi_i) \tag{4.73}$$

其中 φ_i 可根据道尔顿分压定律计算：

$$\varphi_i=\frac{P_i}{P_n}=\frac{V_i}{V_n}=\frac{n_i}{n_n} \tag{4.74}$$

式中 E_{ph}——混合气体的物理㶲；

E_{ch}——混合气体的化学㶲；

n_i——混合气体中 i 组分的气体摩尔数；

C_{pi}——气体 i 的比热容；

T——系统温度；

P_0、T_0——环境压力和环境温度；

P_n——混合气体的总压；

φ_i——混合气体中 i 组分的摩尔分数；

$E_{x,ch}^i$——1mol 该物质的基础化学㶲；

P_i——混合气体中 i 组分的分压；

V_i——混合气体中 i 组分的体积；

V_n——混合气体的总体积；

n_n——混合气体的总气体摩尔数。

(3) 混合物的物理㶲和化学㶲

冶炼过程由于冶炼渣是多组分的混合物，通过各单质的标准化学㶲核算，再按照冶炼渣中各组分摩尔组成核算冶炼渣总㶲，方法如下：

$$E=\sum n_iE_i \tag{4.75}$$

式中 n_i——各组分的摩尔数 kmol；

E_i——各组分的标准化学㶲 kJ/mol，则所计算的混合物㶲值的单位为 MJ。

再生铅冶炼过程属于不可逆过程，系统㶲不守恒。冶炼过程与环境达到平衡状态代谢物质的能量发生“质”衰减，部分㶲转化为火炼，导致系统出现了热力学第二定律的㶲不守恒现象。因此，热力学㶲 E 的公式可表达为：

$$E=E_x+A_n \tag{4.76}$$

式中 E——系统热力学能值总和；

E_x——系统热力学做功的㶲值；

A_n——系统热力学没有做功的炼值。

热力学㶲将系统作为“黑箱”，只关注系统输入㶲、输出㶲和㶲损（内部㶲损和外部㶲损），对系统内部物质代谢路径优化造成的系统㶲效率变化关注不多，因此无法识别和分析冶炼过程系统㶲损失的重点环节和影响要素，进而影响了系统资源和能源物质代谢效率的优化。本次将研究系统边界从企业边界延伸至生产工序边界，试图通过对冶炼“黑箱”延伸至生产工序“灰箱”，对冶炼过程各生产工序的物质代谢效率开展㶲分析，识别生产全过程㶲损失重点环节和影响因素，为冶炼过程的资源和能源高利用提供科学的分析方法。

假设再生铅冶炼过程第 i 个生产工序完成操作时，可认为该生产工序系统与环境达到平衡状态，且由于该过程属于不可逆过程，则必然存在生产工序系统的内部㶲损，内部㶲损越大则说明该工序系统的㶲效率越低，则进入生产系统的物质和能量做功效率越低。第 i 个生产工序的输入㶲则为生产工序输入原辅材料化学㶲和物理㶲以及能源㶲值（燃料和电耗）；生产工序系统输出㶲则主要是系统输出物质流携带㶲，主要包括了中间产品化学㶲和物理㶲、第 i 个生产工序产生的废物物理㶲和化学㶲以及热损失㶲。基于热力学第一和第二定律，再生铅冶炼过程物质代谢效率的能量满足如下平衡关系：

$$E_x^{im}+E_x^{ien}=E_x^{iw}+E_x^{ip}+A_{ni} \tag{4.77}$$

式中 E_x^{im}——第 i 个生产工序物质输入物质的㶲值；

E_x^{ien}——第 i 个生产工序输入能源的㶲值；

E_x^{iw}——第 i 个生产工序输出废物㶲值；

E_x^{ip}——第 i 个生产工序输出产品的㶲值；

A_{ni}——第 i 个生产工序的内部㶲损。

再生铅冶炼过程物质代谢效率的㶲分析指标，主要包括以下几项。

1）系统㶲效率（Efficiency of System Exergy，SEx）

$$SE_x=(E_{x,ph}^{ip}+E_{x,ch}^{ip}+E_{x,p}^{iw}+E_{x,ch}^{iw}+E_{x,out}^{ien})/(E_{x,ph}^{im}+E_{x,ch}^{im}+E_{x,in}^{ien})\times100\% \tag{4.78}$$

由式(4.78)可知，㶲效率取决于资源和能源代谢量，生产工序物理学状态参数如温度、压力，以及系统与环境达到平衡状态的中间产品、废物流以及热能损耗量等物质代谢的物理㶲和化学㶲等。

2）目的㶲效率（Efficiency of Product Exergy，PEx）

目的㶲效率是指冶炼过程物质代谢产品㶲值占输入㶲的比值，目的㶲越大则代表冶炼过程资源和能源利用效率越高，反之越低。

$$PE_x = (E_{x,ph}^{ip} + E_{x,ch}^{ip}) / (E_{x,ph}^{im} + E_{x,ch}^{im} + E_{x,in}^{ien}) \times 100\% \tag{4.79}$$

式中 $E_{x,ph}^{ip}$——第 i 个生产工序输出产品的物理㶲值；

$E_{x,ch}^{ip}$——第 i 个生产工序输出产品的化学㶲值；

$E_{x,ph}^{im}$——第 i 个生产工序物质输入物质的物理㶲值；

$E_{x,ch}^{im}$——第 i 个生产工序物质输入物质的化学㶲值；

$E_{x,in}^{ien}$——第 i 个生产工序物质输入能源的㶲值。

3）废物㶲产出率（Efficiency of Waste Exergy，WEx）

$$WE_x = (E_{x,ph}^{iw} + E_{x,ch}^{iw}) / (E_{x,ph}^{im} + E_{x,ch}^{im} + E_{x,in}^{ien}) \times 100\% \tag{4.80}$$

废物㶲产出率是指冶炼过程物质代谢产生的废物流㶲输出占输入㶲比值。废物流携带的㶲取决于冶炼过程与环境的温差、压力、废物流代谢种类和代谢量等，废物流㶲也可称为系统的外部㶲损，该指标越大则系统外部㶲损率越高。

4）内部㶲损率（Ratio of Internal Exergy Loss，LIEx）

$$LIE_x = \left(\sum_{i=1}^{n} E_{x,in} - \sum_{i=1}^{n} E_{x,out}\right) / \sum_{i=1}^{n} E_{x,out} \times 100\% \tag{4.81}$$

内部㶲损率是指由于不可逆反应导致物质代谢过程能量发生“质”贬值，即部分有可做功能量转变为不可做功能量，导致能量对系统做功能力的降低，出现系统㶲损。内部㶲损越大说明系统物质代谢能量衰竭越大，物质代谢效率越低。

再生铅冶炼全过程的物质代谢效率的㶲分析方法与生产工序分析方法和指标完全一致，只是因㶲分析系统边界发生变化，在核算㶲输入和㶲输出量中只核算冶炼过程原辅材料输入量、终端产品输出量和最终废物排量，对于物质代谢中间过程代谢物质流携带㶲则不核算。

第5章

再生铅冶炼过程物质代谢机理

再生铅冶炼过程主要是通过氧化还原反应将各类铅氧化物和盐类还原成单质铅的过程，冶炼过程根据冶金热力学的平衡条件直接影响各类元素代谢路径、代谢量和代谢形态，因此在开展再生铅冶炼过程物质代谢研究前，首先应明确再生铅冶炼过程物质代谢过程机理及影响因素，这也为物质代谢量核算、代谢形态分析以及代谢优化协同控制提供机理依据和影响要素的筛选。

5.1 冶炼过程物质代谢化学机理

根据冶金学反应机理可知，废铅膏在碳、碳酸钠及铁粉等熔剂中发生高温还原过程，实际上是高价铅被还原为低价铅的化学反应过程。冶炼过程可能发生的化学反应如下：

$$PbSO_4 + 4C = PbS + 4CO\uparrow \tag{5.1}$$

$$2PbSO_4 + CO = PbO \cdot PbSO_4 + CO_2\uparrow + SO_2\uparrow \tag{5.2}$$

$$PbO \cdot PbSO_4 + 3CO = 2Pb + 3CO_2\uparrow + SO_2\uparrow \tag{5.3}$$

$$PbS + PbSO_4 = 2Pb + 2SO_2\uparrow \tag{5.4}$$

$$3PbS + 2(PbO \cdot PbSO_4) = 7Pb + 5SO_2\uparrow \tag{5.5}$$

$$PbSO_4 = PbO + SO_3\uparrow \tag{5.6}$$

$$PbO + CO = Pb + CO_2\uparrow \tag{5.7}$$

$$PbSO_4 + 4CO = PbS + 4CO_2\uparrow \tag{5.8}$$

$$7PbSO_4 + PbS = 4PbO \cdot PbSO_4 + 4SO_2\uparrow \tag{5.9}$$

$$PbO + C = Pb + CO\uparrow \tag{5.10}$$

$$2PbS + 2Na_2CO_3 + C = 2Pb + 2Na_2S + 3CO_2\uparrow \tag{5.11}$$

$$PbS + Fe = Pb + FeS \tag{5.12}$$

$$PbS + PbSO_4 = 2Pb + 2SO_2\uparrow \tag{5.13}$$

$$PbO_2 + 2CO = Pb + 2CO_2\uparrow \tag{5.14}$$

$$2C + O_2 = 2CO\uparrow \tag{5.15}$$

$$CaO + SiO_2 = CaO \cdot SiO_2 \tag{5.16}$$

$$2Fe + O_2 + 2SiO_2 = 2FeO \cdot SiO_2 \tag{5.17}$$

由式(5.1)～式(5.17) 可以看出，废铅膏冶炼粗铅的过程中各类辅料的主要功能如下：

① 焦炭和部分铁粉主要起还原剂作用，将高价铅还原为低价铅；

② 铁粉和碳酸钠主要作为固硫剂，在氧化还原反应中将废铅膏的硫进行固化；

③ 基于冶金造渣原理，废铅膏冶炼过程需要加入造渣剂进行造渣才能冶炼，目前再生铅冶炼行业主要是加入氧化钙等物质进行造渣。

采用碱性精炼工艺，在精炼锅中将铅液温度控制在420℃，铅溶液通过反应锅加入NaOH、$NaNO_3$，使铅溶液中的杂质被氧化，生成渣相与铅分离。除去砷、锡、锑等杂质和胶性物质后，铸成精铅成品。其化学反应过程如下：

$$Sb + NaOH + NaNO_3 \longrightarrow Na_2SbO_3 + NO_2\uparrow + H_2O\uparrow \quad (5.18)$$

$$Sn + NaOH + NaNO_3 \longrightarrow Na_2SnO_3 + NO_2\uparrow + H_2O\uparrow \quad (5.19)$$

$$As + NaOH + NaNO_3 \longrightarrow NaAs_2O_4 + NO_2\uparrow + H_2O\uparrow \quad (5.20)$$

5.2 物质代谢冶金热力学机理

本书利用冶金学吉布斯自由能最小化原理，通过化学软件HSC5.0对冶炼过程的主要反应进行热力学分析，反演和判定再生铅冶炼过程化学反应过程。

(1) 碳的气化反应热力学

碳在还原过程中与氧结合形成一氧化碳气体，为废铅膏提供还原气氛，不同温度下碳气化反应热力学数据见表5.1，从热力学方面看，在计算温度范围内碳的气化反应ΔG均小于零，反应趋势较大。

表5.1 再生铅冶炼过程碳气化反应热力学数据

T/℃	ΔH/kJ	ΔS/(J/K)	ΔG/kJ
100	−220.39	180.77	−287.84
150	−220.14	181.40	−296.96
200	−220.04	181.63	−305.98
250	−220.07	181.58	−315.06
300	−220.21	181.32	−324.13
350	−220.45	180.92	−333.19
400	−220.77	180.42	−342.22
450	−221.16	179.87	−351.23
500	−221.59	179.28	−360.21
550	−222.07	178.68	−369.16
600	−222.58	178.08	−378.08
650	−223.12	177.49	−386.97
700	−223.68	176.89	−395.83

续表

T/℃	ΔH/kJ	ΔS/(J/K)	ΔG/kJ
750	−224.26	176.31	−404.66
800	−224.87	175.74	−413.46
850	−225.48	175.17	−422.23
900	−226.12	174.62	−430.98
950	−226.76	174.08	−439.70
1000	−227.42	173.56	−448.39
1050	−228.08	173.05	−457.05
1100	−228.75	172.55	−465.69
1150	−229.44	172.06	−474.31
1200	−230.13	171.58	−482.90
1250	−230.83	171.12	−491.47
1300	−231.53	170.66	−500.01
1350	−232.24	170.21	−508.53
1400	−232.96	169.78	−517.03
1450	−233.69	169.35	−525.51
1500	−234.42	168.93	−533.97

(2) 硫酸铅还原反应热力学

硫酸铅在一氧化碳气体中还原为铅（$PbSO_4+CO \longrightarrow Pb+CO_2\uparrow+SO_2\uparrow$）和硫化铅反应热力学数据见表 5.2。

表 5.2 再生铅冶炼过程硫酸铅还原为铅的反应热力学数据

T/℃	ΔH/kJ	ΔS/(J/K)	ΔG/kJ
100	59.09	192.82	−12.85
150	58.43	191.15	−22.45
200	57.82	189.79	−31.97
250	57.19	188.54	−41.43
300	56.52	187.30	−50.83
350	60.59	194.07	−60.34
400	59.72	192.74	−70.01
450	58.67	191.24	−79.61
500	57.42	189.56	−89.14
550	55.94	187.71	−98.57
600	54.22	185.68	−107.90
650	52.24	183.48	−117.18

续表

T/℃	ΔH/kJ	ΔS/(J/K)	ΔG/kJ
700	50.015	181.132	−126.254
750	47.52	178.633	−135.249
800	44.752	175.994	−144.115
850	41.707	173.221	−152.846
900	21.494	155.495	−160.925
950	18.297	152.827	−168.632
1000	15.129	150.288	−176.21
1050	11.988	147.867	−183.663
1100	8.87	145.555	−190.998
1150	5.776	143.342	−198.22
1200	−37.221	113.549	−204.496
1250	−39.872	111.779	−210.129
1300	−42.503	110.08	−215.675
1350	−45.115	108.445	−221.138
1400	−47.707	106.872	−226.521
1450	−50.281	105.356	−231.826
1500	−52.837	103.894	−237.057

从热力学方面看，在计算温度范围内硫酸铅还原为铅和硫化铅的反应 ΔG 均小于零，其中还原为硫化铅的 ΔG 值更低，反应趋势更大（见表 5.3）。

表 5.3　再生铅冶炼过程硫酸铅还原为硫化铅的反应热力学数据

T/℃	ΔH/kJ	ΔS/(J/K)	ΔG/kJ
100	−309.37	3.52	−310.69
150	−309.82	2.39	−310.83
200	−310.15	1.64	−310.93
250	−310.46	1.02	−311.00
300	−310.80	0.41	−311.04
350	−311.22	−0.28	−311.04
400	−311.74	−1.09	−311.00
450	−312.41	−2.05	−310.93
500	−313.25	−3.17	−310.80
550	−314.28	−4.45	−310.61
600	−315.50	−5.90	−310.35
650	−316.95	−7.51	−310.017

续表

T/℃	ΔH/kJ	ΔS/(J/K)	ΔG/kJ
700	−318.603	−9.253	−309.599
750	−320.477	−11.129	−309.09
800	−322.578	−13.134	−308.484
850	−324.91	−15.26	−307.77
900	−344.37	−32.32	−306.44
950	−346.76	−34.32	−304.77
1000	−349.08	−36.18	−303.01
1050	−351.33	−37.91	−301.16
1100	−353.50	−39.53	−299.22
1150	−305.96	−5.23	−298.51
1200	−347.63	−34.19	−297.38
1250	−348.95	−34.99	−295.66
1300	−350.25	−35.82	−293.89
1350	−351.52	−36.62	−292.07
1400	−352.78	−37.38	−290.22
1450	−354.01	−38.11	−288.34
1500	−355.23	−38.80	−286.41

当硫酸铅还原为硫化铅后，与加入铁粉反应生成金属铅的反应热力学数据见表5.4。

表5.4 再生铅冶炼过程硫化铅与铁粉的反应热力学数据

T/℃	ΔH/kJ	ΔS/(J/K)	ΔG/kJ
100	−1.30	9.25	−4.75
150	1.91	17.22	−5.36
200	2.93	19.49	−6.28
250	3.91	21.45	−7.31
300	4.83	23.14	−8.42
350	10.69	32.87	−9.81
400	10.02	33.26	−11.47
450	11.01	33.40	−13.13
500	10.96	33.34	−14.80
550	10.76	33.08	−16.46
600	10.39	32.65	−18.11
650	9.84	32.04	−19.73

续表

T/℃	ΔH/kJ	ΔS/(J/K)	ΔG/kJ
700	9.08	31.24	−21.31
750	8.05	30.20	−22.85
800	7.06	29.25	−24.33
850	6.47	28.72	−25.78
900	6.02	28.33	−27.21
950	4.96	27.43	−28.59
1000	5.03	27.48	−29.96
1050	5.13	27.56	−31.34
1100	5.26	27.66	−32.72
1150	−44.19	−7.99	−32.79
1200	−11.85	13.41	−31.61
1250	−12.49	12.99	−32.27
1300	−13.11	12.57	−32.91
1350	−13.86	12.15	−33.53
1400	−15.36	11.22	−34.15
1450	−16.19	10.74	−34.70
1500	−17.03	10.26	−35.22

再生铅冶炼过程中，当硫酸铅还原为硫化铅后，与加入的碳酸钠反应生成金属铅的反应热力学数据见表 5.5。

表 5.5　再生铅冶炼过程硫化铅与碳酸钠的反应热力学数据

T/℃	ΔH/kJ	ΔS/(J/K)	ΔG/kJ
100	187.20	159.54	127.66
150	186.75	158.43	119.71
200	186.07	156.90	111.82
250	185.07	154.90	104.03
300	183.69	152.39	96.34
350	186.72	157.43	88.61
400	184.48	153.97	80.83
450	181.70	150.00	73.23
500	180.36	148.17	65.79
550	179.50	147.10	58.41
600	178.46	145.87	51.09
650	177.24	144.51	43.83

续表

T/℃	ΔH/kJ	ΔS/(J/K)	ΔG/kJ
700	175.86	143.06	36.64
750	174.34	141.54	29.52
800	172.70	139.97	22.48
850	171.11	138.53	15.52
900	141.27	111.95	9.93
950	142.52	112.99	4.31
1000	145.18	115.12	−1.38
1050	147.71	117.07	−7.19
1100	148.47	117.64	−13.06
1150	98.69	81.74	−17.63
1200	116.16	93.84	−22.07
1250	113.56	92.10	−26.72
1300	111.01	90.45	−31.28
1350	108.51	88.89	−35.77
1400	106.05	87.40	−40.17
1450	103.64	85.98	−44.51
1500	101.28	84.62	−48.77

当硫酸铅还原为硫化铅后，与硫酸铅反应生成金属铅，硫化铅与硫酸铅、铁粉反应的 ΔG 值较碳酸钠的更低，反应趋势更大（见表 5.6）。

表 5.6 再生铅冶炼过程硫化铅与硫酸铅的反应热力学数据

T/℃	ΔH/kJ	ΔS/(J/K)	ΔG/kJ
100	427.56	382.12	284.97
150	426.68	379.91	265.92
200	425.80	377.94	246.98
250	424.86	376.05	228.13
300	423.85	374.20	209.37
350	432.40	388.44	190.34
400	431.20	386.58	170.97
450	429.77	384.54	151.69
500	428.10	382.31	132.52
550	426.16	379.88	113.46
600	423.94	377.27	94.53
650	421.44	374.47	75.74

续表

T/℃	ΔH/kJ	ΔS/(J/K)	ΔG/kJ
700	418.63	371.51	57.09
750	415.51	368.39	38.59
800	412.08	365.12	20.23
850	408.32	361.70	2.08
900	387.35	343.31	−15.40
950	383.36	339.98	−32.48
1000	379.34	336.76	−49.40
1050	375.31	333.65	−66.16
1100	371.24	330.64	−82.77
1150	317.52	291.91	−97.92
1200	273.19	261.20	−111.63
1250	269.21	258.54	−124.59
1300	265.24	255.98	−137.46
1350	261.29	253.51	−150.19
1400	257.36	251.13	−162.81
1450	253.45	248.82	−175.31
1500	249.55	246.59	−187.69

根据吉布斯自由能最小化原理，对废铅膏的反应过程进行了分析。废铅膏还

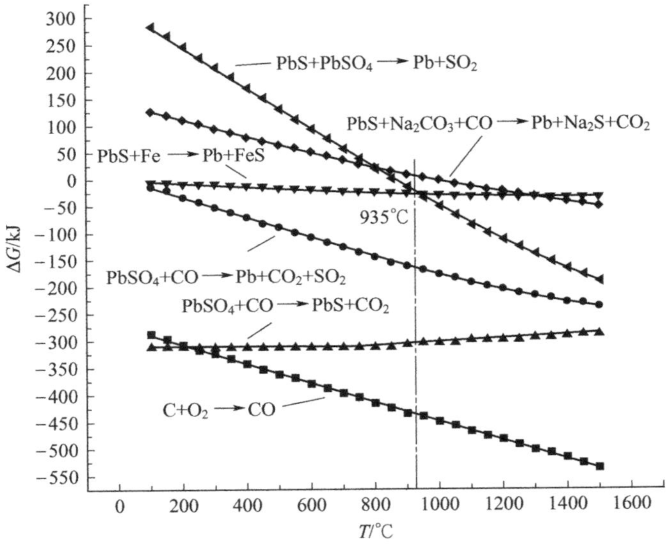

图 5.1　再生铅冶炼过程吉布斯自由能变化

原过程中，当温度大于 300℃时，首先发生的是碳的气化反应形成一氧化碳气体，在一氧化碳还原气氛中废铅膏首先被还原成 PbS，形成硫化铅随即与硫酸铅、铁粉反应形成金属铅；温度在 300～935℃范围内主要发生硫化铅与铁粉反应形成金属铅，温度在 935～1500℃范围内主要发生硫化铅与硫酸铅反应形成金属铅。从反应热力学上看，足够的焦炭保证还原气氛与适量的铁粉是保证废铅膏还原的重要因素（见图 5.1）。

第 6 章

再生铅冶炼过程物质代谢量

再生铅冶炼过程是铅资源代谢过程，伴随着原料流代谢过程，原料中带入的硫、砷、镉等杂质元素完成废物代谢。因此，开展再生铅冶炼过程的物质代谢研究，可有效识别和评估铅资源代谢节点、代谢量、代谢效率以及影响要素，废物流代谢的产排状况，为再生铅冶炼过程提高铅资源回收效率，减少污染物产生和排放提供方法学指导和科学依据。

6.1 冶炼过程物质代谢边界

再生铅冶炼过程主要包括废铅酸电池破碎分选，经过压滤后通过重力分选将轻质废塑料、重质废铅膏和板栅进行物理分离以及冶炼过程。板栅因铅含量较高则直接进行熔炼生产再生铅产品。废铅膏成分相对复杂，铅元素以氧化铅、硫酸铅以及二氧化铅等各类氧化态的形式存在，同时因铅酸电池制造过程是为了提高铅酸电池产品性能，电池制造过程添加部分合金金属，造成废铅膏中含有砷、镉、锑等多种重金属杂质。因此，废铅酸电池再生过程废铅膏需通过造渣完成粗铅冶炼，通过氧化还原反应将各类氧化态铅还原为单质粗铅，粗铅中因含部分杂质金属元素尚不能满足高纯度精铅产品质量需求，需再经过碱性除杂等工艺实现精炼提纯生产精铅产品。

基于本书提出的工业过程物质代谢系统边界的确定方法，可将再生铅冶炼过程分为从废铅酸电池到再生铅冶炼铅产品的清洁生产子系统 S_1，冶炼过程各类废物流进入末端治理设施的末端治理子系统 S_2，由两个子系统共同组成再生铅冶炼清洁生产与末端治理协同控制系统 S。其中，子系统 S_1 主要包括了废铅酸电池破碎分选、板式压滤、板栅熔炼、粗铅冶炼、精铅冶炼、合金铸锭等生产工艺工序；子系统 S_2 则主要包括了废物流治理工序，废铅酸电池废物流治理主要包括了冶炼烟气治理和极少量的废水治理系统。其中，烟气治理系统则包括了来自板栅熔炼、粗铅冶炼、精铅冶炼以及合金铸锭等过程产生的各类冶炼废气的治理，主要是废气除尘和脱硫设施；废水治理系统主要是板式压滤产生的废水处理。

6.2 冶炼过程物质代谢路径

再生铅冶炼过程废铅酸电池进入冶炼系统，经历了破碎分选、粗铅冶炼、精铅冶炼等主要生产工艺工序生产再生铅产品，冶炼过程物质代谢路径可分为如下三类。

(1)“资源-产品-废物-资源”代谢路径

废铅酸电池再生冶炼过程中，铅元素生成再生铅产品的同时部分以冶炼渣或者含铅冶炼烟气形式代谢排出冶炼系统，为了更好地提高铅资源的利用效率，可以通过清洁生产回用流的方式改变含铅冶炼渣的代谢路径，使其从废物再次冶炼为铅产品；同时部分含铅烟尘通过除尘器除尘后，通过再次冶炼循环利用改变其代谢路径，成为再生铅产品。废铅酸电池冶炼过程产生的废塑料、废酸、杂质金属等，基于循环经济再循环原则，均可以通过废塑料和废酸代谢路径优化成为再生塑料和酸产品，镉、锑等重金属则通过多金属回收技术，改变其废物流代谢路径提取为金属产品，即形成“资源-产品-废物-资源”的闭环代谢路径。

(2)“废物-产品”代谢路径

“废物-产品”的代谢路径是指从废铅酸电池中铅元素破碎分选、粗铅冶炼、精铅冶炼生成再生铅产品的代谢过程中，产生的部分中间过程废物如冶炼渣，以及经过末端治理子系统生成的含铅烟尘等，通过清洁生产回用流和循环经济的循环流的方式再次进入冶炼系统生产铅产品。在该代谢路径下，铅元素物质代谢路径相对单一，简单从废物流代谢为可再次利用的资源流。

(3)“资源-产品-废物”代谢路径

废铅酸电池再生冶炼过程，因废铅酸电池拆解带来的废塑料和废酸液等，在再生铅生产系统中这些物质单纯作为废物排到环境中，而并未得到有效利用。从全生命周期的角度来看，铅酸电池产品制造过程通过塑料、酸资源和合金金属的消耗生成电池产品，产品报废后这些资源未能得到再次循环利用而以废物的方式排出再生铅冶炼系统，造成环境影响。这些元素代谢路径可定义为“资源-产品-废物”代谢路径。

6.3 冶炼过程代谢物质流分类

基于本书提出的代谢物质流分类方法，在确定了再生铅冶炼过程物质代谢系统边界和代谢路径的基础上，可清晰准确地给出冶炼过程物质代谢物质流类型划分。

(1) 输入流

再生铅冶炼物质代谢过程的输入流主要包括：废铅酸电池以及冶炼过程所需

的能源流和各类辅料流，其中辅料主要包括冶炼过程所需造渣剂和除杂剂，如石英、氧化钙、碳酸钠、焦炭、铁粉等。

(2) 中间产品流

再生铅冶炼物质代谢过程中间产品流主要包括废铅酸电池经拆解后成为废铅膏、板栅、废塑料和废酸等物质流，其中废铅膏和板栅为再生铅冶炼主要输入流。废铅膏经熔融和冶炼生成粗铅产品，粗铅因含有各类重金属杂质需要精炼除杂，因此粗铅成为再生铅冶炼过程物质代谢中间产品流；同时废铅酸电池拆解后板栅因成分简单且含铅量较高，只需熔融铸锭即可成为再生铅产品，因此板栅也成为再生铅冶炼过程的中间产品流。

(3) 生产过程中间废物流

伴随再生铅冶炼过程中粗铅和板栅等中间产品生产，冶炼过程会产生各类污染物质，在进入末端治理设施和清洁生产回用前，这些废物流统一归类为中间废物流。中间废物流主要包括了废塑料、废酸、板栅压滤废水、粗铅冶炼渣、粗铅冶炼烟气、板栅冶炼烟气、精铅冶炼渣、精铅冶炼烟气、合金铸锭冶炼烟气和冶炼渣 10 种。

(4) 清洁生产回用流

清洁生产回用流是指再生铅冶炼过程产生的中间废物流经过代谢路径优化，再次进入冶炼生产过程加以利用。清洁生产回用流主要包括了板栅熔炼渣、粗铅冶炼渣、精铅冶炼渣和合金过程冶炼渣 4 种。

(5) 一次污染物产生流

一次废物流是指再生铅冶炼过程产生的中间废物流中不能通过清洁生产回用的其他废物流，主要包括压滤废水、板栅熔炼渣、粗铅冶炼渣、精铅冶炼渣、板栅熔炼烟气、粗铅冶炼烟气、精铅冶炼烟气、合金铸锭冶炼烟气 8 种。

(6) 末端治理循环流

末端治理循环流是指一次污染物产生流经过末端治理设施后，可再次进入冶炼生产过程进行资源再循环利用。再生铅冶炼过程末端治理循环流主要包括了破碎分选的含铅污泥和各类冶炼烟气除尘后的铅尘两种，由于其含有一定铅可以通过循环再次提取铅资源。

(7) 产品输出流

再生铅冶炼过程目的是生产再生铅产品，冶炼过程系统输出流为精铅或者铅合金产品。部分生产可能会对废塑料、废酸液以及杂质金属进行提纯冶炼，因此再次生成为再生铅冶炼系统的产品输出流。

(8) 一次污染物排放流

一次污染物排放流是一次污染物产生流经过末端治理设施后，部分废物流通过循环再利用进入冶炼系统成为末端治理循环流，而不能再次被循环利用的则以废物的形式排放到环境中，成为一次污染物排放流。再生铅冶炼系统的一次污染物排放流主要包括压滤废水、板栅熔炼渣、粗铅冶炼渣、精铅冶炼渣、板栅熔炼外排烟气、粗铅冶炼外排烟气、精铅冶炼外排烟气、合金铸锭冶炼外排烟气 8 种。

(9) 二次污染物排放流

污染物末端治理过程除了对污染物去除外，还可能发生物理化学反应同时生成新的污染物。再生铅冶炼过程二次污染物主要包括废水处理产生的污泥、冶炼烟气脱硫后的脱硫石膏两种。

6.4 冶炼过程物质代谢量

本书重点针对再生铅冶炼过程开展物质流数据的收集和采集，进而核算冶炼过程物质代谢量，数据收集类型主要包括了如下几类。

(1) 现场监测数据

主要包括再生铅冶炼过程各生产工序含重金属废气产生和排放浓度、废气体积流量、废水量及废水重金属污染物产生浓度和排放浓度等数据（见图 6.1）。

(2) 试验室分析数据

主要包括废铅酸电池、燃料和还原剂等原辅材料、中间废物以及外排固体废物重金属铅、砷、镉以及硫元素含量等来自试验室分析的数据。

(3) 资料调研数据

本次再生铅冶炼过程物质代谢量核算调研资料数据主要包括原辅材料消耗量、粗铅产品量、精铅产品量、中间废物回用量和末端治理循环量、冶炼渣产生量和冶炼渣排放量等数据，来自冶炼过程运行台账记录（见表 6.1）。

表 6.1 再生铅冶炼物质代谢现场监测和试验室分析

序号	采样点	分析因子
固体样品	废铅酸电池、废铅膏、板栅、废塑料	
	大铅膏、板栅、小铅膏、合金铅、粗铅精铅冶炼渣、合金渣、合金灰（布袋除尘灰）、脱硫后废铅膏、阴极片、电铅阳极泥、除铜渣、锑锡渣、铅钙合金渣、铅锑合金渣	铅、砷、镉和硫
液体样品	富铅电解液、贫铅电解液、废水处理站循环水、硫酸钠、酸碱中和液	
气体样品	重力尘、旋风尘、布袋尘、粗铅冶炼烟尘、精铅冶炼烟尘、板栅熔炼烟尘、合金精炼冶炼烟尘、脱硫外排烟气	

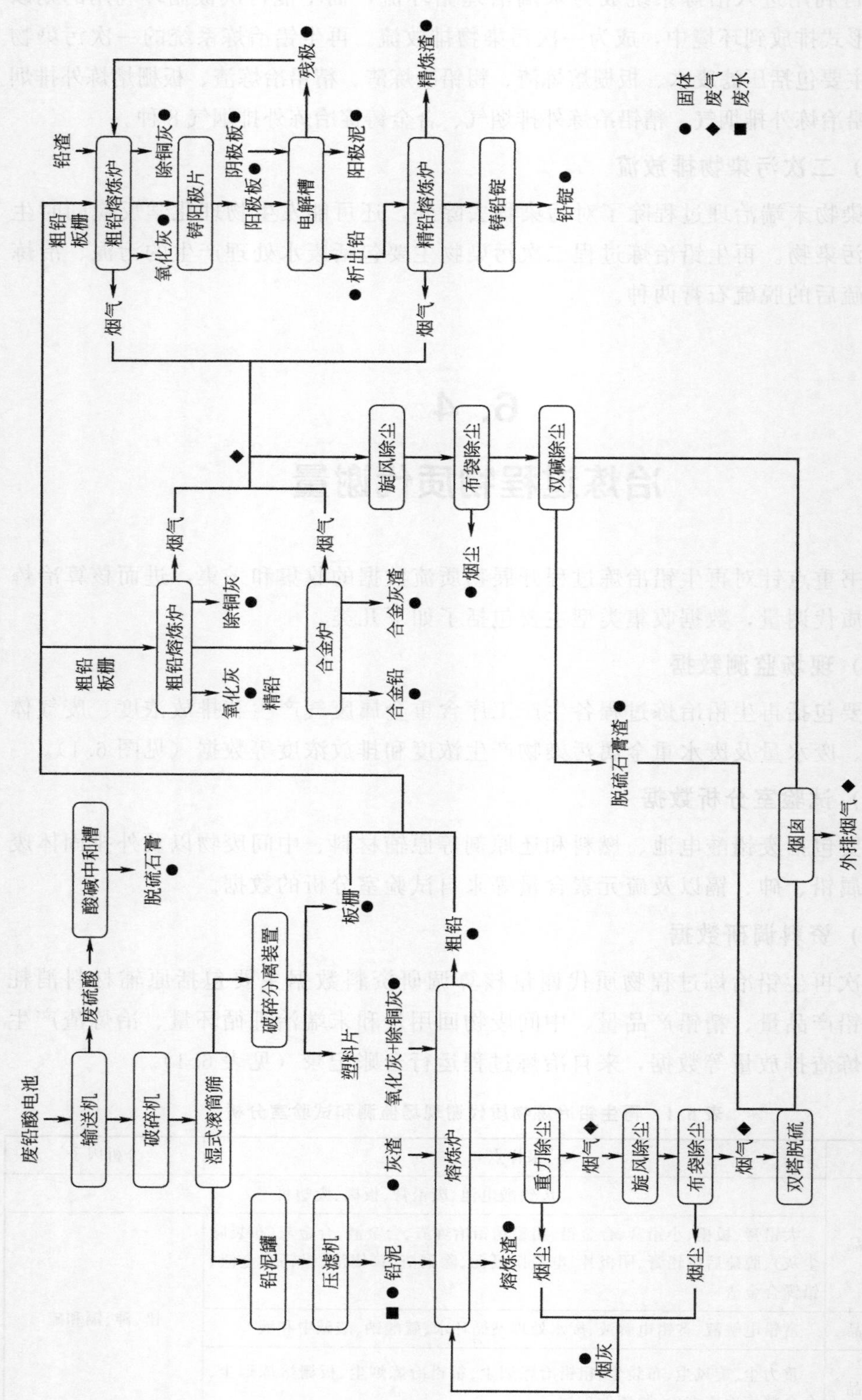

图 6.1 再生铅冶炼过程物质代谢数据采样点位设计

6.4.1 资源代谢量核算

6.4.1.1 铅代谢量

本次再生铅冶炼物质代谢分析系统涵盖了破碎分选、板栅精炼、粗铅冶炼、精铅冶炼、合金铸锭、废水处理、烟气除尘和烟气脱硫 8 个生产工序，主要包括了精铅冶炼的清洁生产子系统 S_1 以及冶炼烟气和废水末端治理子系统 S_2 两类代谢路径，其中前 5 个生产工序是再生铅冶炼过程清洁生产子系统 S_1 代谢前期路径，后 3 个工序废水处理、烟气除尘和烟气脱硫则是再生铅冶炼末端治理子系统 S_2 物质代谢后期路径。

以生产 1000kg 精铅为再生铅冶炼系统产出进行物质代谢物质流核算，通过现场监测和试验室分析结果显示，本次铅代谢物质流共计 35 股，按照物质流代谢 9 类物质流分类，本次再生铅冶炼过程铅元素流代谢种类和代谢量核算结果如下。

(1) 输入端物质流

本次物质流代谢系统输入含铅物质流 1 股；原辅材料输入端的铅元素流代谢量共计 1067.551kg，按照废铅酸电池含铅量 58%折算，系统输入废铅酸电池代谢量为 1724.83kg。

(2) 中间产品流

本次物质流代谢共计 7 股，代谢路径经历清洁生产的前 6 个生产工序，包括了铅膏流、粗铅产品流、板栅流、精铅产品流等。

(3) 生产过程中间废物流

本次物质流代谢共 10 股中间废物流，代谢量共计 82.871kg，占到系统输入总铅流代谢量的 7.76%，其代谢路径经历了生产全过程的 8 个生产工序。

(4) 清洁生产回用流

本次物质流代谢有 4 股清洁生产回用流，主要是粗铅冶炼、精铅冶炼和合金过程冶炼渣，代谢量共计 59.061kg，占到系统输入流的 5.53%，其代谢路径主要是粗铅冶炼、精铅冶炼和合金铸锭 3 个生产工序。

(5) 一次污染物产生流

本次物质流代谢有 5 股一次污染物产生流，代谢量共计 15.371kg，占到系统输入流的 1.44%，其代谢路径主要经历烟气除尘和烟气脱硫 2 个生产工序。

(6) 末端治理循环流

本次物质流代谢 2 股末端治理循环流；再次循环到生产系统物质流主要是除

尘后含铅烟尘，代谢量为16.282kg，占系统输入流的1.52%，还有破碎分选的含铅污泥，二者代谢路径由末端治理子系统输出端后再次进入粗铅冶炼工序。

(7) 铅产品流

系统输出端产品流为精铅产品，本书按照1000kg计，作为系统铅物质流代谢的终端产品流。

(8) 一次污染物排放流

本次物质流代谢共3股一次污染物排放流；主要是经过除尘和脱硫后的含铅烟气和冶炼渣，作为一次污染物外排到环境中的铅代谢量达到了8.438kg，占到系统总输出流的0.84%。

(9) 二次污染物排放流

本次物质流代谢共两股二次污染物排放流；冶炼烟气经除尘进入湿法脱硫后对铅产生了协同去除效应，除尘后烟气中有85.71%铅被协同去除，导致0.066kg铅进入脱硫石膏，同时废铅膏预脱硫产生脱硫副产含0.012kg的铅，二者共占到系统含铅废物排放量的0.92%。

再生铅冶炼过程铅元素物质流代谢量示意如图6.2所示。

图6.2结果显示，通过清洁生产对粗铅冶炼、精铅冶炼、合金铸锭以及板栅熔炼环节冶炼渣回用流代谢节点配置，优化了物质代谢过程废物流代谢量和代谢路径，通过中间废物流转化为中间产品流，提高了资源代谢效率并降低了一次污染物产生量；通过烟气除尘和脱硫以及含铅收尘的循环流配置，实现了一次污染物含铅烟尘的排放量降低，但由于脱硫过程实现了协同除尘，有0.06kg的铅进入脱硫石膏，由系统一次污染物转变为二次污染物，即含铅的脱硫石膏。

6.4.1.2 硫代谢量

基于废铅酸电池组分和化学物相分析结果显示，废铅酸电池中硫元素含量达到4.64%，主要在废铅膏中以硫酸铅和硫化铅形式存在。通过现场采样和物质流核算分析，再生铅冶炼过程的硫主要有两个来源：一是废铅膏中以硫酸铅形式存在的硫；二是燃料煤中带入的硫。从资源利用角度二者均作为杂质元素伴随铅资源代谢过程完成废物代谢。

本次再生铅冶炼系统物质流核算仍以1000kg铅产出为系统输出，硫元素废物代谢流共计18股，其中系统输入端物质流共计3股，主要包括了废铅膏、粗铅冶炼焦炭、精铅冶炼焦炭等原辅材料带入杂质硫，共计49.66kg。经过破碎分选、废铅膏板式压滤、粗铅冶炼、精铅冶炼和合金铸锭几个生产工序，硫元素伴随着废铅膏氧化还原反应以及燃料燃烧，冶炼过程中分别进入冶炼烟气相、冶炼渣相和金属产品相中。

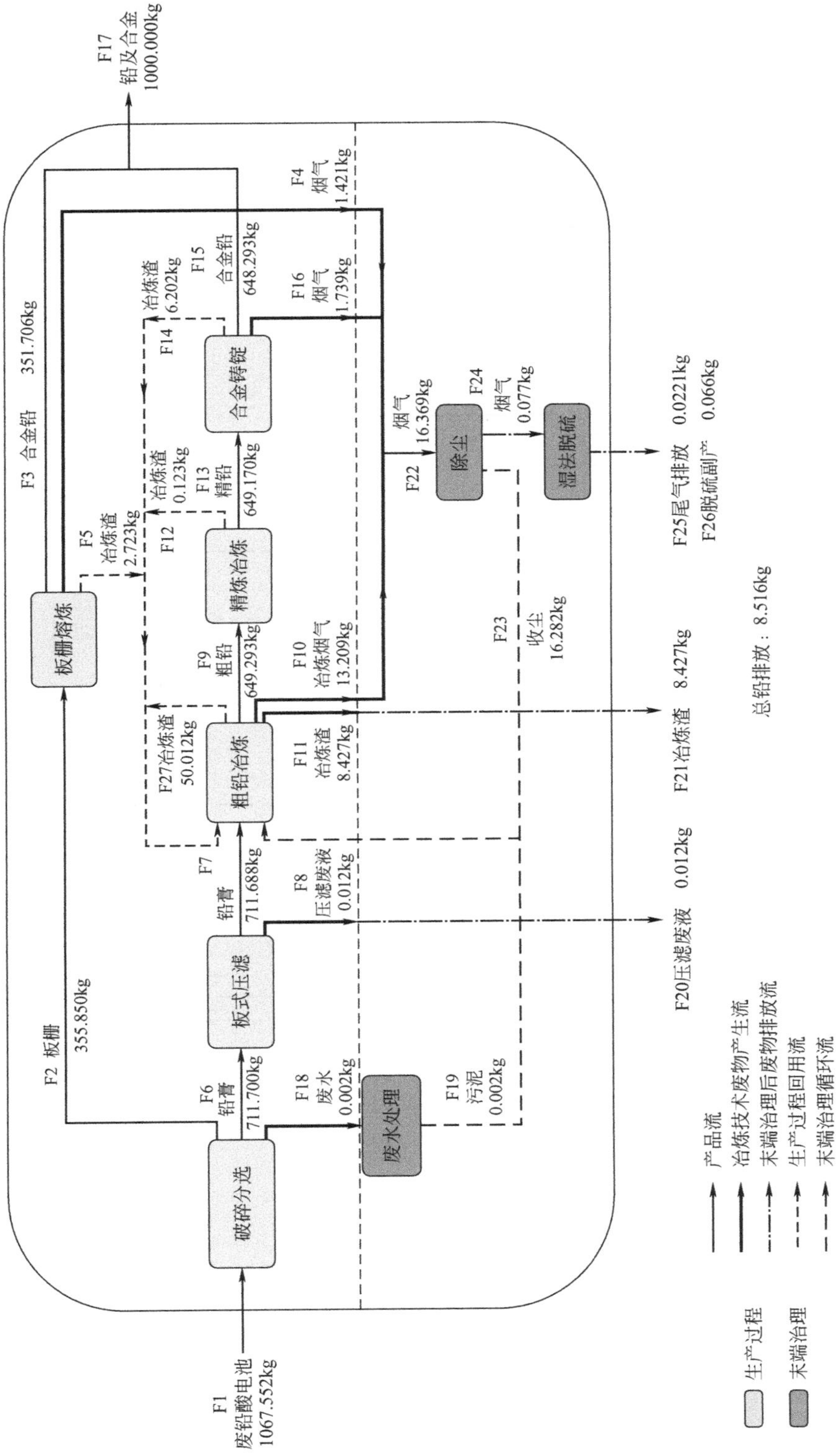

图 6.2 再生铅冶炼过程铅元素物质流代谢量示意

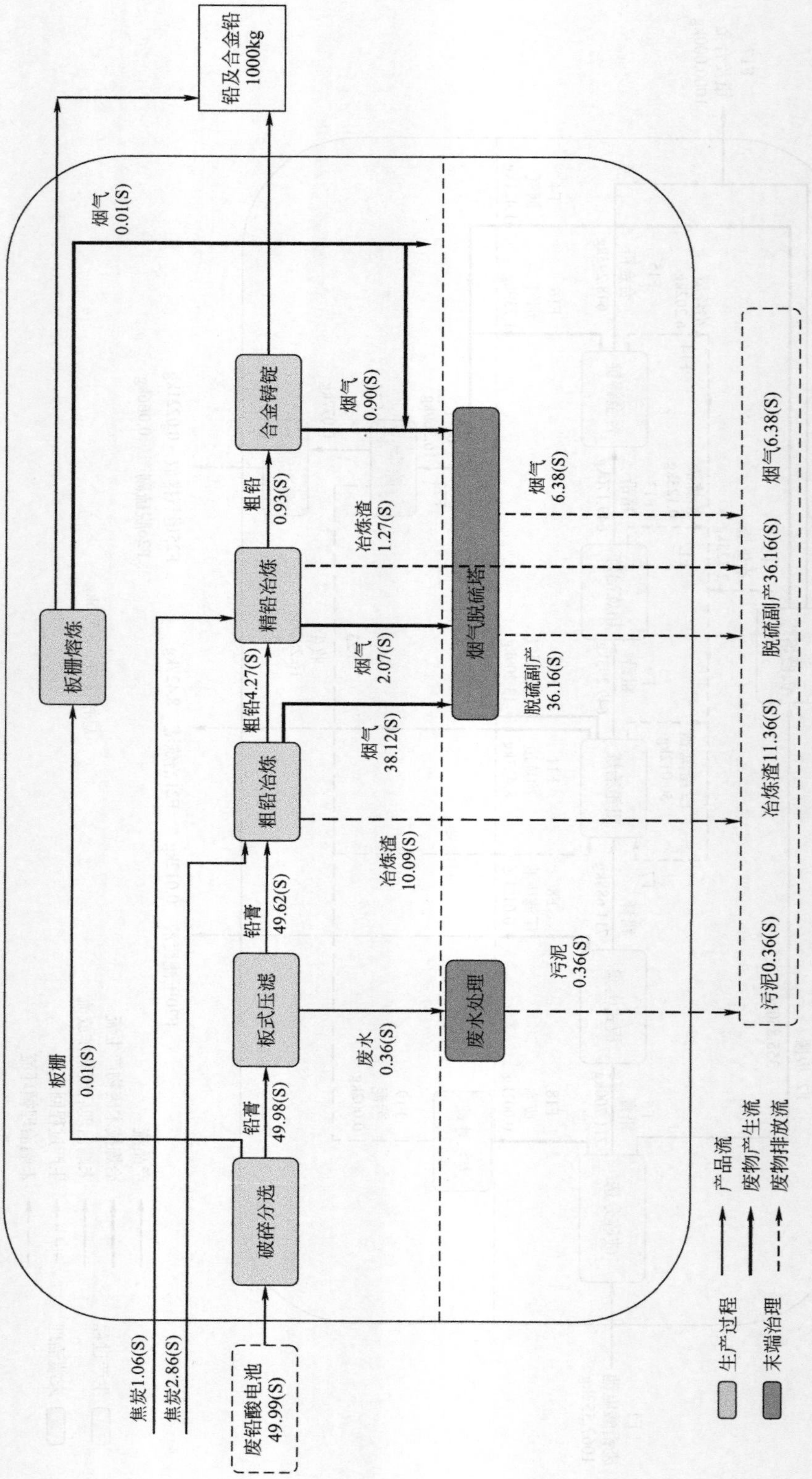

图 6.3 再生铅冶炼过程硫元素物质流代谢量示意（单位：kg）

从硫元素代谢量分析来看，再生铅冶炼过程硫元素未能资源化利用，全部以废物流形式代谢，其中冶炼渣中产生量共计 11.36kg，占到硫元素输入总量的 21.07%，剩余硫全部以二氧化硫形式在冶炼烟气中，共计 42.55kg。冶炼烟气经过碱性脱硫后，有 84.96%的硫进入脱硫石膏，6.38kg 的硫以二氧化硫烟气形式排入环境中。

从硫元素代谢路径来看，硫元素废物流产生的主要环节在粗铅冶炼工序，该工序冶炼烟气二氧化硫产生量占冶炼全过程二氧化硫产生总量的 92.77%，冶炼渣则占到 88.82%；其次是精铅冶炼工序，二氧化硫和冶炼渣中硫分别占到再生铅冶炼过程废物总量的 4.86%和 11.18%，合金铸锭等其他冶炼工序产生的含硫废物流占比可忽略不计（见图 6.3）。

由此可见，再生铅冶炼过程硫元素代谢存在如下特征和问题：

① 再生铅冶炼过程含硫废物的产生主要是废铅膏冶炼粗铅冶炼工序，因此对该工序冶炼参数优化可优化硫元素在不同物相中的物质流代谢形态和代谢量分布。

② 80%左右的硫以二氧化硫形式进入冶炼烟气相，这也加大了冶炼过程末端治理脱硫设施运行压力，且有近 7.16%的硫来自冶炼过程所需的还原剂和燃料焦炭，因此采用低硫辅料也可实现再生铅冶炼过程硫污染物减排。

③ 对于再生铅冶炼过程硫元素，目前尚未开展资源化利用，从节约资源和降低污染角度，应强化废铅膏中硫元素的资源利用技术的研发。

6.4.1.3 砷代谢量

由于废铅膏中含有一定的砷、镉等杂质金属，冶炼过程会伴随铅资源代谢完成废物代谢。与杂质硫元素相比，虽然砷和镉元素含量占比较低，但由于毒性较强且难于降解，对环境影响的效果远大于二氧化硫等常规污染物。从国内外进展可以看出，砷和镉造成的再生铅冶炼企业周边土壤和地下水污染问题严重。因此，本书也将采用物质流分析模型，开展冶炼过程砷和镉废物代谢特征研究，为冶炼过程有效开展重金属污染防控提供科学依据。

再生铅冶炼过程砷元素物质流代谢示意如图 6.4 所示。

从图 6.4 可以看出，废铅酸电池带入 54.77g 的砷进入冶炼过程。经过破碎分选后 11.91g 砷流进入板栅熔炼工序，有 42.86g 砷伴随废铅膏进入粗铅冶炼环节，粗铅冶炼工序外排烟气含砷 0.06g，粗铅冶炼渣中含砷 24g。含砷粗铅将进入精铅除杂和电解精炼工序，精铅冶炼渣中含砷 12g 和电解产生的阳极泥中含砷 4g。精铅合金铸锭工序中，由板栅携带的砷 11.91g 进入合金锅高温熔融，熔融过程产生冶炼烟气中含砷 0.01g，同时有 9g 砷进入合金渣，2.9g 砷留在合金铅产品中。

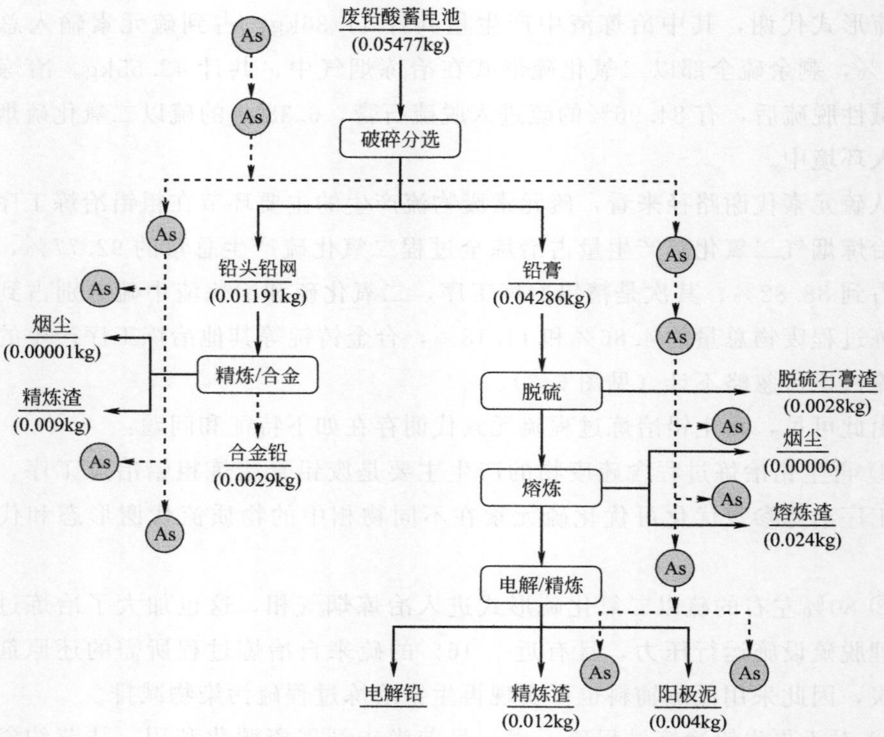

图 6.4　再生铅冶炼过程砷元素物质流代谢量示意

综上所述，再生铅冶炼过程砷元素代谢共有粗铅冶炼和合金铸锭 2 个生产工序产生含砷废气，外排烟气中粗铅冶炼工序排放的含砷量相对较高，占到冶炼全过程烟气中砷排放量的 85.72%。因此，粗铅冶炼工序是再生铅冶炼过程含砷烟气的重点控制工序。合金铸锭、粗铅冶炼、电解精炼等生产工序产生了含砷冶炼渣和电解阳极泥，其中粗铅冶炼渣和精铅冶炼渣中砷含量分别占到原料代入总砷量的 43.82%和 38.34%。由此可见，含砷固废的防控重点应集中在粗铅冶炼和精铅冶炼两个生产工序。

6.4.1.4　镉代谢量

再生铅冶炼过程镉元素物质流代谢量示意如图 6.5 所示。

由图 6.5 可以看出，废铅酸电池原料中含有 0.68259kg 的镉，经过破碎分选后有 0.04683kg 镉进入板栅熔炼工序，有 0.21429kg 的镉进入铅膏熔炼环节。粗铅冶炼工序产生的外排烟气中含镉 0.00009kg，粗铅冶炼渣中含镉 0.119kg。精铅冶炼的精炼渣中含镉 0.064kg，电解精炼的阳极泥含镉 0.021kg。板栅直接进入精炼合金工序，熔融过程冶炼烟气中含镉 0.00003kg，同时有 0.041kg 镉进入精铅冶炼渣，有 0.0058kg 镉留在合金铅产品中。

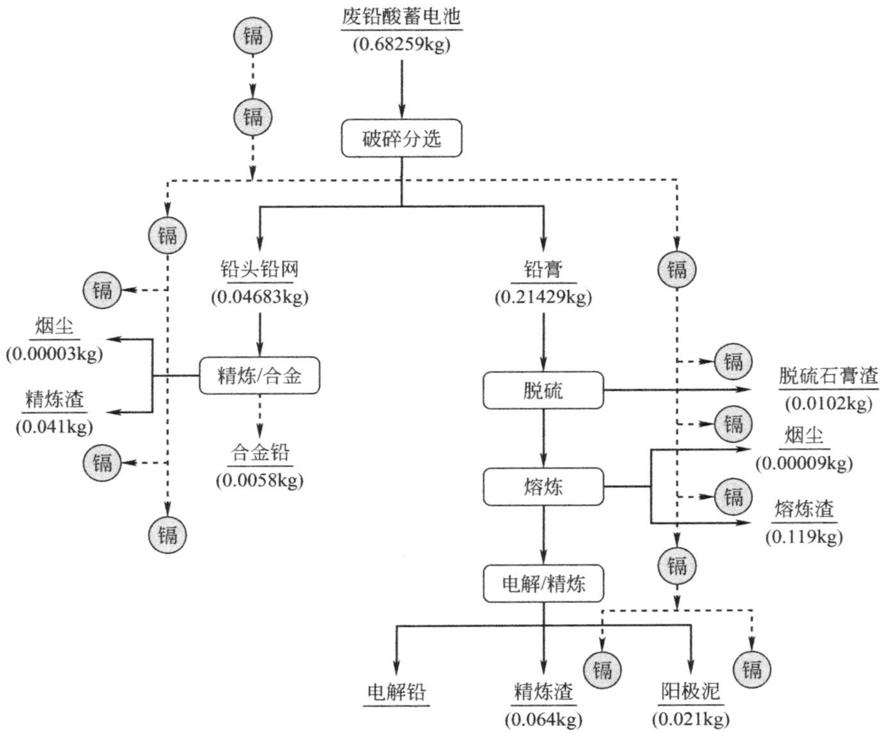

图 6.5 再生铅冶炼过程镉元素物质流代谢量示意

综上所述，再生铅冶炼过程镉元素代谢过程有 17.58%进入冶炼烟气，其他则进入冶炼渣和阳极泥。含砷冶炼烟气中，粗铅冶炼含镉烟气占到冶炼全过程烟气镉总量的 75%，其次是合金铸锭工序。因此，再生铅冶炼过程含镉烟气防控的重点为粗铅冶炼工序。冶炼过程产生的含砷固废主要是粗铅冶炼渣和精铅冶炼渣，二者分别占到含砷固体废物总量的 46.66%和 41.17%。因此，含镉固废重点防控环节是粗铅冶炼和精铅冶炼工序。

从废物流代谢量大小来看，再生铅冶炼过程废物流代谢量依次是冶炼渣 (67.376kg)、冶炼烟气 (16.369kg) 和废水 (0.002kg)。由此可见，除破碎分选工序产生极少量含铅废水外，再生铅冶炼过程其他生产工序无含铅废水产生。从各生产工序含铅废物流代谢总量来看，依次是粗铅冶炼 (69.648kg)、合金铸锭 (8.941kg)、板栅精炼 (5.144kg)、精铅精炼 (0.123kg) 以及废铅膏预脱硫 (0.012kg) 和破碎分选 (0.002kg)，其中粗铅冶炼、合金铸锭和板栅精炼废物代谢量分别占到冶炼过程废物代谢总量的 83.16%、10.67%和 6.14%。

各生产工序中废物流代谢量种类排序依次是含铅冶炼渣>含铅烟气>含铅废水。因此，从生产工序物质代谢来看，再生铅冶炼过程含铅废物的防控重点是含铅、砷和镉的冶炼渣和冶炼烟气。冶炼过程污染防控重点环节依次是粗铅冶炼>合金铸锭>精铅精炼>精铅电解>预脱硫>破碎分选，其中前三个工序废物流代谢量占到系统废物流代谢总量的 99.97%。因此，再生铅冶炼废物代谢应重点关注粗铅冶炼工序的冶炼渣和冶炼烟气（见图 6.6）。

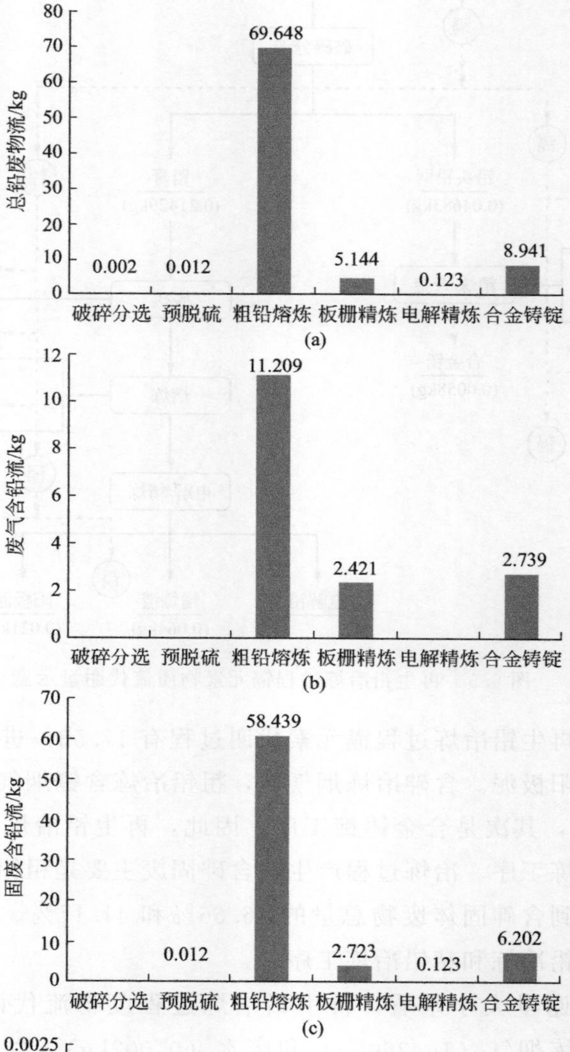

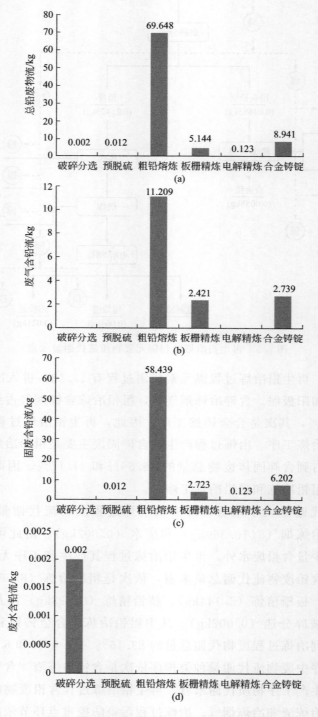

图 6.6 再生铅冶炼过程铅污染工序贡献分析

基于冶炼过程硫、砷和镉废物流代谢分析发现，粗铅冶炼工序是二氧化硫和含砷、镉重金属烟气主要贡献工序，污染物产生占比达到75%～92.77%。对于含重金属砷、镉固体废物污染贡献，则主要以粗铅冶炼和精铅冶炼两个工序为主，两个生产工序贡献比之和达到了82.16%～87.83%。从再生铅冶炼生产工艺工序来看，粗铅冶炼工序对杂质金属去除效果直接决定了精铅冶炼过程。因此，基于系统学考虑再生铅冶炼过程重金属污染防控，粗铅冶炼工序应是重金属砷和镉污染防控优化的重点工序。

6.4.2 能源代谢量核算

6.4.2.1 能源代谢热力学分析

以100g废铅膏还原为基准进行物料平衡计算，并做以下假设：

① 所有的反应物和生成物均按纯物质考虑；

② 首先在25℃进行还原反应，生成物为纯物质，然后升温到指定温度；

③ 废铅膏100%还原，还原耗碳由焦炭提供；

④ 焦炭中的灰分、水分及挥发分忽略不计。

废铅膏在25℃时发生反应，反应热效应为ΔH_1，产物从25℃升温到指定温度的热效应为ΔH_2，则$\Delta H=\Delta H_1+\Delta H_2$（见图6.7）。

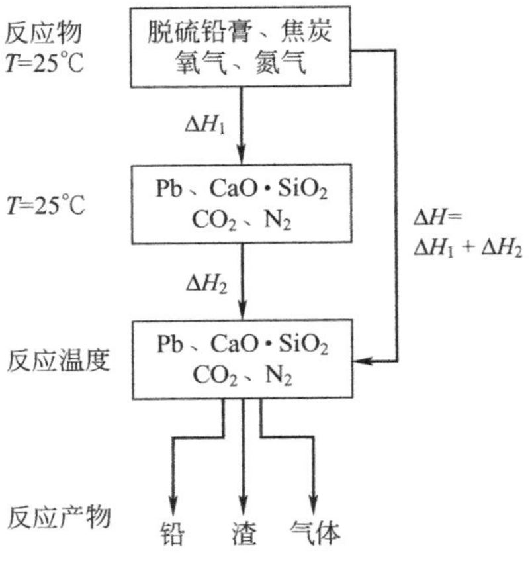

图6.7 再生铅冶炼过程能源代谢热平衡计算示意

根据热力学数据及物料平衡表，计算的废铅膏还原时化学反应热见表6.2，其中ΔH_1值为100g废铅膏化学反应热。

物质从25℃升温到指定的温度所需热量根据下面公式：

$$Q=\int_{t_1}^{t_2} C_p \mathrm{d}t+\Delta H_m$$

式中 C_p——物质比热容；

ΔH_m——物质熔化热容。

表 6.2 再生铅冶炼过程化学反应热计算表

化学反应方程式	ΔH°_{298}/kJ	ΔH_1/kJ
$2C+O_2(g)$══$2CO(g)$	−221.08	=−221.08kJ/(12×2×9.47g)=−87.25
$PbSO_4+2CO(g)$══$Pb+2CO_2(g)+SO_2(g)$	60.40	=60.40kJ/303.26×45.21g=9.00
$PbO_2+2CO(g)$══$Pb+2CO_2(g)$	−291.46	=−291.46kJ/239.2×45.25g=−55.14
$CaO+SiO_2$══$CaSiO_3$	−89.16	=−89.16kJ/56×0.28g=−0.45
$FeO+SiO_2$══$FeSiO_3$	−16.16	=−16.16kJ/55.85×2.23g=−0.65
合计		−134.48

再生铅冶炼过程不同温度下物质比热容数据见表 6.3。

表 6.3 再生铅冶炼过程不同温度下物质比热容数据

C_p/[J/(mol·K)]	298K	400K	600K	800K	1000K	ΔH_m/(kJ/mol)
Pb	26.84	27.7	29.4	30	29.4	4.77
$CaO\cdot SiO_2$	85.27	100.4	113	119.2	123.8	56.1
$FeO\cdot SiO_2$	89.4	100.8	114.3	124.5	133.9	92
SO_2	39.88	43.43	48.9	52.3	54.3	—
CO_2	37.13	41.3	47.3	51.4	54.3	—
N_2	29.124	29.2	30.1	31.4	32.7	—
H_2O	75.35	35.6	38.8	42.2	45.4	—

6.4.2.2 能源代谢量核算

(1) 反应温度为 900℃ 时的热平衡

产物从 25℃ 升温到反应温度 900℃ 的物理热 ΔH_2 为物料升温所需热量 $Q_{升温}$ 与物料熔化所需热量 $Q_{熔化}$ 之和。

根据物料平衡表与比热容数据表计算的产物所需的物理热与热平衡见表 6.4。

表 6.4 再生铅冶炼过程产物升温到 900℃ 时所需的物理热

产物物理热	$Q_{升温}$/(kJ/mol)	$Q_{熔化}$/(kJ/mol)	物质的量/mol	ΔH_2/kJ
Pb	25.35	4.77	0.35	10.58
$CaO\cdot SiO_2$	95.86	56.10	0.005	0.48
$FeO\cdot SiO_2$	98.60	92.00	0.04	3.94
SO_2	42.05	0.00	0.15	6.27
CO_2	40.69	0.00	0.79	32.11
N_2	26.55	0.00	2.15	57.12
合计				110.50

再生铅冶炼过程在900℃温度下，化学反应热大于物理热，23.97kJ 的热量需要排出（见表6.5）。

表6.5 再生铅冶炼过程反应温度900℃时热平衡表

热收入			热支出		
项目	kJ	所占比重/%	项目	kJ	所占比重/%
C燃烧成CO放热	87.25	60.81	硫酸铅还原吸热	9.00	6.28
二氧化铅还原放热	55.14	38.43	粗铅物理热	10.58	7.38
造渣反应热	1.09	0.76	炉渣物理热	4.42	3.08
—	—	—	烟气物理热	95.50	66.56
—	—	—	排出热	23.97	16.71
合计	143.48	100.00	合计	143.48	100.00

(2) 反应温度为1000℃时的热平衡

再生铅冶炼过程产物从25℃升温到反应温度1000℃的物理热 ΔH_2 为物料升温所需热量 $Q_{升温}$ 与物料熔化所需热量 $Q_{熔化}$ 之和。

根据物料平衡表与比热容数据表计算的产物所需的物理热与热平衡见表6.6。

表6.6 再生铅冶炼过程产物升温到1000℃时所需的物理热

产物物理热	$Q_{升温}$/(kJ/mol)	$Q_{熔化}$/(kJ/mol)	物质的量/mol	ΔH_2/kJ
Pb	28.35	4.77	0.35	11.64
$CaO \cdot SiO_2$	107.78	56.10	0.005	0.54
$FeO \cdot SiO_2$	111.05	92.00	0.04	4.44
SO_2	47.28	0.00	0.15	7.05
CO_2	45.83	0.00	0.79	36.17
N_2	29.69	0.00	2.15	63.87
合计				123.71

再生铅冶炼过程在1000℃温度下，化学反应热大于物理热，10.77kJ 的热量需要排出（见表6.7）。

表6.7 再生铅冶炼过程反应温度1000℃时热平衡表

热收入			热支出		
项目	kJ	所占比重/%	项目	kJ	所占比重/%
C燃烧成CO放热	87.25	60.81	硫酸铅还原吸热	9.00	6.28
二氧化铅还原放热	55.14	38.43	粗铅物理热	11.64	8.11
造渣反应热	1.09	0.76	炉渣物理热	4.98	3.47
—	—	—	烟气物理热	107.09	74.64
—	—	—	排出热	10.77	7.51
合计	143.48	100.00	合计	143.48	100.00

(3) 反应温度为 1100℃时的热平衡

再生铅冶炼过程中产物从 25℃升温到反应温度 1100℃的物理热 ΔH_2 为物料升温所需热量 $Q_{升温}$ 与物料熔化所需热量 $Q_{熔化}$ 之和。

根据物料平衡表与比热容数据表计算的产物所需的物理热与热平衡见表 6.8。

表 6.8 再生铅冶炼过程产物升温到 1100℃时所需的物理热

产物物理热	$Q_{升温}$/(kJ/mol)	$Q_{熔化}$/(kJ/mol)	物质的量/mol	ΔH_2/kJ
Pb	31.13	4.77	0.35	12.61
$CaO \cdot SiO_2$	121.41	56.10	0.005	0.61
$FeO \cdot SiO_2$	127.00	92.00	0.04	5.08
SO_2	53.26	0.00	0.15	7.94
CO_2	52.05	0.00	0.79	41.08
N_2	33.31	0.00	2.15	71.67
合计				138.99

再生铅冶炼过程在 1100℃温度下，化学反应热小于物理热，4.52kJ 的收入热量由电能提供（见表 6.9）。

表 6.9 再生铅冶炼过程反应温度 1100℃时热平衡表

热收入			热支出		
项目	kJ	所占比重/%	项目	kJ	所占比重/%
C 燃烧成 CO 放热	87.25	58.95	硫酸铅还原吸热	9.00	6.08
二氧化铅还原放热	55.14	37.26	粗铅物理热	12.61	8.52
造渣反应热	1.09	0.74	炉渣物理热	5.69	3.84
电能	4.52	3.05	烟气物理热	120.69	81.55
合计	148.00	100.00	合计	148.00	100.00

(4) 反应温度为 1200℃时的热平衡

产物从 25℃升温到反应温度 1200℃的物理热 ΔH_2 为物料升温所需热量 $Q_{升温}$ 与物料熔化所需热量 $Q_{熔化}$ 之和。

根据物料平衡表与比热容数据表计算的产物所需的物理热与热平衡见表 6.10。

表 6.10 再生铅冶炼构成产物升温到 1200℃时所需的物理热

产物物理热	$Q_{升温}$/(kJ/mol)	$Q_{熔化}$/(kJ/mol)	物质的量/mol	ΔH_2/kJ
Pb	34.07	4.77	0.35	13.65
$CaO \cdot SiO_2$	133.79	56.10	0.005	0.95

续表

产物物理热	$Q_{升温}$/(kJ/mol)	$Q_{熔化}$/(kJ/mol)	物质的量/mol	ΔH_2/kJ
$FeO \cdot SiO_2$	140.39	92.00	0.04	9.30
SO_2	58.69	0.00	0.15	8.75
CO_2	57.48	0.00	0.79	45.37
N_2	36.58	0.00	2.15	78.70
合计				156.72

再生铅冶炼过程在1200℃温度下，化学反应热小于物理热，22.24kJ的收入热量由电能提供（见表6.11）。

表6.11 再生铅冶炼过程反应温度1200℃时热平衡表

热收入			热支出		
项目	kJ	所占比重/%	项目	kJ	所占比重/%
C燃烧成CO放热	87.25	52.65	硫酸铅还原吸热	9.00	5.43
二氧化铅还原放热	55.14	33.27	粗铅物理热	13.65	8.23
造渣反应热	1.09	0.66	炉渣物理热	10.25	6.18
电能	22.24	13.42	烟气物理热	132.82	80.15
合计	165.72	100.00	合计	165.72	100.00

(5) 反应温度为1300℃时的热平衡

产物从25℃升温到反应温度1300℃的物理热ΔH_2为物料升温所需热量$Q_{升温}$与物料熔化所需热量$Q_{熔化}$之和。

根据物料平衡表与比热容数据表计算的产物所需的物理热与热平衡见表6.12。

表6.12 再生铅冶炼过程产物升温到1300℃时所需的物理热

产物物理热	$Q_{升温}$/(kJ/mol)	$Q_{熔化}$/(kJ/mol)	物质的量/mol	ΔH_2/kJ
Pb	37.01	4.77	0.35	14.68
$CaO \cdot SiO_2$	146.17	56.10	0.005	1.01
$FeO \cdot SiO_2$	153.78	92.00	0.04	9.83
SO_2	64.12	0.00	0.15	9.56
CO_2	62.91	0.00	0.79	49.65
N_2	39.85	0.00	2.15	85.74
合计				170.47

再生铅冶炼过程在1300℃温度下，化学反应热小于物理热，36.00kJ的收入热量由电能提供（见表6.13）。

表 6.13　再生铅冶炼过程反应温度 1300℃时热平衡表

热收入			热支出		
项目	kJ	所占比重/%	项目	kJ	所占比重/%
C 燃烧成 CO 放热	87.25	48.61	硫酸铅还原吸热	9.00	5.02
二氧化铅还原放热	55.14	30.72	粗铅物理热	14.68	8.18
造渣反应热	1.09	0.61	炉渣物理热	10.84	6.04
电能	36.00	20.06	烟气物理热	144.95	80.76
合计	179.48	100.00	合计	179.48	100.00

第7章

再生铅冶炼过程物质代谢效率

再生铅冶炼过程是铅资源代谢，同时伴随着原料带入的硫、砷、镉等杂质的废物代谢过程。因此，开展再生铅冶炼过程的物质代谢研究，可有效识别和评估铅资源代谢效率、代谢节点及影响要素，以及杂质元素的污染产排状况，为再生铅冶炼过程提高铅资源回收效率和减少污染排放提供方法指导。

7.1 冶炼过程资源代谢效率分析

7.1.1 资源代谢直接利用率

再生铅冶炼过程各生产工序铅代谢资源利用率均维持在 90%以上，只有粗铅冶炼环节流损失率最高，达到 7.87%。经过增加清洁生产回用流代谢节点配置后，该生产工序的资源利用效率提升到 97.12%，上升了 5.01 个百分点。由此可见，清洁生产回用流配置提升了物质代谢效率。从冶炼过程产生的废物流种类来看，可回用的冶炼渣量占中间废物代谢量的 83.04%，剩余近 16.96%废物则以含铅烟气进入末端治理子系统。从各生产工序清洁生产回用流配置来看，粗铅冶炼工序清洁生产回用流占比最高，达到 83.90%。

为了有效评估清洁生产回用流代谢路径优化对铅资源利用率的影响，可将没有任何回用流的铅的资源利用率定义为铅直取率。物质流核算结果显示，虽然板栅精炼和合金铸锭工序铅资源直取率较高，但从其中间废物回用率偏低，分别只有 52.49%和 69.37%。究其原因，主要是这两个生产工序产生的中间废物流种类与粗铅冶炼工序不同，以无法回用的冶炼烟气为主，分别占各生产工序中间废物代谢量的 47.06%和 30.63%（见图 7.1）。

按照本书提出的再生铅冶炼过程四种代谢模型物质流代谢效率核算结果显示，在 NONE 物质模式下系统的铅的资源代谢效率 β_{none} 为 93.67%，通过对 EPT、CP 和 CP&EPT 物质代谢模式下铅的资源利用效率核算发现，β_{ept}、β_{cp} 和 $\beta_{cp\&ept}$ 较 β_{none} 分别实现了 0.7 个百分点、3.69 个百分点和 5.47 个百分点的增长。与此同时，在系统产出 1000kg 精铅不变的前提下，通过 EPT、CP、CP&EPT 不同代谢模式下代谢路径和代谢节点配置，实现了再生铅冶炼过程输入流 M_0 的削减，分别从 1067.854kg 依次减少到 1051.269kg、1024.808kg 和 1008.516kg，吨铅产品系统废铅酸电池铅输入量依次减少了 1.53%、4.01%和 5.53%。

再生铅冶炼过程不同物质代谢模式铅的资源利用效率如图 7.2 所示。

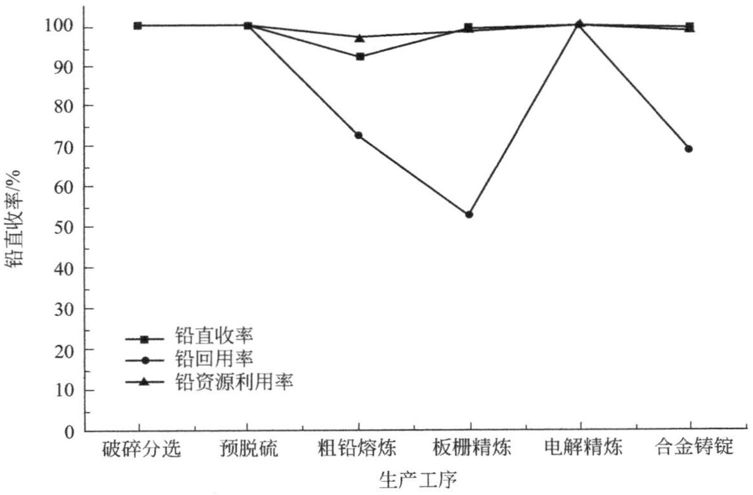

图 7.1　再生铅冶炼过程生产工序铅代谢效率

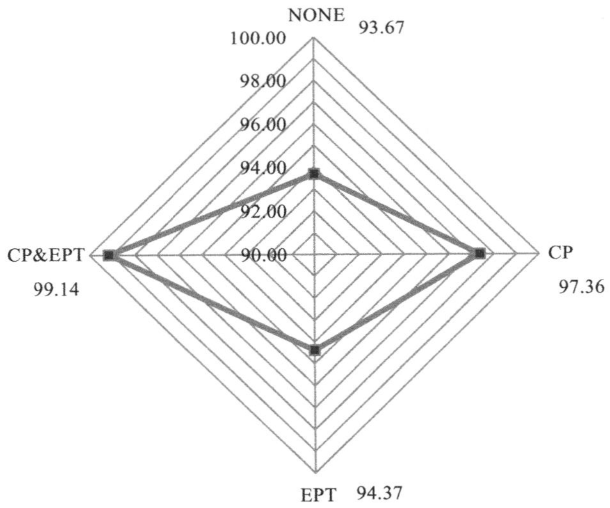

图 7.2　再生铅冶炼过程不同物质代谢模式铅的资源利用效率（单位：%）

图 7.2 结果显示，基于上述分析可以看出，对提高再生铅冶炼过程铅的资源代谢率及降低系统输入流贡献比，CP&EPT 物质代谢模式的效果最佳，四种物质代谢模式的资源代谢效率优先顺序为 CP&EPT＞CP＞EPT＞NONE。由此可见，单纯从提高铅资源代谢效率来看，再生铅冶炼过程重点开展清洁生产与末端治理协同控制的代谢模式。

7.1.2　资源代谢综合循环利用率

再生铅冶炼过程不同物质代谢模式下铅的综合循环效率如图 7.3 所示。

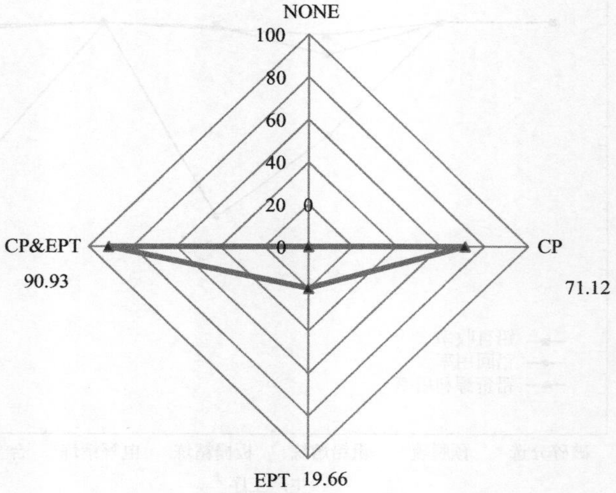

图 7.3　再生铅冶炼过程不同物质代谢模式下
铅的综合循环效率（单位：%）

图 7.3 结果显示，基于 EPT 物质代谢模式，再生铅冶炼过程则只有烟气除尘和废水处理 2 个代谢节点循环流进行了优化配置，其中冶炼过程含铅烟气经除尘后循环流量达到 16.282kg，破碎分选产生的含铅废水处理后得 0.002kg 含铅污泥，这两股一次污染物产生流经末端治理后转变为循环流返回粗铅冶炼工序，使冶炼过程铅代谢循环利用率 η_{ept} 增加了 19.66%，同时减少了 99.47%的烟气中铅外排。

基于 NONE 物质代谢模式下，由于再生铅冶炼过程无任何循环流节点配置，系统铅的综合循环利用效率为 0。基于 CP 物质代谢模式下，通过对粗铅冶炼渣（50.012kg）、板栅精炼渣（2.723kg）、合金铸锭渣（6.202kg）以及电解精炼的阳极泥（0.123kg）等代谢节点回用流的配置，将上述节点产生的中间废物回用到粗铅冶炼工序，实现了再生铅冶炼过程铅的综合循环利用率 η_{cp} 增加了 71.20%，同时大幅削减了冶炼过程一次污染物的产生量 W_{pp}，从 83.870kg 削减到 24.810kg，下降幅度达到 70.42%。

基于 CP&EPT 物质代谢模式下，通过清洁生产回用流和末端治理循环流的物质代谢节点优化配置，实现了再生铅冶炼过程系统铅代谢循环效率 $\eta_{cp\&ept}$ 提升至 90.93%，系统一次污染物产生量和一次污染物排放量均实现了降低。

综上所述，清洁生产回用流节点优化配置对提高铅的综合循环利用效率贡献率最大，贡献率达 78.12%，而末端治理循环流贡献率仅有 12.71%。由此可见，再生铅冶炼过程清洁生产和末端治理均可提高铅代谢循环率，但清洁生产节点配置优化贡献远远大于末端治理。四种物质代谢模式对提升铅的综合循环利用率依次为模式 CP&EPT＞模式 CP＞模式 EPT＞模式 NONE。

7.1.3 资源代谢损失率

再生铅冶炼过程废物流代谢示意图如图 7.4 所示。

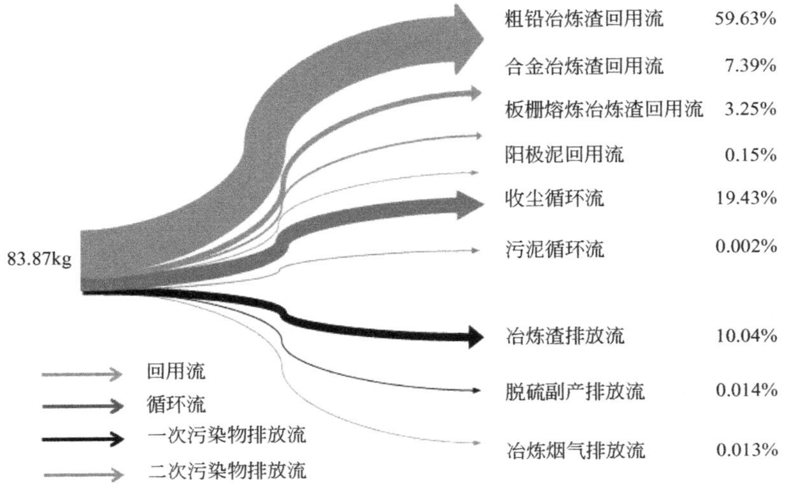

图 7.4 再生铅冶炼过程废物流代谢示意（见书后彩图 3）

图 7.4 结果显示，再生铅冶炼过程中间废物流经过清洁生产和末端治理优化措施后，再生铅冶炼过程一次污染物废物流由原来的 1 类优化为 4 类，由中间废物流（82.871kg）优化为中间回用流（59.061kg）、循环流（15.228kg）和一次废物排放流（8.516kg）和二次废物排放流（脱硫石膏含铅 0.066kg）。通过增加末端治理措施，改善和优化了再生铅冶炼物质流、循环流和一次污染物排放流，循环流的增加对一次污染物排放削减贡献率为 64.54%，对含铅烟尘中铅排放削减贡献率达到了 99.01%。

基于 NONE 物质代谢模式下，再生铅冶炼系统一次废物流代谢路径直接由生产系统排入环境，代谢种类全部是系统废物输出流，废物流代谢量达到 83.87kg，该代谢模式下系统一次污染物产出率为 7.86%。

基于 EPT 物质代谢模式下，再生铅冶炼过程系统物质代谢流由一类 7 股分成了三类 9 股，即由中间废物流演变为末端治理循环流、一次污染物排放流和二次污染物排放流。但是从物质流代谢量来看，EPT 代谢模式对系统物质流代谢量优化贡献不大，主要是中间废物产生量中大部分是冶炼渣，通过末端治理配置循环流优化的代谢物质流只有含铅烟气。因此，EPT 代谢模式下系统对外排含铅烟气废物流实现了 99.47%的削减，但系统仍有 67.58kg 含铅废物流排出系统进入环境。该代谢模式下系统一次污染物代谢产出率为 6.33%。

基于 CP 物质代谢模式下，再生铅冶炼系统铅代谢废物流量从 83.870kg 减少到 23.200kg（6.831kg 冶炼渣和 16.369kg 含铅烟气），实现污染物过程 72.34%的减排；物质代谢核算结果显示，其外排烟气中的铅含量达到 16.369kg/t 铅，超过再生铅冶炼行业污染物排放标准烟气铅排放量 0.02kg/t 要求的 818.40 倍。因此，还必须通过末端治理实现铅排放流的降低。该模式下系统一次污染物代谢产出率为 2.30%。

基于 CP&EPT 物质代谢模式下，再生铅冶炼过程系统废物流由两类 7 股变成四类 10 股，系统外排到环境中降低到 8.516kg（8.438kg 一次含铅污染物和 0.078kg 的二次含铅污染物），废物流代谢量削减了 83.09%，其中外排含铅烟气排放量削减到 0.021kg/t 铅。系统代谢废物流经过 99.93%以上除尘和脱硫才实现了烟气达标排放。该物质代谢模式下系统一次污染物代谢产出率为 0.79%（见图 7.5）。

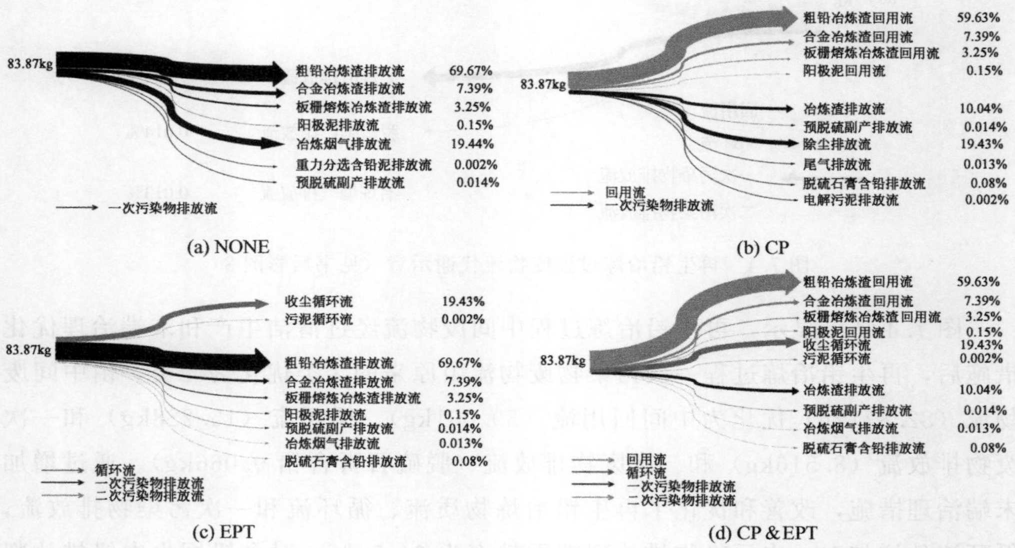

图 7.5　再生铅冶炼过程不同物质代谢模式下铅元素废物流代谢种类、代谢路径和代谢量（见书后彩图 4）

7.2 资源和能源协同优化代谢效率分析

7.2.1 冶炼系统输入㶲

本书将按照再生铅冶炼过程物质流平衡账户核算各物质㶲值。本次㶲值核算环境基准温度为 298.15K，基准压力为 1atm（$1atm=1.01325\times10^5Pa$），因此冶炼过程所有输入流物理㶲值均为零。

(1) 废铅酸电池输入㶲

废铅酸蓄电池破碎分选后分成：

① 废硫酸；

② 板栅，如电池的正负极板栅等；

③ 废铅膏，主要是 $PbSO_4$、PbO、PbO_2；

④ 橡胶；

⑤ 塑料壳体。

目前行业均将废酸液进行浓缩后作为副产品外售，重力分选后的废旧塑料和橡胶经过造粒后作为产品外售，因此本次系统㶲研究将不考虑上述三项物质的㶲。根据原料废铅酸电池组分监测分析，经过破碎分选进入废铅膏和板栅，其中废铅膏组分见表 7.1。

表 7.1 再生铅冶炼原料废铅酸电池废铅膏的化学成分

名称	PbO	PbO_2	$PbSO_4$	As	Cd	Sb	总计
质量/kg	180.15	271.29	452.155	0.043	0.22	4.52	908.38
百分比/%	19.92	30	50	0.0048	0.024	0.50	100

再生铅冶炼过程废铅酸电池板栅由于含锑、砷、镉等重金属，其主要化学组分及占比见表 7.2。

表 7.2 再生铅原料废铅酸电池板栅的化学成分

名称	Pb	Sn	Sb	Cu	As	Cd	总计
质量/kg	329.48	1.04	14.91	1.23	0.012	0.048	346.72
百分比/%	95	0.30	4.30	0.356	0.0035	0.014	100

再生铅冶炼过程各组分的化学㶲按照纯物质化学㶲核算方法测算，再按照混合物的各成分的摩尔分数核算板栅的总化学㶲值，板栅质量为 346.821kg，各项计算参数和结果详见表 7.3。

表 7.3 废铅酸电池板栅的㶲值及计算参数

项目	Pb	Sn	Sb	Cu	As	Cd
标准㶲/(kJ/mol)	337.27	515.72	409.70	143.80	386.27	304.18
分子量	207	118.70	121.76	65	75	112
质量分数/%	95	0.30	4.30	0.356	0.004	0.014
质量/kg	329.48	1.04	14.913	1.234	0.012	0.48

续表

项目	Pb	Sn	Sb	Cu	As	Cd
摩尔数/kmol	1.591	0.008	0.12	0.02	0.0001	0.0004
㶲值/MJ	536.82	4.52	50.18	2.73	0.06	0.13
总㶲值/MJ	594.44					

废铅膏的主要成分为 $PbSO_4$、PbO、PbO_2、H_2SO_4、As、Cd 和 Sb，质量为 711.70kg，其㶲值核算与板栅相同，核算结果见表 7.4。

表 7.4 废铅酸电池废铅膏㶲值计算参数和结果

废铅膏组分	PbO	PbO_2	$PbSO_4$	As	Cd	Sb
标准㶲/(kJ/mol)	150.76	116.66	134.90	386.27	304.18	409.70
分子量	223	239	303	75	112	121.76
质量分数/%	19.92	30	50	0.0048	0.024	0.50
质量/kg	180.14	271.29	452.15	0.04	0.21	4.52
摩尔数/kmol	0.80	1.13	1.49	0.0005	0.0019	0.04
㶲值/MJ	121.79	132.42	201.31	0.22	0.58	15.21
总㶲值/MJ	471.53					

(2) 废铅膏预脱硫的纯碱输入㶲

再生铅冶炼过程通过加入纯碱将 $PbSO_4$ 转化为 $PbCO_3$。本次预脱硫效率为 95.41%，预脱硫的纯碱消耗量为 96.42kg，其纯碱的标准㶲为 100.578kJ/mol；按照纯物质化学㶲核算，其㶲值为 90.37MJ。

(3) 冶炼过程造渣剂的㶲值

再生铅冶炼过程粗铅冶炼炉中加入焦炭、二氧化硅、铁屑等造渣剂进行造渣。造渣剂输入量调研期间企业实际消耗量折算成每 1000kg 精铅消耗量；白煤和烟煤作为还原剂，其组分按照调研企业实际消耗进行核算。

(4) 冶炼过程还原剂的输入㶲

再生铅冶炼过程经脱硫后的废铅膏配入铁屑、焦粉送冶炼炉冶炼（见表 7.5）主要化学反应式如下：

$$2PbO + C \longrightarrow 2Pb + CO_2\uparrow$$

$$PbO_2 + C \longrightarrow Pb + CO_2\uparrow$$

$$PbCO_3 \longrightarrow PbO + CO_2\uparrow$$

$$PbO + Fe \longrightarrow Pb + FeO$$

表 7.5 再生铅冶炼过程还原剂的输入㶲

白煤	C	H	S
标准㶲/(kJ/mol)	410.54	117.61	—
分子量	12	1	—
质量分数/%	90	3	—
质量/kg	32.65	1.08	—
摩尔数/kmol	2.72	1.08	—
㶲值/MJ	1117.33	128.03	—
烟煤	C	H	S
分子量	12	1	32
质量分数/%	70	2	2
质量/kg	36.77	1.05	1.05
摩尔数/kmol	3.06	1.05	0.032
㶲值/MJ	1258.21	123.58	19.79
总㶲值/MJ	2646.94		

(5) 精铅碱性除杂加入碱的输入㶲

为了去除粗铅中各类杂质金属，再生铅冶炼过程还需要加入碱性物质如 $NaOH$、$NaNO_3$ 等进行除杂，主要是去除废铅酸电池中含有的锑、砷和镉等物质，其化学反应过程如下：

$$Sb + NaOH + NaNO_3 \longrightarrow Na_2SbO_3 + NO_2\uparrow + H_2O\uparrow$$

$$Sn + NaOH + NaNO_3 \longrightarrow Na_2SnO_3 + NO_2\uparrow + H_2O\uparrow$$

$$As + NaOH + NaNO_3 \longrightarrow NaAs_2O_4 + NO_2\uparrow + H_2O\uparrow$$

因此，针对上述精炼过程除杂反应，可核算再生铅冶炼过程加入精炼碱的输入㶲，见表 7.6。

表 7.6 再生铅冶炼过程粗铅精炼除杂剂的输入㶲

精炼环节	S	NaOH	$NaNO_3$	NaCl
标准㶲/(kJ/mol)	602.79	100.57	1.13	1.21
分子量	32	40	85	58.5
质量/kg	0.61	31.31	14.2	12.84
摩尔数/kmol	0.02	0.78	0.16	0.22
㶲值/MJ	11.45	78.73	0.18	0.12
总㶲值/MJ	90.48			

(6) 烟气碱性脱硫加入碱的㶲值

从硫元素代谢来看，再生铅冶炼过程即便是废铅膏经过碳酸钠预脱硫，仍然有5.340kg的硫进入冶炼外排烟气中，即有10.680kg的二氧化硫产生。按照再生铅冶炼行业污染物排放标准0.15kg/t二氧化硫排放要求，企业仍需要增加末端脱硫设施进行尾气脱硫。行业冶炼尾气一般采用的碱法生石灰（CaO）脱硫。由此可计算出加入的CaO的输入㶲为80.96MJ。

(7) 冶炼过程能耗的输入㶲

再生铅冶炼过程能耗主要来自天然气和电耗。热力学认为电能转化过程无㶲损，因此电耗能值就等于其㶲值。企业破碎分选采用的国内自主研发的高效破碎技术，电耗为8.36kW·h/t废铅酸电池，经折算每生产1000kg铅烟气除尘环节电耗为144kW·h。

本次能源消耗为天然气和纯氧。按照煤（29306kJ/kg）和天然气的热值（39820kJ/m³）来核算天然气的体积为95.67m³，天然气的中甲烷、乙烷等的成分按照东海线天然气的成分来计算（企业所在地）（见表7.7）。

其核算方法见式(7.1)：

$$E_{ch} = (\sum_{i=1}^{n} n_i) \cdot (\sum_{i=1}^{n} \varphi_i E_{x,ch}^{i} + R_M T_0 \sum_{i=1}^{n} \varphi_i \ln \varphi_i) \tag{7.1}$$

天然气的物理㶲用式(7.2) 计算：

$$E_{ph} = \sum \left\{ n_i C_{P,i} \left[(T_b - T_0) - T_0 \ln \left(\frac{T_b}{T_0} \right) \right] + n_i RT \left[\ln \frac{P_n}{P_0} - \left(1 - \frac{P_0}{P_n} \right) \right] \right\} \tag{7.2}$$

天然气管道压力工业用户一般为0.8MPa，则 $P_n = 901.325\text{kPa}$，$P_0 = 101.325\text{kPa}$，可核算再生铅冶炼过程天然气物理㶲为13.742MJ。

表7.7 再生铅冶炼过程燃料输入㶲

项目	甲烷	乙烷	丙烷	氮气
天然气质量/kg	68.63			
密度/(kg/m³)	0.71			
标准㶲/(kJ/mol)	830.19	1493.77	2148.99	0.69
分子量	16	30	44	28
体积分数/%	88.48	6.68	0.35	4.49
体积/m³	84.65	6.39	0.33	4.29
质量/kg	60.73	4.58	0.24	3.08
摩尔数 n_i/kmol	3.77	0.28	0.015	0.19
摩尔成分 φ_i	0.88	0.066	0.003	0.045
化学㶲/MJ	2774.98	28.34	0.11	0.06
总化学㶲/MJ	2803.49			

按照企业消耗纯氧量可核算其输入化学㶲为33.92MJ，企业氧枪出口压力一般在0.8～1MPa中间，取操作压力 $P_n = 1\text{MPa}$，则纯氧的物理㶲为31.622MJ，

氧气总㶲为 65.55MJ。

7.2.2 冶炼系统输出㶲

本次系统输出㶲核算主要包括了废铅膏预脱硫产生的硫酸钠副产物、精铅产品、冶炼烟气、冶炼渣、烟气脱硫石膏和系统的热能损失等。

(1) 精铅产品的输出㶲

再生铅冶炼过程系统输出产品主要是冶炼后的精铅产品，本次研究假定按照系统输出 1000kg 精铅产品为既定产出。

$$\text{精铅的化学㶲}=\text{精铅的摩尔数}\times\text{铅的标准化学㶲}$$
$$\text{精铅的物理㶲}\ E=mC\left[(T_{Pb}-T_0)-T_0\ln\frac{T_{Pb}}{T_0}\right] \tag{7.3}$$

式中　C——铅水的定压比热容，kJ/(kg·K)，600℃时为 0.138kJ/(kg·K)；

精铅中铅的含量为 99.9%，温度为 600℃。

精铅包括两部分：一部分为板栅精炼所得的精铅；另外一部分为废铅膏冶炼后的粗铅经过精炼得到的精铅，按照本书研究假定系统输出两部分铅量之和 1000kg，可核算再生铅冶炼过程精铅㶲值见表 7.8。

表 7.8　再生铅冶炼过程精铅产品的输出㶲

项目		Pb	Sb	参数	㶲值
板栅精炼	质量/kg	310.33	0.03	比热容 kJ/(kg·K)	0.138
	分子量	207	121.76	T_s(K)	873.15
	标准㶲/(kJ/mol)	337.27	409.70	T_0(K)	298.15
	摩尔数/kmol	1.49	0.0002		
	化学㶲/MJ	505.62	0.10	物理㶲值	10.92
粗铅精炼	质量/kg	689.67	0.069	比热容 kJ/(kg·K)	0.138
	分子量	207	127.76	T_s(K)	873.15
	标准㶲/(kJ/mol)	337.27	409.70	T_0(K)	298.15
	摩尔数/kmol	3.33	0.0005		
	化学㶲/MJ	1123.69	0.22	物理㶲值/MJ	24.26
总㶲值/MJ		1664.81	物理㶲 35.18	化学㶲	1629.63

(2) 脱硫副产物输出㶲

再生铅冶炼过程烟气脱硫环节主要是废铅膏预脱硫和烟气脱硫，脱硫反应均在常温情况下进行，不涉及物理㶲，只有脱硫过程化学反应导致的化学㶲变化，根据物料平衡，反算出生成物质的质量与摩尔数，然后根据化合物㶲值的计算方法计算，核算出硫酸钠化学㶲为 75.80MJ，烟气脱硫生成的硫酸钙化学㶲为 201.35MJ。

(3) 粗铅冶炼渣的输出㶲

再生铅冶炼过程粗铅冶炼渣主要由造渣剂成分以及废铅膏中杂质金属组成，其㶲值计算按照混合物㶲值计算方法核算。重金属含量可参照第 2 章物质流代谢核算结果，冶炼渣的其他成分可按照物料守恒核算。冶炼渣的比热容为 0.447kJ/(kmol·K)，温度为 1000℃，则其物理㶲为 20.30MJ（见表 7.9）。

表 7.9　粗铅冶炼渣组分及其输出㶲

成分	CaO	SiO_2	FeO	Al_2O_3	PbO
标准㶲/(kJ/mol)	110.33	167.54	118.66	5.92	150.76
质量/kg	0.64	0	80.30	0.19	2.61
分子量	56	50	68	102	223
摩尔数/kmol	0.01	0	1.18	0.001	0.011
㶲值/MJ	1.186	0	140.13	0.011	1.77
化学㶲/MJ	143.10				

(4) 精铅冶炼渣的输出㶲

再生铅冶炼过程精铅冶炼渣主要是粗铅精炼过程碱性除杂化学反应生成，由于不能全部去除杂质金属，所以杂质金属以金属相和氧化相两种形态存精炼渣中。因为杂质金属的质量相对于铅来说占比较小，本书计算中分别用杂质金属相的标准㶲和质量来代替其金属氧化物的标准㶲和质量，这种处理方式对㶲平衡结果影响不大。此外，杂质金属除了在渣中存在，还有一部分会存在于烟尘中。根据重金属物质流分析结果看出，根据烟尘与渣中的砷和镉杂质金属的质量总和是与入料中杂质金属的质量守恒的特点，所以本书将烟尘中的砷和镉杂质金属与精炼渣中的杂质金属，还有冶炼渣中少量的砷和镉杂质金属统一计算，以金属相㶲值代替氧化相㶲值，可计算烟尘与精炼、冶炼渣中杂质金属的㶲值，其中铅尘比热容为 0.669kJ/(kg·K)，精铅冶炼温度为 600℃，可核算其物理输出㶲为 5.90MJ（见表 7.10）。

表 7.10　再生铅冶炼过程精铅冶炼渣组分及其输出㶲

项目	Pb	Sn	Sb	Cd	As
标准㶲/(kJ/mol)	337.27	515.72	409.70	213.46	324.53
分子量	207	118.70	121.70	112.40	74.92
质量/kg	38.14	1.012	18.92	0.04	0.01
摩尔数/kmol	0.18	0.008	0.15	0.003	0.0008
化学㶲/MJ	31.20	4.39	48.71	0.24	0.01
总㶲值/MJ	142.54				

(5) 外排烟气输出㶲

再生铅冶炼过程粗铅冶炼温度达到 1000℃左右，其产生的烟气主要是焦炭和燃料天然气产生的各类 CO_2、SO_2、N_2 和水蒸气等，这些气体和烟尘一并进入冶炼烟气除尘和尾气脱硫。二氧化硫按照硫元素代谢硫排放量折算，水蒸气的物理㶲根据离开冶炼系统温度水蒸气的焓值和熵值来计算。

$$E_{XPH}^{H_2O}=-(H_0-H)+T_0(S_0-S) \tag{7.4}$$

CO_2 和 N_2 的物理㶲按照 $E=nC\left[(T_{Pb}-T_0)-T_0\ln\frac{T_{Pb}}{T_0}\right]$来计算，化学㶲按照 $E_{ch}=\sum_{i=1}^{n}(n_i\sum_{i=1}^{n}\varphi_i E_{x,ch}^{i}+R_M T_0\sum_{i=1}^{n}\varphi_i\ln\varphi_i)$ 来计算，水蒸气输出㶲为 208.50MJ，外排烟气中其他气体的输出㶲详见表 7.11。

表 7.11　再生铅冶炼过程外排烟气组分及输出㶲

成分	SO_2	CO_2	N_2
标准㶲/(kJ/mol)	306.52	20.13	0.69
摩尔数/kmol	2	7.43	0.27
摩尔成分(φ)	0.3	0.66	0.04
化学㶲/MJ	2.62	143.00	0.07
总㶲值/MJ	145.69		

(6) 过剩原料的㶲值

从企业台账记录，为保障再生铅冶炼过程铅的高效回收和杂质金属的有效去除，企业还原剂白煤和除杂剂氢氧化钠等存在过量输入现象，按照企业台账记录与化学反应核算数值比较，这两部分物料有 20%左右过剩量，这部分过剩原料作为系统废物输出流，其㶲值分别为 1145.83MJ 和 57.428MJ。

(7) 系统散热物理㶲输出

再生铅冶炼过程系统散热包括了设备散热以及物料输出携带热量。输出物料携带热量已经在各类物料物理㶲核算体现，这里系统散热主要指设备散热。经调研，行业冶炼过程设备传导散热率为 15%～20%，本次研究取值为 20%（见表 7.12）。散热㶲 $\prod_{kt}$ 可按照如下公式计算：

$$\prod_{kt}=\sum Q_i\left(1-\frac{T_0}{T_i}\right) \tag{7.5}$$

式中　Q_i——环境与炉壁传热量，MJ，核算结果为 545.80MJ。

基于上述再生铅冶炼过程物质流㶲核算，可构建物质流平衡账户和各物质流㶲值（见图 7.6）。

表 7.12　再生铅冶炼物质流平衡账户及㶲分析

物质流	含义	成分	质量/kg	㶲	㶲值/MJ
M_0	废铅酸电池	板栅、废铅膏等	1724.83	E_0	1253.93
M_1	废酸液	H_2SO_4(37.4%)	315.80	E_1	187.92
M_2	废铅酸电池(无酸液)	板栅、废铅膏、塑料、隔板等	1409.03	E_2	1066.01
M_3	扣除废铅膏部分	板栅、其他可回收部分	504.72	E_3	594.45
M_4	废铅膏	PbO,PbO_2,$PbSO_4$,As,Cd,Sb 等(78%Pb)	711.70	E_4	471.55
M_5	可回收部分	塑料隔板等	157.90	E_5	0
M_6	板栅	Pb(95%),Sn,Sb,Cu,As,Cd 等	355.85	E_6	594.45
M_7	预脱硫加入碱	Na_2CO_3	96.41	E_7	242.43
M_8	碱性精炼	S,NaOH,$NaNO_3$,NaCl	58.99	E_8	90.37
M_9	冶炼能耗	天然气(CH_4 等)和纯氧	95.67m^3, 276.214kg	E_9	2803.37
M_{10}	还原剂、造渣剂等	C(白煤、烟煤),Fe,Ca,Al,SiO_2	155.44	E_{10}	3083.20
M_{11}	粗铅	Pb 及其他杂质	649.29	E_{11}	1096.44
M_{12}	冶炼烟气	Pb,SO_2,CO_2 和水蒸气	含铅烟尘 16.37	E_{12}	547.19
M_{13}	除尘后烟气	含铅烟尘、SO_2	16.37、95.47	E_{13}	517.12
M_{14}	烟气脱硫加碱	CaO	9.35	E_{14}	180.96
M_{15}	废铅膏预脱硫产物	Na_2SO_4	171.13	E_{15}	75.79
M_{16}	过剩原料	C,NaOH,NaCl	83.36	E_{16}	1207.52
M_{17}	精铅产品	Pb(99.99%)	1000	E_{17}	1629.65
M_{18}	外排烟尘	含 Pb,As,Cd 等重金属	16.37(Pb)	E_{18}	31.68
M_{19}	外排烟气	SO_2,水蒸气等	95.47(SO_2)	E_{19}	234.60
M_{20}	脱硫副产	$CaSO_4$	201.35	E_{20}	140.03
M_{21}	粗铅渣	FeO,SiO_2,CaO,Al_2O_3,PbO	83.76(Pb)	E_{21}	160.57
M_{22}	精炼渣	Na_3AsO_4,Na_3SbO_4,Na_3SnO_3,CuS,Pb,As,Cd 等	67.57(Pb)	E_{22}	142.29
M_{23}	回用粗铅渣	Pb,As,Cd 等	50.01(Pb)	E_{23}	92.84
M_{24}	外排粗铅渣	Pb,As,Cd 等	7.40(Pb)	E_{24}	155.52
M_{25}	回用精炼渣	Pb,As,Cd 等	2.72(Pb)	E_{25}	5.06
M_{26}	外排精炼渣	Pb,As,Cd 等	1.03(Pb)	E_{26}	142.29
M_{27}	回用收尘	Pb,As,Cd 等	16.23(Pb)	E_{27}	30.17
E_{W1}	破碎分选电耗		14.40	E_{W1}	14.4
E_{W2}	烟气除尘电耗		144	E_{W2}	144
E_{q1}	燃烧过程中散热		按燃料供热 20%计	E_{q1}	545.80
E_{q2}	精铅物理散热		1000	E_{q2}	10.26

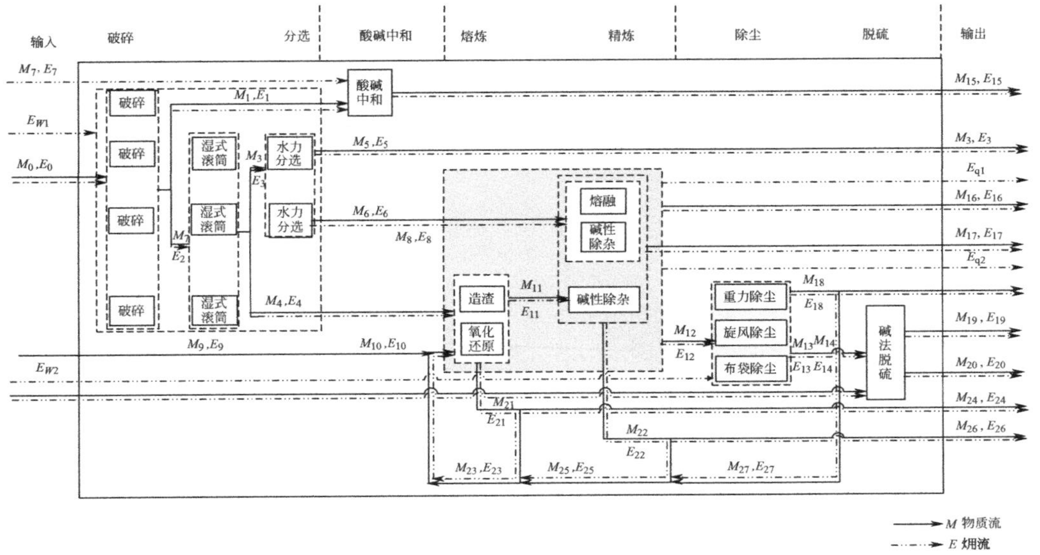

图 7.6 再生铅冶炼过程物质代谢效率的㶲分析

7.2.3 冶炼系统物质代谢㶲效率

再生铅冶炼过程通过㶲核算可以看出，在 NONE 物质代谢模式下生产 1000kg 精铅，冶炼过程系统总输入㶲达到了 7722.79MJ，其中造渣和还原剂和冶炼燃料两大类物质代谢㶲值分别占到输入㶲的 39.46%和 35.89%，而作为原料的废铅酸电池输入㶲仅占系统总输入㶲的 16.05%（见图 7.7）。

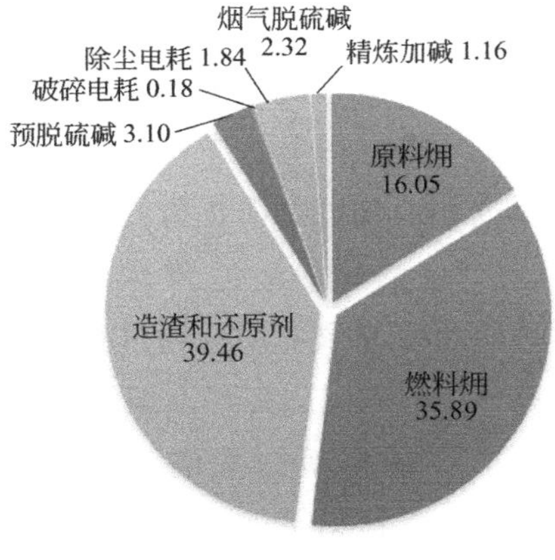

图 7.7 再生铅冶炼过程输入㶲组成（单位：%）

再生铅冶炼过程废物输出㶲占到系统总输出㶲的 63.07%，是系统产品㶲的 2 倍，占到系统总输入㶲的 36.83%。废物㶲主要包括了三部分：一部分是系统热能损失导致的散热㶲，占废物㶲的 35%；二部分是系统产生的固体废物（冶炼渣和脱硫二次废物）携带的热能导致的物理㶲，分别占废物输出㶲的18%和13%，最后一部分是水蒸气等污染物，占废物输出㶲的34%（见图7.8）。

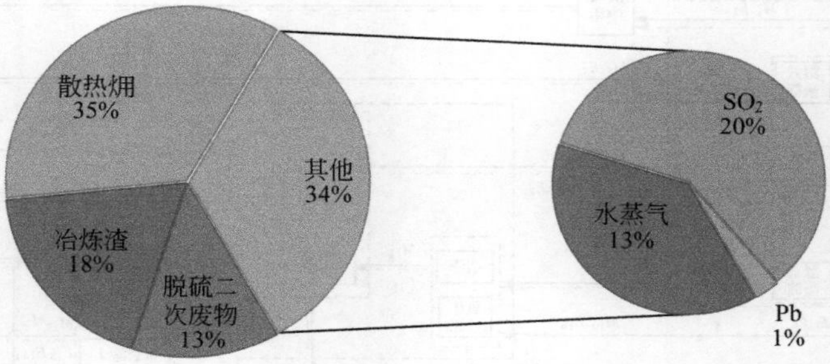

图7.8　再生铅冶炼过程废物输出㶲及其组成

由此可见，从减少废物㶲输出量来看，除了降低一次废物㶲输出外，再生铅冶炼过程还应重点关注冶炼系统设备节能和脱硫措施来改善减少二次污染物㶲的输出。

为了有效识别造成上述冶炼过程热㶲效率低的原因，本书针对冶炼过程各生产工序开展㶲效率评估。

(1) 生产工序系统㶲效率SEX

由物质代谢路径分析发现，再生铅冶炼过程物质流经历了破碎分选、废铅膏预脱硫、板栅精炼、粗铅冶炼、精铅冶炼、合金铸锭以及烟气除尘和烟气脱硫8个环节，由于企业实际生产过程中板栅与粗铅一并进入精炼环节，为精铅精炼工序、合金铸锭环节物质代谢量变化不大，因此本次将重点针对破碎分选、废铅膏预脱硫、粗铅冶炼、精铅冶炼、烟气除尘和烟气脱硫6个生产工序开展物质代谢效率的㶲分析。

再生铅冶炼过程各生产工序㶲效率可按照本书给出的物质代谢㶲效率核算方法进行计算。核算结果发现，由于破碎分选工序只针对废铅酸电池物理处理，物质种类和数量基本守恒，该过程消耗电能全部做功，只有少量的含铅污泥作为废物流输出导致外部㶲损，该工序的㶲效率达到98.86%，生产工序中㶲效率最高；粗铅冶炼工序属于不可逆反应导致物质代谢过程能量贬值，出现了系统内部㶲损，该生产工序㶲效率偏低，仅有51.39%。烟气除尘环节消耗大量的电能导致系统㶲效率仅有43.03%。因此冶炼过程各工序的㶲效率依次为破碎分选(98.86%)＞烟气脱硫(84.32%)＞精铅精炼(79.50%)＞废铅膏预脱硫(76.66%)＞粗铅冶炼(51.39%)＞烟气除尘(43.03%)(见图7.9)。

(2) 生产工序目的㶲效率DEX

从再生铅冶炼过程目的㶲定义可以看出，该指标仅适用于产品制造清洁生产子系统各生产工序，不含末端治理的烟气脱硫和除尘环节；破碎分选工序目的㶲

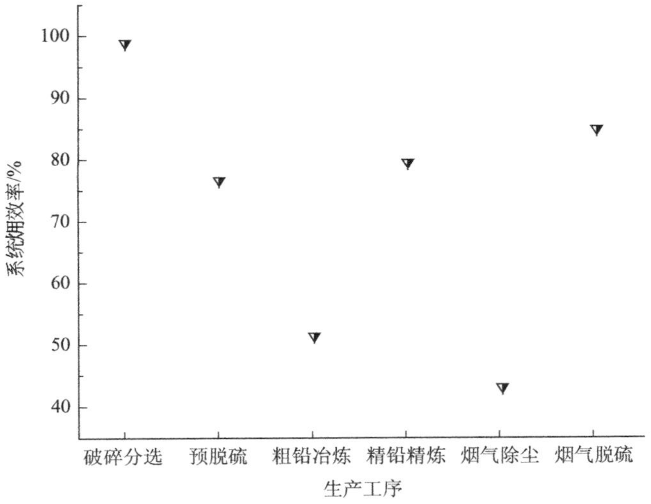

图 7.9　再生铅冶炼过程各生产工序系统㶲效率

是废铅膏和板栅的总㶲，废铅酸电池中含硫酸废酸液以及废塑料为该工序的废物㶲输出。根据本书再生铅冶炼过程的㶲平衡分析，可分别核算各工序目的㶲效率依次为：破碎分选＞精铅精炼＞废铅膏预脱硫＞粗铅冶炼，其中粗铅冶炼的目的㶲效率最低，仅有 18.91％，即该生产工序只有效利用了 14.19％的系统总输入㶲。由此可见，粗铅冶炼工序是再生铅冶炼过程㶲效率利用最低环节（见图 7.10）。

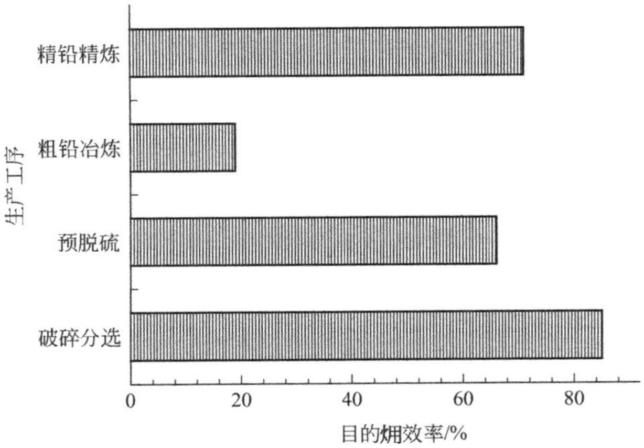

图 7.10　再生铅冶炼过程生产工序目的㶲效率

(3) 生产工序废物㶲产出率 WEX

从再生铅冶炼过程系统㶲平衡来看，再生铅生产工序废物㶲产出率依次为粗铅冶炼（32.48％）＞破碎分选（14.99％）＞废铅膏预脱硫（10.62％）＞精铅精炼（8.41％）。造成粗铅冶炼工序废物产出率高的原因，一方面再生铅冶炼过程冶炼渣和冶炼烟气也主要来源于粗铅冶炼工序；另一方面，企业粗放式生产导致过量的造渣和还原剂㶲输出，过量辅料输出㶲占到废物输出㶲的 39.16%（见图 7.11）。

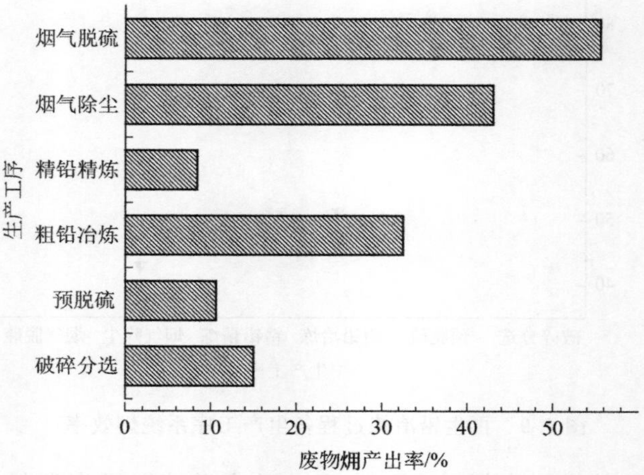

图 7.11　再生铅冶炼过程生产工序废物㶲产出率

(4) 生产工序内部㶲损率 LEX

从再生铅冶炼过程的㶲核算来看，再生铅冶炼过程内部㶲损率从高到低依次是烟气除尘(56.97%)＞粗铅冶炼(48.61%)＞废铅膏预脱硫(23.34%)＞精铅精炼(20.50%)＞烟气脱硫(15.18%)（见图 7.12)。虽然粗铅冶炼内部㶲损率排在第二位，从内部㶲损量上看，由于该工序发生氧化还原不可逆反应导致内部㶲损量达到 2818.24MJ，是冶炼过程内部㶲损量最大的工序，占到系统总㶲损的 72.00%；其次是排在第 3 位的精铅冶炼工序，其㶲损量达到 480.11kJ，占到系统总㶲损的 12.21%。而排在第一位的烟气除尘工序内部㶲损量只有 393.80MJ，是粗铅冶炼内部㶲损量的 13.97%，仅占到系统总㶲损的 10.10%。由此可见，提高系统㶲效率降低系统内部㶲损的重点环节，应该是改善粗铅冶炼、精铅冶炼，然后是除尘工序。且从本书给出的物质代谢模式分析中可以看出，粗铅冶炼和精铅冶炼物质代谢节点和路径优化配置后，代谢效率提升会降低含铅烟尘产生量，进而可间接影响除尘电耗，降低该生产工序的㶲输入量（见图 7.12)。

对于再生铅冶炼过程不同物质代谢模式代谢效率的㶲分析，则需要完成不同物质代谢模式下系统物质流平衡账户；根据本章中不采取任何物质流优化措施的 NONE 模式下系统物质流平衡账户，可分别核算 EPT、CP、CP&EPT 物质代谢量变化情况。

本次系统㶲效率核算主要原则为：

① 原料输入量分别从 1067.551kg 的铅逐步减少到 1051.259kg、1024.808kg 和 1008.516kg，则废铅酸电池输入量分别为 1698.51kg、1655.77kg 和 1629.45kg；

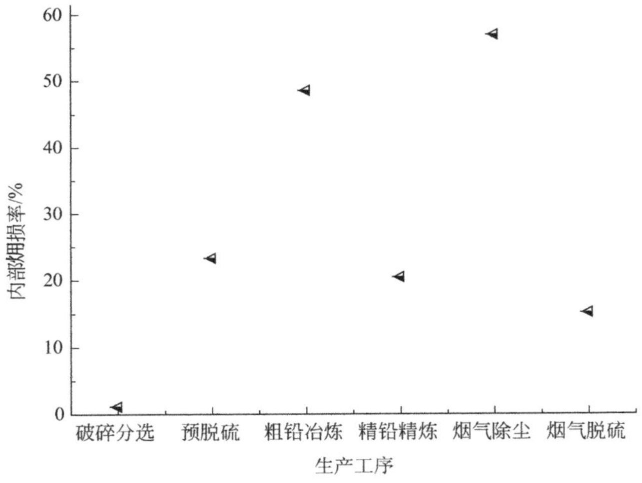

图 7.12　再生铅冶炼各生产工序内部㶲损率

② 冶炼过程系统能耗量采用本次资源代谢效率-能源消耗协同控制模型核算结果；

③ 破碎分选电耗按照企业破碎设备能耗 8.36kW·h/t 废铅酸电池，按照各类代谢废铅酸电池输入量折算；

④ 假定各类造渣剂和还原剂以及废铅膏预脱硫剂只与废铅膏和板栅量有关，并且与其呈线性关系，按照不同代谢废铅酸电池量及其组分不变折算废铅膏和板栅量进行等比例削减；

⑤ 废物产生量按照物质代谢分析结果核算。

根据上述原则，核算了上述四种物质代谢模型的㶲效率指标，结果发现，由于清洁生产的中间废物回用流和末端治理的循环流的改变，导致系统在同等量的产出输出的前提下系统物质输入发生了变化，进而影响了系统热力㶲的总体输入发生改变，系统的㶲损也相应地发生变化，清洁生产的措施大幅降低了系统的输入㶲量，从 7722.29MJ 减少到 6866.30MJ，系统输入㶲下降了 11.08%；末端治理措施让废物流减排㶲降低量从 7722.29MJ 增加到 7882.26MJ，系统输入㶲增加了 2.07%，较清洁生产物质代谢模式输入㶲多出 14.80 个百分点。造成上述原因主要是末端治理的能耗和二次物料投入造成其输入㶲的增加，这也说明了末端治理子系统提高物质代谢效率的同时增加了系统㶲输入，该子系统的㶲效率与冶炼协同资源代谢效率呈负相关。当清洁生产与末端治理协同控制物质代谢模式下，系统的输入㶲下降了 7.22%，下降到 7164.64MJ（见图 7.13）。

从图 7.13 可以看出，再生铅冶炼过程四种不同物质代谢模式下系统㶲效率差异明显。

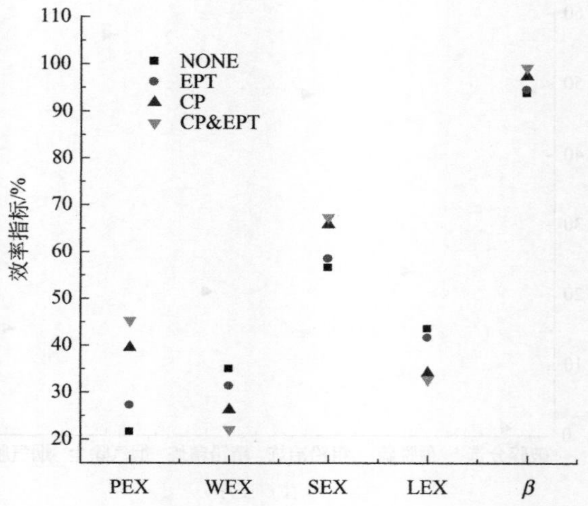

图 7.13　基于不同物质代谢模式再生铅冶炼物质代谢效率烟分析

PEX—系统目的烟效率；WEX—系统废物烟产出率；SEX—系统烟效率指标；LEX—系统内部烟损率；β—铅资源系统效率

(1) 系统烟效率指标 SEX

再生铅冶炼过程四种物质代谢模式下系统的总烟效率依次是 CP&EPT(67.33%)>CP(65.81%)>EPT(58.44%)>NONE(56.54%)。从上述代谢效率可以看出，与单纯的清洁生产和末端治理物质代谢模式相比，清洁生产与末端治理协同控制模式的系统烟效率最高，分别高出前两种代谢模式 1.42%和 7.37%，这也再次证明清洁生产在节约原辅材料资源输入的同时实现了系统能源消耗总体降低，最终降低了系统总体烟输入，而末端治理的烟气除尘和烟气脱硫二次资源和二次能源投入，一方面由于除尘电耗的消耗增加系统烟输入，另一方面由于烟气脱硫过程加入生石灰发生不可逆的反应降低化学烟效率，最终导致系统烟效率降低。由此可见，清洁生产对系统总体烟效率贡献为正相关，末端治理则是负相关。

(2) 系统目的烟效率 PEX

再生铅冶炼过程系统目的烟效率的物质代谢模式排序与系统总烟效率一致，依旧是清洁生产与末端治理协同控制模式最高，达到了 45.24%，与其他三种物质代谢模式系统目的烟效率相比，分别提高了 23.68%、18.16%以及 5.73%。出现上述结果主要还是由于系统精铅产品产出一定的情况，系统的资源和能源消耗量以及废物产出量降低的原因。

但是，从物质流代谢效率可以看出，四种物质代谢模式下系统铅资源利用效率 β 均达到了 90%以上，最高达到了 99.14%，远高于系统目的烟效率指标，是系统目的烟效率的 2.19～4.69 倍。由此可见，系统物质代谢效率的纯“量”评估并不能全面有效表征其资源能源消耗情况，很多情况下“高估”了其代谢效率。造成上述效率指标差异，主要原因是铅资源代谢效率指标单纯考虑原料中铅作为产品的回收“量”效率，而忽略了为此带来的其他原辅材料的投入和大量的废物产出；而目的㶲则是通过将系统所有资源能源量纲统一，全部转化为对系统做功的能力，进而可评估作为产品输出的物质流携带能量与总输入占比。

(3) 系统废物㶲产出率 WEX

基于不同物质代谢模式系统废物产出主要区别在冶炼过程产生冶炼渣和冶炼烟气一次废物、末端治理脱硫石膏等二次废物产生量的差异，而影响废物㶲值的因素除了上述废物量外，还有燃料带来的水蒸气、二氧化碳等物质㶲值。

从本次研究分析结果来看，系统的废物㶲产出率依次是：NONE(34.99%)>EPT(31.27%)>CP(26.30%)>CP&EPT(22.09%)。物质流分析废物流代谢量更多关注的是行业污染物排放标准监管对象，对其他非监管范围内很少关注且无法有效判定其是否达标，因此也造成了对系统废物输出影响评估的不足，如对冶炼渣并无输出总量的监管和控制，目前无论从企业自身管理还是环境保护部门的行业监管，对冶炼渣的环境影响研究和关注均显不足；其次是对脱硫烟气二次污染物脱硫石膏的关注不足，从铅物质代谢图中可以看出，尾气脱硫实现了含铅烟尘的协同去除效果，除尘后烟气中有 85.71%铅经过脱硫后被协同去除。同时还有原料燃烧带来的其他副产物，如天然气产生的二氧化碳等，从其㶲输出来看，再生铅能源消耗输入㶲占到系统总输入㶲的 35.88%，而由燃料燃烧输出产生的二次污染物二氧化碳输出㶲占系统废物总输出㶲的 22.82%，目前对废物输出分析核算无法有效发现这部分，且环境监管和企业关注度不高。

(4) 系统内部㶲损率 LEX

再生铅冶炼过程系统内部㶲损率取决于系统的输入㶲和输出㶲，是个相对值，基于上述系统总㶲效率核算可给出四种物质代谢模式下内部㶲损率分别为 NONE(43.45%)>EPT(41.55%)>CP(34.19%)>CP&EPT(32.67%)。从上述四种物质代谢模式的内部㶲损来看，在生产工艺确定的情况下，其主要影响因素是系统物质代谢量导致的内部㶲损差异。因此，与无优化措施（NONE）物质代谢模式相比，末端治理代谢模式（EPT）、清洁生产代谢模式（CP）和清洁生产与末端治理协同控制模式（CP&EPT）资源代谢效率分别增长了 0.70 个百分点、3.69 个百分点和 5.47 个百分点，而内部㶲损则出现了 1.90 个百分点、9.26 个百分点和 10.78 个百分点的下降幅度，可见二者并非线性相关。

第8章

再生铅冶炼过程物质流代谢形态

物质代谢的环境影响取决于物质代谢量和代谢形态两种因素。单纯依据物质流代谢量核算尚不足以支撑再生铅冶炼过程环境影响的科学溯源和有效防控的需求。因此，基于再生铅冶炼过程代谢量核算分析基础上，运用本书提出的再生铅冶炼过程物质流代谢形态分析方法，重点针对冶炼过程各类代谢物质的代谢形态开展研究。本次物质流代谢形态分析主要包括对冶炼过程以废物流代谢的含重金属烟尘和冶炼渣的物理化学特征研究。通过物质流代谢形态的分析，构建再生铅冶炼过程外排烟气颗粒物化学组分谱，评估冶炼渣中重金属形态及生物有效性系数，为再生铅冶炼过程污染物产排特征及潜在的环境风险防控提供数据支撑和科学依据。

8.1 物质代谢形态研究背景

由于铅的难降解性和剧毒性，造成铅污染累积危害不可逆，这也使其成为重金属污染研究领域的热点问题。20 世纪 90 年代，Stephen 等发现再生铅冶炼企业周边土壤中重金属铅超标；Brunekreef 等对荷兰阿纳姆一家再生铅冶炼企业周边 1～3 岁儿童血液采样分析发现，冶炼企业周边儿童血铅浓度逐年增长，并指出企业周边土壤铅和空气尘降铅可能是造成血铅水平差异的重要参数；Temple 等通过对美国某再生铅企业周边土壤监测取样，分析发现冶炼厂 200m 范围内采集的样本中，检测到未清洗的植物叶片中砷的浓度是正常城市背景水平的 30 倍以上，土壤中砷的浓度是正常水平的 200 倍以上，并通过与其他铅排放源周边土壤和植物样本比对分析指出，铅冶炼企业周边砷污染特征明显，但遗憾的是笔者并未对冶炼企业砷污染物排放特征进行采样溯源分析；Gottesfeld 等针对发展中国家再生铅冶炼企业周边儿童及社区血铅流行病研究发现，周边儿童和社区居民血铅浓度普遍较高；Schneider 等完成了法国北部某再生铅冶炼厂附近酸性土壤表层（0～5cm 和 5～10cm）的铅含量测定分析，指出冶炼厂周边土壤中铅超标原因可能是冶炼厂颗粒物排放沉积造成的，但该研究并未涉及对冶炼厂颗粒物排放特征的进一步分析；Kimbrough 等就某再生铅下游水体沉积物开展了多元素、多介质分析发现，下游水体中铅等重金属沉积浓度超标，定性评估并指出样品中铅、砷、镉的浓度区域分布与再生铅冶炼企业存在显著相关性。国内针对再生铅研究主要起源于 2009 年血铅事件之后，都凤仁等对某再生铅冶炼企业周边开展了环境铅监测和儿童血铅水平测试，分析发现上述两项指标均超标；吕玉桦等通过文献调研方式研究了国内血铅超标的流行特征，发现铅冶炼等涉铅行业是主要污染源；刘意等基于某鼓风炉冶炼企业铅尘实际排放状况及在土壤中循环规律，指出该企业铅排放造成周边土壤铅污染超标的累积效果非常明显；曹恩伟等选择再生铅企业周边开展土壤样品监测，研究发现该企业周边土壤的镉、砷和铅均超标严重，最高超标达到上千倍；王云等就某再生铅冶炼企业周边土壤监测发现，建厂近 5 年时间该厂周边土壤含铅量已远超过当地土壤含铅背景值，且土壤中铅和镉有可能发生协同污染，其污染效果远大于一种金属污染。

随着对再生铅冶炼的环境影响和人体健康损害研究的不断深入，国内外学者陆续开始关注冶炼企业内部污染物排放及其影响研究。Obiajunwa 等通过对再生铅冶炼生产车间员工血铅监测分析，指出冶炼操作环境职业暴露铅污染问题严重；Uzu 等从职业健康暴露角度，针对再生铅粗铅熔炉和精铅精炼环节的铅和砷金属职业暴露浓度进行了监测，研究指出应关注冶炼过程铅、砷等多种金属污染排放对人体健康影响；何文蕾等完成了中国某再生铅企业生产车间铅职业暴露研究，研究发现冶炼过程作业岗位铅加权平均浓度超过职业健康标准浓度的 13 倍；Paff 等就再生铅冶炼企业生产场地开展土壤监测，分析发现铅、砷等重金属严重超标；Eckel 等选取再生铅冶炼遗留场地采样监测，分析发现企业场地土壤重金属铅、镉、砷严重超标，指出可能是冶炼厂内大量堆存冶炼渣导致土壤和地下水等重金属超标；随后大量针对再生铅冶炼企业周边环境污染问题研究表明，再生铅冶炼造成含铅、砷、镉等重金属环境污染问题严重。

Genaidy 等采用文献调研的方法，完成美国再生铅冶炼工艺的二氧化硫和冶炼渣污染防控及其技术经济性对比评估，但并未涉及冶炼渣和冶炼烟气物理化学特征研究；基于冶炼渣安全填埋和综合利用问题，部分学者开展了冶炼渣特征研究，Arnault 等完成了美国碱性冶炼工艺冶炼渣 XRD 和渣中硫化物理化特征分析；Lewis 等完成了冶炼渣中铅和硫元素含量分析，从重金属危害角度指出冶炼渣应该作为危险废物进行管理。

针对外排烟气的物理化学特征研究主要集中在大气污染源解析领域，通过构建受体谱和排放源源谱，利用大气污染源解析化学质量平衡（Chemical Material Banlance，CMB）等模型开展溯源研究。自 20 世纪 50 年代美国全面开展污染物源解析和源谱研究以来，美国环保署构建了涵盖挥发性有机物和颗粒物 5592 条的 SPECIATE 数据库，该数据库涵盖了生活源、移动源以及工业源等污染物源谱。早在 20 世纪 90 年代，美国发布了再生铅冶炼过程颗粒物化学组分谱。但是，因再生铅冶炼烟气温度达 100～200℃以上且湿度较大，受烟气采样技术限制，美国再生铅冶炼烟气源谱只是收集了冶炼烟气袋式除尘器的底灰经再悬浮作为采样品，而并非直接针对外排烟气采样进行化学组分分析，因此无法直观和有效表征冶炼过程外排烟气理化特征。虽然冶炼烟气采样技术得以发展，遗憾的是美国并未针对再生铅冶炼烟气化学组分谱开展更新工作。我国大气污染源源谱构建工作相对滞后，前期重点针对悬浮颗粒物和 PM_{10} 进行采样建谱，直至雾霾问题凸显才逐步开展 $PM_{2.5}$ 颗粒物化学组分谱研究。受采样条件和采样技术等因素限制，我国针对工业源外排烟气化学组分谱构建仅局限在钢铁、水泥和火电几个行业，目前对再生铅冶炼外排烟气化学组分谱研究未见报道，这也极大地限制了环境空气质量研究中对铅等重金属污染的有效溯源。

8.2 冶炼过程物质流代谢形态分析

8.2.1 冶炼烟气的理化特征

8.2.1.1 颗粒物粒貌特征

本次烟气颗粒物采样分析主要包括了重力除尘器、布袋除尘器后的冶炼烟气，以及经除尘和脱硫后的外排烟气样品。

(1) 重力除尘后冶炼烟气

图 8.1 可以看出，经电镜扫描发现，再生铅冶炼过程重力除尘器排放烟道内采集的颗粒物，在 0.10～10μm 粒径范围内均有颗粒物分布。从形貌来看，主要是一些表面粗糙的不规则颗粒，灰尘集中的地方颗粒物堆叠比较严重，其中也有个别的小型球状颗粒、小块状、小长条状颗粒黏附在大颗粒周围。这也说明重力

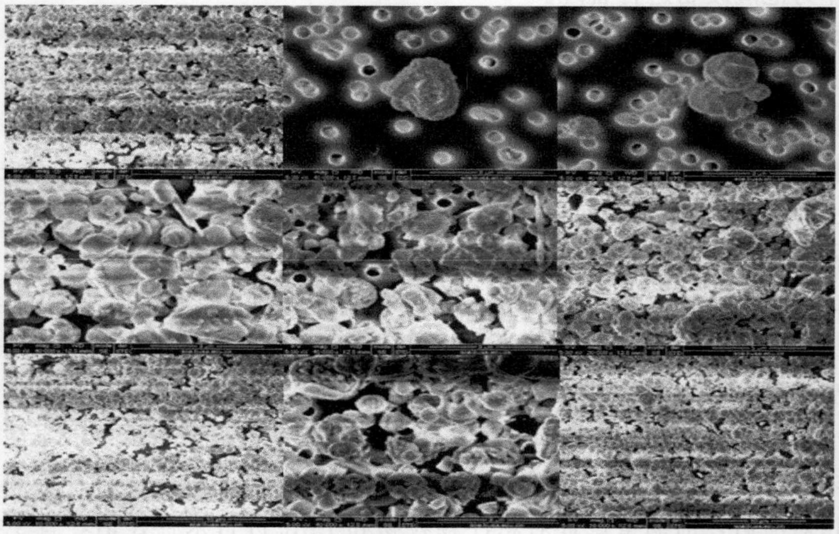

图 8.1 再生铅冶炼过程重力除尘烟气颗粒物粒貌特征（见书后彩图 5）

除尘无论对粗颗粒还是细颗粒去除效果并不明显，外排烟气中粗颗粒分布特征相对明显。

(2) 布袋除尘器后冶炼烟气

图 8.2 可以看出，再生铅冶炼烟气中颗粒物电镜扫描特征明显不同于重力除尘。布袋除尘器后排放烟气颗粒物形貌呈现球状、不规则形状颗粒物堆叠，以及长条生长状物质，这也说明与重力除尘后冶炼烟气相比，经布袋除尘后冶炼烟气颗粒物粒径分布相对均匀。

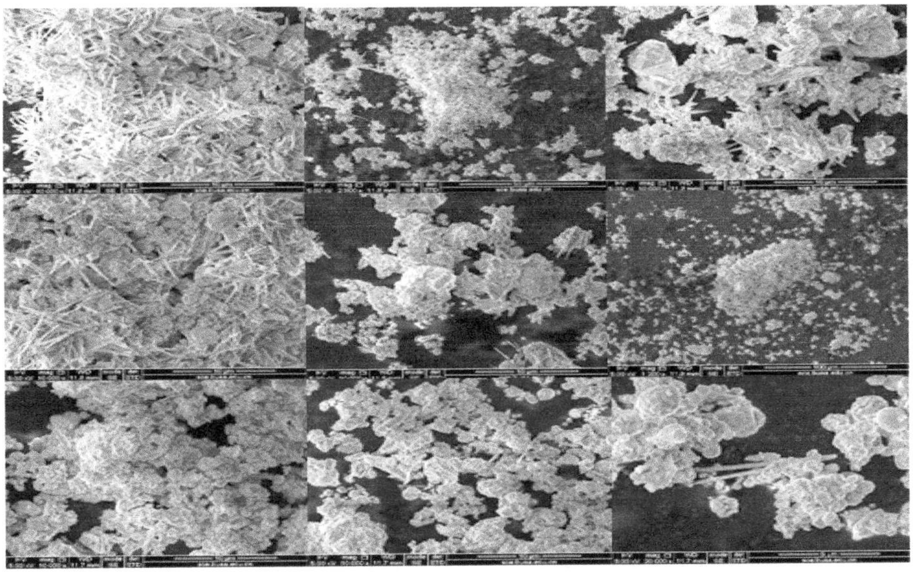

图 8.2　再生铅冶炼过程布袋除尘烟气颗粒物粒貌特征（见书后彩图 6）

(3) 冶炼过程外排烟气

图 8.3 是冶炼烟气经过重力和布袋除尘器后外排烟气采样电镜扫描照片，与除尘器除尘样品粒貌特征相比较，外排烟气中颗粒物具有表面光滑的规则球状颗粒物团簇特征，这也说明外排颗粒物粒径相对较小且均匀，可见袋式除尘去除细颗粒物效果不明显。

8.2.1.2　颗粒物粒径分布

依据本书提出的冶炼过程冶炼烟气代谢颗粒物粒径形态分析方法，本次分别核算了颗粒物质量浓度累积百分比与粒子直径相关系数，结果显示再生铅冶炼过程各冶炼工序的 $r(Z)>r(D)$，则可判定再生铅冶炼各生产工序的颗粒物粒径均呈对数正态分布，颗粒物质量累计浓度与粒子直径对数线性相关（见表 8.1）。

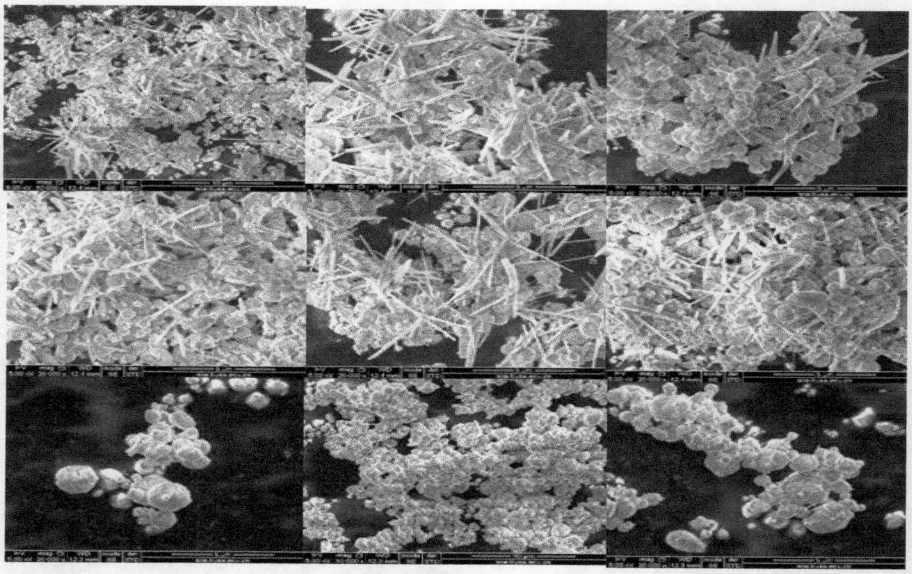

图 8.3　再生铅冶炼过程外排烟气颗粒物粒貌特征（见书后彩图 7）

表 8.1　再生铅冶炼过程冶炼烟气中颗粒物粒径形态分布

工序	正态分布			对数正态分布				
	a	b	$r(Z)$	a	b	$r(D)$	D_M	σ
粗铅布袋除尘	1.155	−0.0002	0.286	2.026	−0.02	0.12	7.20×10^{10}	-2.12373×10^{-10}
精铅布袋除尘	1.154	−0.0002	0.308	1.635	−0.013	0.283	5.05×10^{16}	-6.88214×10^{-16}
粗铅重力除尘	1.154	−0.0002	0.288	1.399	−0.0079	0.164	3.07×10^{27}	-2.36143×10^{-26}
精铅重力除尘	1.154	−0.0002	0.233	1.262	−0.005	0.084	2.69×10^{43}	-4.88511×10^{-42}

图 8.4 数据显示，再生铅冶炼过程粗铅冶炼重力除尘颗粒物粒径分布呈双峰分布，峰值出现在 0.16μm 和 11.48μm 左右粒径段处，表明采集的粗铅冶炼重力除尘后外排烟气中的颗粒物主要集中在这两个粒径段。粗铅冶炼重力除尘后烟气的颗粒物中，粒径在 6.24μm 以下的颗粒物累计体积百分比占 50%，粒径小于 24.86μm 的颗粒物累计体积百分比占 90%。这也说明烟气经过重力除尘的除尘效果只能部分去除粗颗粒物，且去除效率一般。

再生铅冶炼过程精铅冶炼烟气经过重力除尘前后，烟气颗粒物在径分布变化不大，这也说明重力除尘的大粒径段的颗粒铅富集量不高。颗粒物在 1.0～2.5μm 粒径段颗粒物总体分布出现了小幅下降，下降率仅有 5.16%，而在 10～100μm 粒径段颗粒物总体分布占比降幅达到 42.78%，重力除尘烟气颗粒物粒径体积分布见表 8.2。

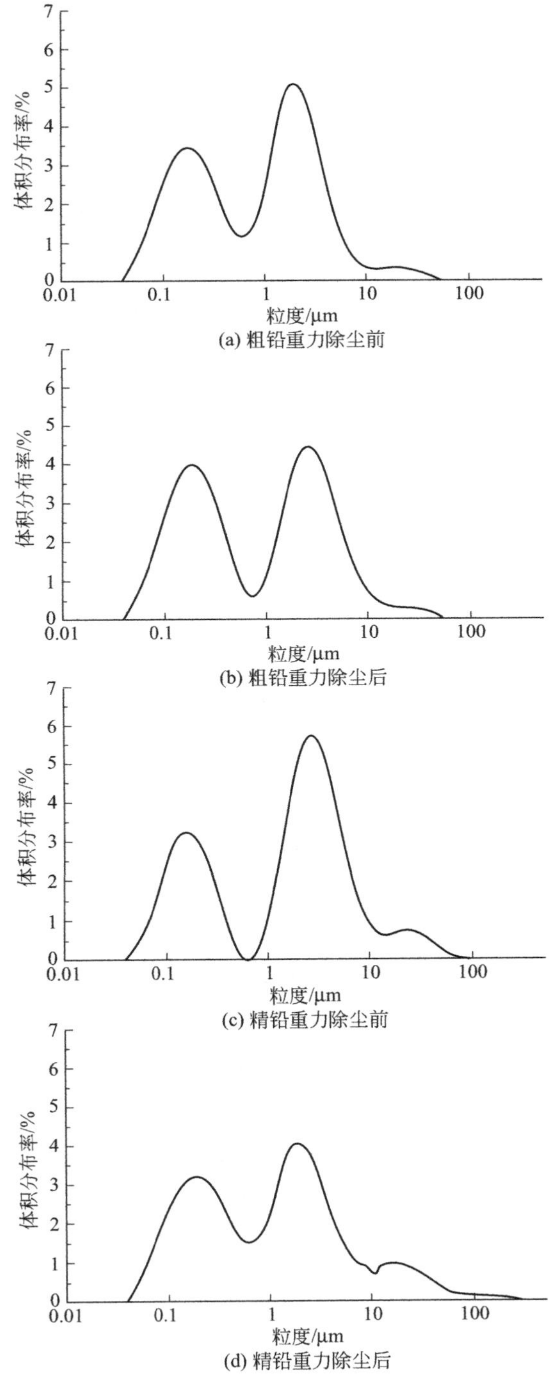

(a) 粗铅重力除尘前

(b) 粗铅重力除尘后

(c) 精铅重力除尘前

(d) 精铅重力除尘后

图 8.4　再生铅冶炼过程重力除尘烟气颗粒物粒径分布

表 8.2 再生铅冶炼过程重力除尘烟气颗粒物粒径体积分布　　单位：%

体积百分比	A-01	A-02	A-03	A-04
$D(0.03)$	0.08	0.09	0.08	0.1
$D(0.10)$	0.14	0.18	0.16	0.31
$D(0.50)$	7.43	5.79	6.89	4.85
$D(0.90)$	18.87	30.66	24.36	25.56
$D(0.97)$	26.89	48.98	44.52	47.11

再生铅冶炼过程布袋除尘烟气颗粒物粒径分布如图 8.5 所示。

由图 8.5 可以看出，粗铅冶炼布袋除尘后烟气颗粒物粒径呈双峰分布，峰值出现在 0.182μm 和 1.905～2.512μm 左右粒径段；从双峰的分布图可以看出，在两个粒径段的颗粒物体积占比差异在缩小，在粗铅冶炼重力除尘后外排烟气的颗粒物中，粒径小于 1.21μm 的颗粒物累计体积百分比占 50%，粒径小于 5.68μm 的颗粒物累计体积百分比占 90%。这说明，烟气经过布袋除尘大粒径颗粒物得到了有效去除，较重力除尘中 1～100μm 粒径颗粒物占比实现了大幅削减，0.1～1μm 粒径的颗粒物实现了降低，但细微颗粒物的削减幅度明显小于粗粒径，而 0.1～1μm 粒径的颗粒物体积占比变化不大。精铅冶炼烟气经布袋除尘后烟气颗粒物粒径呈双峰分布，峰值出现在 0.16～0.18μm 和 2.88～4.37μm 左右粒径处，表明采集的精铅冶炼布袋除尘后外排烟气中颗粒物主要集中在这两个粒径段。其中粒径小于 2.86μm 的颗粒物累计体积百分比占 50%，粒径小于 15.97μm 的颗粒物累计体积百分比占 90%。由此可见，精铅冶炼布袋收尘后烟气颗粒物粒径介于粗铅冶炼重力除尘和粗铅冶炼布袋除尘后烟气中的颗粒物之间，且对于粒径为 0.10～2.86μm 细颗粒物去除效果并不明显。

由此可见，冶炼烟气经过布袋除尘后 2.5～10μm 之间粒径段的颗粒物得到了有效去除，较重力除尘中该粒径段颗粒物占比实现了大幅削减，降幅达到了从图中颗粒物粒径段双峰分布和体积累积占比来看，0.10～1μm 粒径的颗粒物降幅较小，仅有 2.34%，这说明布袋除尘对烟气中细颗粒物去除效果不明显，布袋除尘后烟气颗粒物粒径体积分布见表 8.3。

表 8.3 再生铅冶炼过程粗铅冶炼布袋除尘后烟气颗粒物粒径体积分布　　单位：%

体积百分比	B-01	B-02	B-03	B-04
$D(0.03)$	0.07	0.07	0.07	0.07
$D(0.10)$	0.11	0.1	0.11	0.11
$D(0.50)$	1.06	1.17	1.91	1.06
$D(0.90)$	3.8	4.65	6.8	10.1
$D(0.97)$	9.06	8.8	22.69	30.83

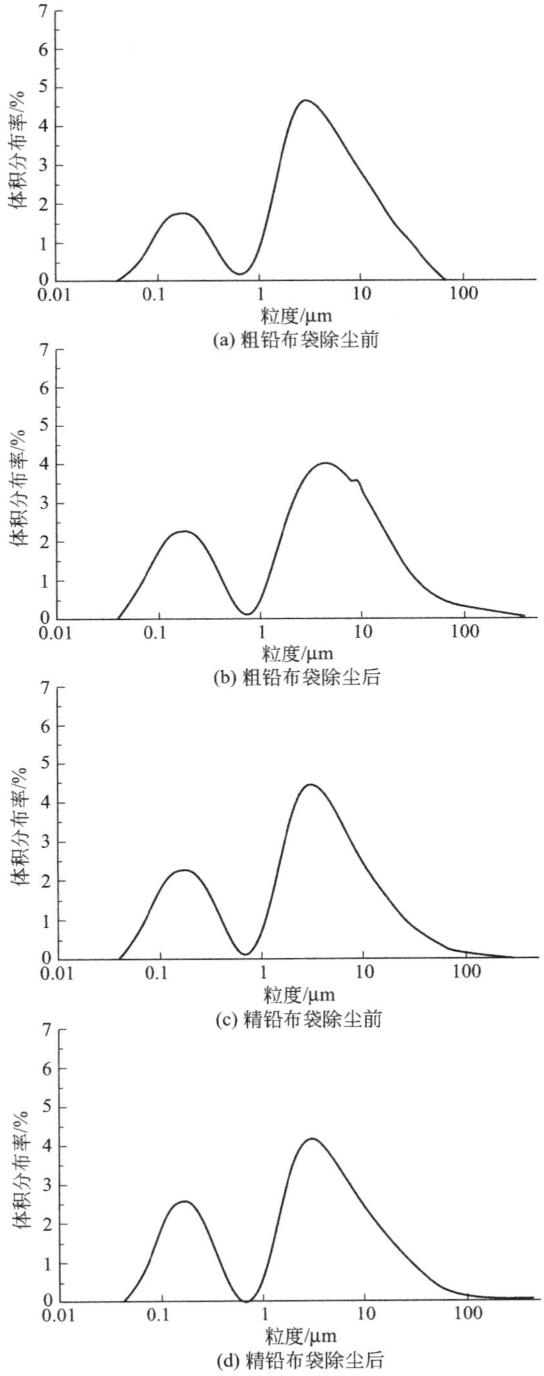

(a) 粗铅布袋除尘前

(b) 粗铅布袋除尘后

(c) 精铅布袋除尘前

(d) 精铅布袋除尘后

图 8.5　再生铅冶炼过程布袋除尘烟气颗粒物粒径分布

基于本书中给出的物质代谢形态分析中颗粒物质量浓度与粒径分布相关性分析方法，可开展再生铅冶炼过程冶炼烟气不同粒径下颗粒物的质量浓度对数累积分布状况研究。结果显示，再生铅冶炼烟气经重力除尘后排放烟气中 PM_{10} 以下的颗粒物占总量的 65.30%，粒径小于 2.50μm 的颗粒物累计质量浓度占总质量浓度的 28.40%左右，PM_1 占比较低为 17.70%，有 35.0%左右的颗粒物粒径在 10μm 以上。烟气经过布袋除尘后，烟气的颗粒物中 PM_1 质量浓度占比较高为 47.50%，$PM_{2.5}$ 占比为 72.90%，表明颗粒物主要集中在 $PM_{2.5}$ 以下的小粒径。这也说明布袋除尘对 PM_{10} 颗粒去除效果明显，但对 $PM_{2.5}$ 以下颗粒去除量不大。精铅冶炼布袋除尘排口烟气的颗粒物中，粒径小于 2.50μm 的颗粒物累计质量浓度占比达到 46.30%，其中 PM_1 占比为 27.30%，布袋除尘后烟气颗粒物累计分布见表 8.4。

表 8.4 再生铅冶炼过程精铅冶炼布袋除尘后烟气颗粒物累计体积分布 单位：%

体积比	C-01	C-02	C-03	C-04
D(0.03)	0.09	0.08	0.07	0.08
D(0.10)	0.16	0.13	0.13	0.13
D(0.50)	2.89	3.27	2.52	2.75
D(0.90)	14.64	17.57	14.28	17.38
D(0.97)	27.64	42.72	34.22	41.03

再生铅冶炼过程各冶炼工序颗粒物粒径质量浓度累积分布如图 8.6 所示。

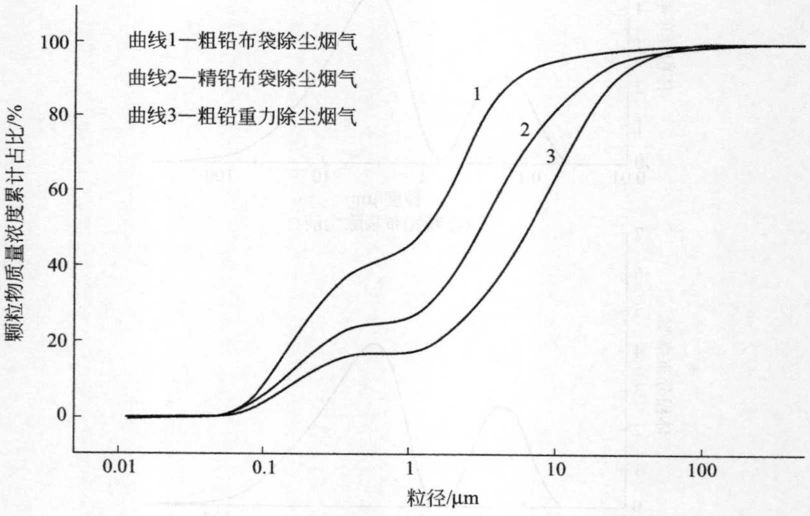

图 8.6 再生铅冶炼过程各冶炼工序颗粒物粒径质量浓度累积分布

由图 8.6 可以看出，再生铅冶炼过程冶炼烟气经重力除尘和布袋除尘后，粗颗粒体积分布占比较高的依次是粗铅重力除尘烟气、精铅布袋除尘烟气和粗铅布袋除尘烟气。对于再生铅冶炼过程冶炼烟气中细颗粒物体积占比则依次为粗铅布袋除尘、精铅布袋除尘和粗铅重力除尘烟气。

根据再生铅冶炼过程各生产工序不同粒径颗粒物质量浓度累计情况，颗粒物粒径由大到小依次是重力除尘后排放烟气、精铅冶炼外排烟气和粗铅外排烟气。这也说明再生铅冶炼企业安装多级除尘器对去除细微颗粒物的必要性，但从除尘后外排烟气颗粒物粒径分布来看，企业现有除尘对 PM_{10} 颗粒物去除效果明显，但对于 $PM_{2.5}$ 及以下细微颗粒物去除效果不明显（见图 8.7）。

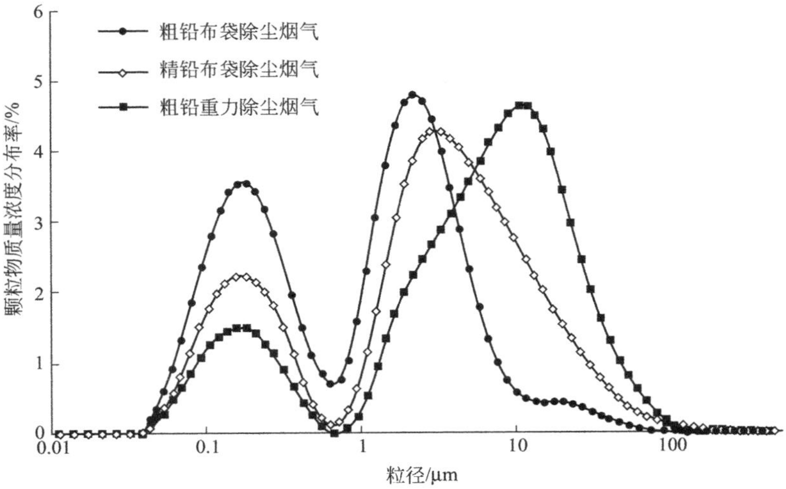

图 8.7　再生铅冶炼过程各冶炼工序颗粒物质量浓度对数分布

8.2.1.3　颗粒物化学组分谱

基于本书提出的物质代谢物质流形态分析方法，再生铅冶炼过程冶炼烟气颗粒物粒径分布特征分析结果显示，再生铅冶炼过程外排烟气中以 $PM_{2.5}$ 及以下细颗粒物排放为主，因此通过采用冶炼烟气中颗粒物化学组分分析方法，获得了再生铅冶炼过程外排烟气及无组织排放扬尘 $PM_{2.5}$ 的化学成分谱。再生铅冶炼过程粗铅冶炼 $PM_{2.5}$ 化学组分谱见图 8.8。

图 8.8 数据显示，再生铅冶炼过程粗铅冶炼外排烟气 $PM_{2.5}$ 化学组分中占比超过 10%的主要是有机碳、铅和钙，分别达到了 22.77%、14.50%和 10.25%。这些元素质量占比偏高主要原因是冶炼过程燃料带入有机碳组分，以及破碎分离过程部分废电池塑料外壳分选不干净，带入到冶炼废铅膏中；同时，再生铅冶炼过程冶炼烟气中颗粒物化学组分中 Fe、SO_4^{2-}，以及 Na 等元素含量也较高，主要原因可能是冶炼过程加入辅料铁粉、纯碱及冶炼过程的造渣剂氧化钙等辅助材料，其他组分含量占比相对较低。

图 8.9 数据显示，再生铅冶炼过程精铅冶炼外排烟气化学组分中占比较高的

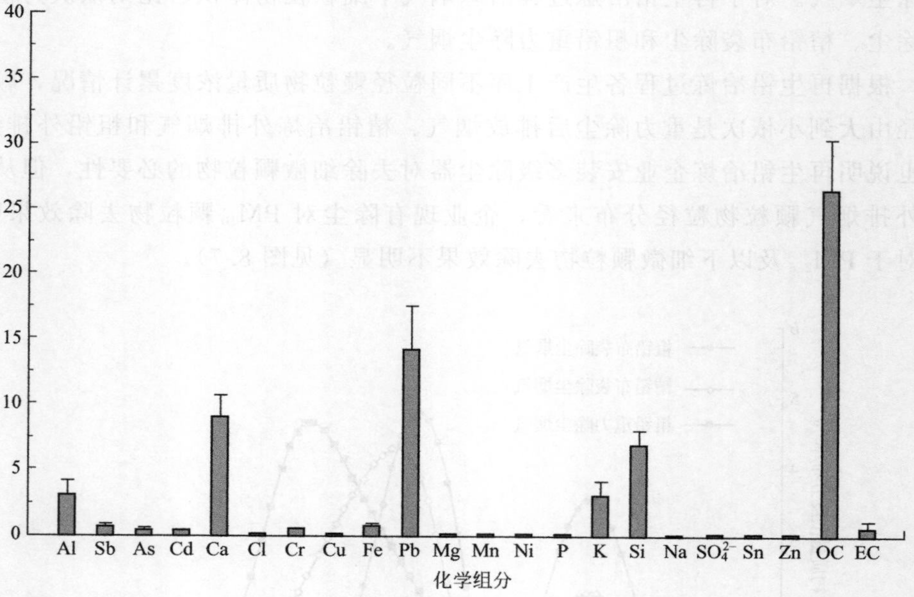

图 8.8 再生铅冶炼过程粗铅冶炼 $PM_{2.5}$ 化学组分谱

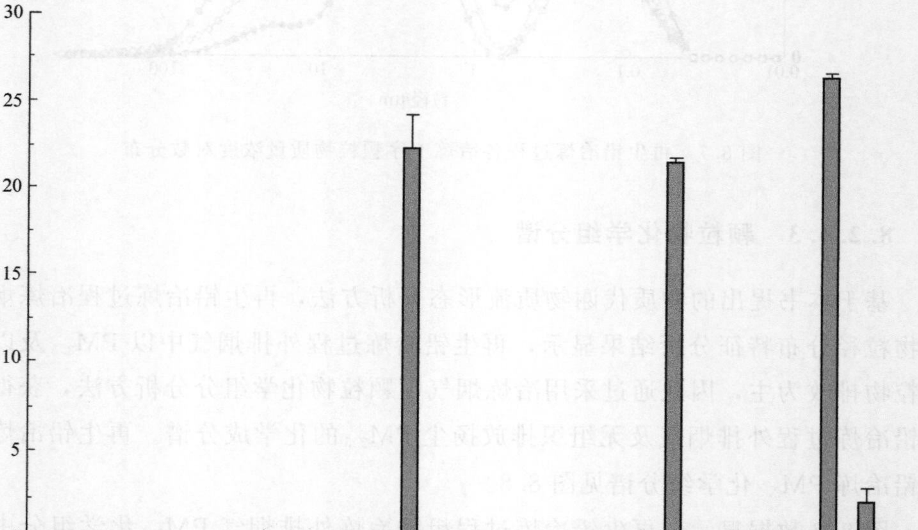

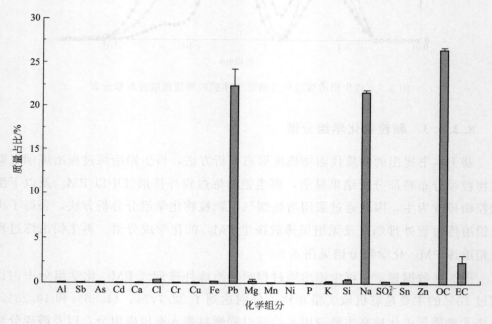

图 8.9 再生铅冶炼过程精铅冶炼 $PM_{2.5}$ 化学组分谱

依次是有机碳、铅和钠等元素成分，分别占到 26.61％、22.37％和 21.73％，这主要可能是因为相对于粗铅废铅膏铅含量较低，精铅冶炼过程原料为粗铅所以造成颗粒物中铅成分占比较高，且精铅冶炼过程主要是碱性除杂冶炼，造成颗粒物中 Na 和有机碳成分占比相对较高。与粗铅冶炼工序颗粒物化学组分差异性明显，原来占比较高的氯、铁、钙和硫酸根等无机元素和离子占比降幅较大。

图 8.10 数据显示，再生铅冶炼企业无组织排放尘 $PM_{2.5}$ 化学组分中，含量较高的依然是有机碳和铅元素，这可能是因为冶炼过程燃料煤无组织和铅尘无组织排放造成，与粗铅冶炼和精铅冶炼不同，厂区无组织排放尘中地壳元素硅、铝等元素含量占比明显高，分别占到 7.65% 和 3.10%，同时钙等元素含量占比相对较高，可能是烟气石灰石碱法脱硫过程造成的无组织排放问题。厂区无组织排放尘 $PM_{2.5}$ 化学组分谱为冶炼企业厂区扬尘源源解析提供一定的科学依据。

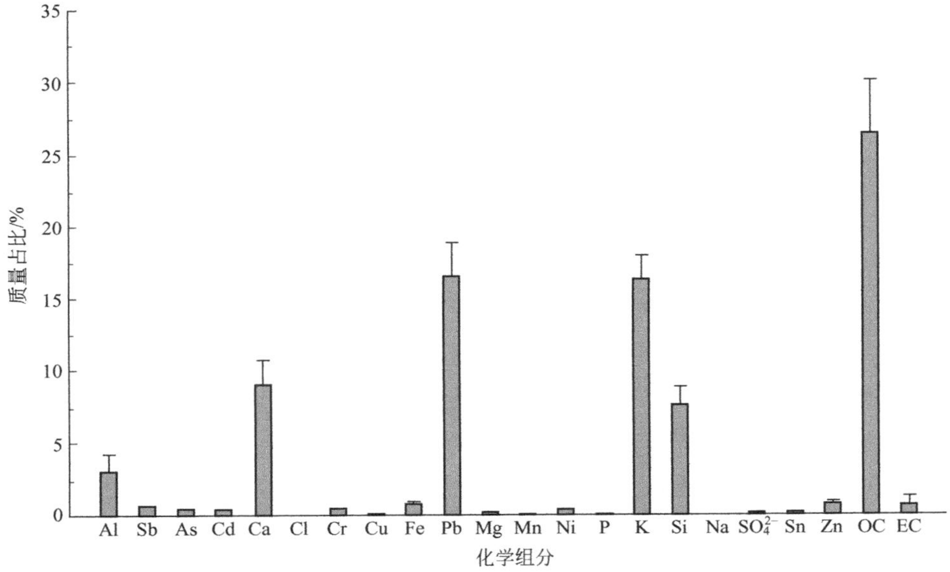

图 8.10 再生铅冶炼厂区扬尘 $PM_{2.5}$ 化学组分谱

本次再生铅冶炼过程外排烟气和厂区无组织除尘成分谱数据见表 8.5。

表 8.5 再生铅冶炼过程 $PM_{2.5}$ 化学组分含量 单位：%

序号	化学组分	粗铅冶炼	精铅冶炼	无组织排放
1	Al	0.003	0.01	3.10
2	Sb	0.17	0.01	0.70
3	As	0.39	0.07	0.43
4	Cd	0.78	0.06	0.41
5	Ca	4.83	0.03	9.08
6	Cl	10.25	0.37	0.01
7	Cr	0.00	0.01	0.57
8	Cu	0.02	0.02	0.12
9	Fe	8.62	0.18	0.78
10	Pb	11.50	22.37	15.00
11	Mg	0.00	0.19	0.15
12	Mn	0.00	0.01	0.04

续表

序号	化学组分	粗铅冶炼	精铅冶炼	无组织排放
13	Ni	0.00	0.05	0.42
14	P	0.06	0.10	0.06
15	K	0.82	0.14	16.31
16	Si	0.30	0.33	7.65
17	Na	3.84	21.73	0.01
18	SO_4^{2-}	6.57	0.22	0.11
19	Sn	2.06	0.06	0.09
20	Zn	0.31	0.06	0.76
21	OC	18.77	26.61	26.47
22	EC	0.48	2.35	0.63

8.2.1.4 重金属富集状况

从图 8.11 可以得出，再生铅冶炼过程外排烟气中超细颗粒物（<1.00μm）粒径段铅的铅、砷和镉富集量分别达到了 22.10%、23.26%和 27.22%。介于 1.00～2.50μm 之间的铅和砷富集量占比最高，分别达到了 54.34%和 37.44%，镉富集量则达到了 32.05%。由此可见，冶炼外排烟气中细颗粒物（<2.50μm）粒径段铅富集量占比最高，分别达到了 76.44%、61.60%和 59.27%。粗颗粒（<10μm）中三种重金属富集相对较低，分别为 15.88%、29.08%和 36.89%。由此可见，再生铅冶炼烟气经重力和布袋除尘后，外排烟气中重金属主要富集在细微颗粒物粒径段。这也说明，布袋除尘器对细微颗粒去除效率不佳，导致目前外排烟气中重金属大部分富集在细微颗粒物粒径段。这从某种程度上也为解决冶炼企业周边儿童血铅等事件频发问题提供了一定科学依据。

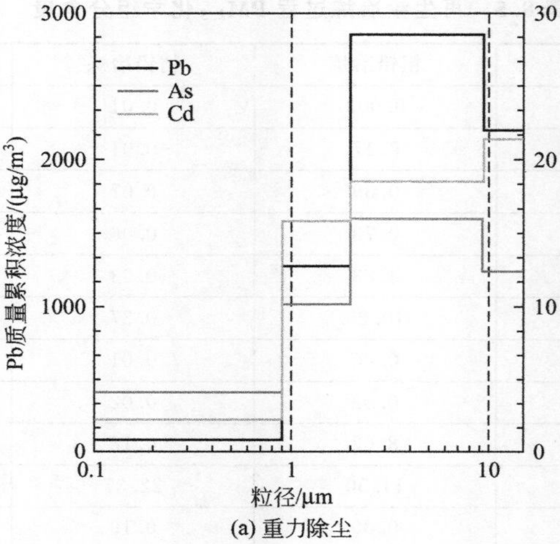

(a) 重力除尘

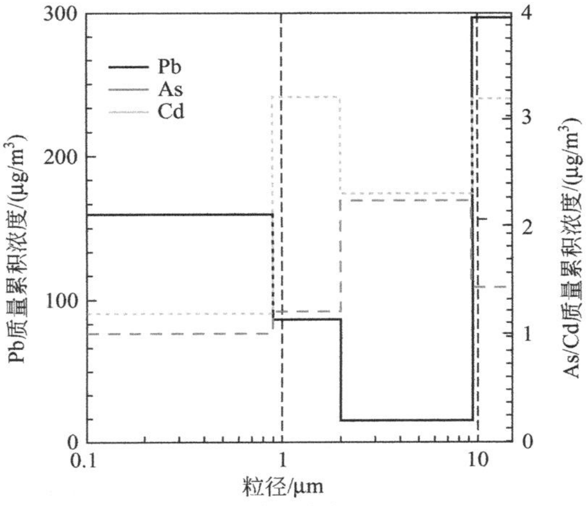

(b) 布袋除尘

图 8.11　再生铅冶炼过程除尘后烟气中重金属富集状况（标准状态）

8.2.2　冶炼渣的理化特征

8.2.2.1　冶炼渣的毒性

基于冶炼渣采样分析结果显示，再生铅冶炼过程粗铅冶炼工序的冶炼渣铅含量超出国家标准要求的4.92～5.11倍，其他金属基本满足标准要求（见图8.12）。

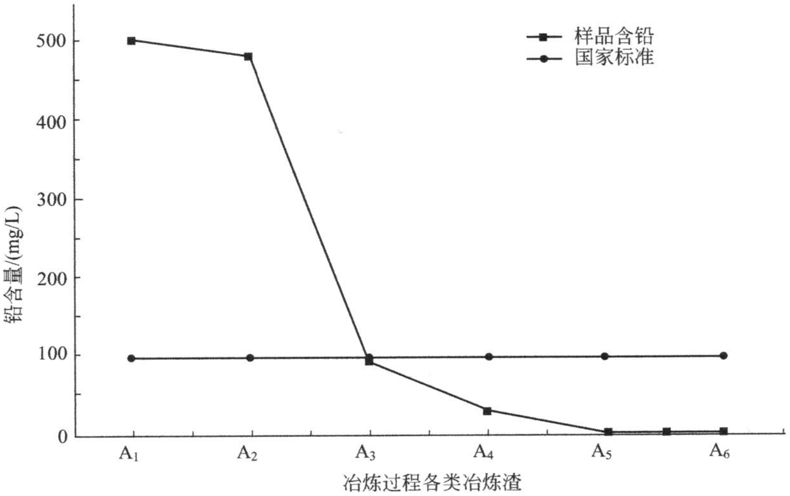

图 8.12　再生铅冶炼过程各工序冶炼渣铅含量毒性浸出

粗铅冶炼渣样品 A_1 和 A_2 铅含量明显超过国家危险废物毒性标准（GB 5085.3—2007）铅含量要求，而精铅冶炼渣样品（A_3 和 A_4）和合金铸锭渣样品

(A_5 和 A_6)铅含量均低于国家标准要求。因此，可初步判定粗铅冶炼渣固体废物性质属于危险废物。本书再生铅冶炼过程物质代谢量核算结果显示，通过优化配置铅冶炼过程的代谢路径，如通过增加清洁生产回用流，可实现再生铅冶炼过程冶炼渣中铅资源的再次利用，改变和降低铅元素进入冶炼渣相的代谢路径和代谢量。为了实现冶炼渣固体废物性质的改变降低其环境影响潜在风险，再生铅冶炼过程物质代谢优化的重点工序应该是粗铅冶炼工序。

8.2.2.2 冶炼渣的腐蚀性

再生铅冶炼过程粗铅冶炼进入精炼环节，其除杂剂碱性物质普遍存在过量现象。通过加入还原剂、碱与杂质金属生成钠盐使其从产品相代谢到渣相，同时伴随过量的 Na_2CO_3 和 $CaO \cdot SiO_2$ 等物质以精炼渣的形式排出，其中有近 20%的过量碱进入渣相，这和宁鹏等相关研究基本一致。为了更精确地掌握冶炼渣污染特征，本书进一步对粗铅冶炼、精铅冶炼和合金铸锭渣开展腐蚀性毒性测试分析。

从图 8.13 可以看出，与根据单纯执行 GB 5085.3—2007 相比，增加腐蚀性毒性浸出试验后，6 个样品冶炼渣固体废物性质发生了变化，精铅冶炼渣(A_3、A_4)样品 pH 值超过了国家危险废物腐蚀性鉴别标准 pH 值 <12.6 的要求，由原来初步判定为一般固废确定为危险废物。究其原因，精铅冶炼过程为了有效除杂提高铅的纯度，加入碱性除杂剂将杂质重金属砷、镉、锑等从产品相代谢进入冶炼渣相中，在改变铅、砷、镉等重金属代谢路径提高铅资源利用效率同时，却带来了 pH 值超标的二次污染问题。

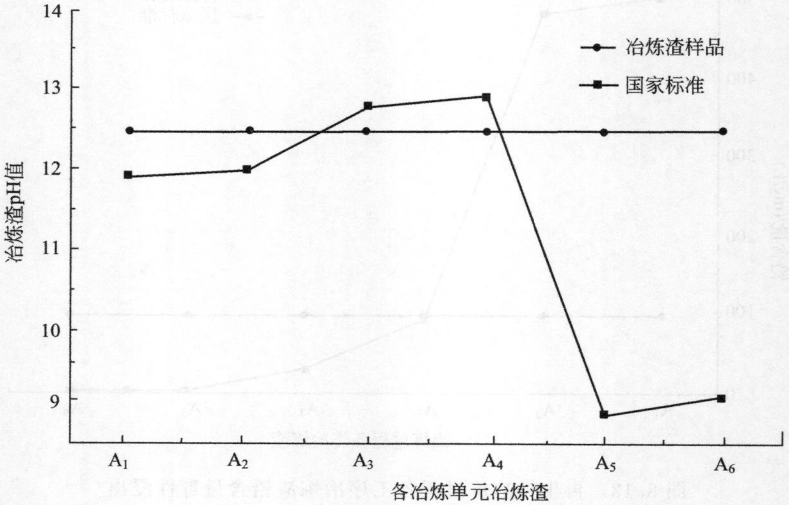

图 8.13 再生铅冶炼过程各工序冶炼渣腐蚀性检测分析

从上述工艺过程物质代谢以及反应机理来看，影响各生产工序冶炼渣样品

$A_3 \sim A_4$ 的 pH 值超标的主要原因如下。

① 再生铅冶炼主要是氧化物还原反应，如果单纯加入还原剂，则废铅膏中的砷、镉、锑、锡等金属氧化物会伴随铅的还原反应同时被还原进入粗铅金属相，影响粗铅产品品质。大量冶炼渣回用到粗铅冶炼炉，为了高效提取铅并有效除杂，粗铅精炼过程加入 Na_2CO_3 等碱性除杂剂，通过碱性除杂过程，砷、镉等重金属以钠盐形式代谢进入冶炼渣，实现金属铅高效提取和杂质金属的有效分离。因此企业过度追求铅的高效回收和精铅纯度，在冶炼过程加入过量 Na_2CO_3，形成冶炼渣中大量碱性钠盐和过量 Na_2CO_3，造成精铅冶炼渣的碱性超标。

② 为了减少 PbO 与造渣剂 SiO_2 反应生成难还原的 $PbSiO_3$，冶炼过程还要加入石灰石将 PbO 游离出来，提高铅的回收效率，这也是导致精铅冶炼渣碱性超标的重要原因。

8.2.2.3 重金属形态分析

从本书中物质代谢重金属代谢量研究结果来看，冶炼过程重金属砷和镉部分代谢进入冶炼渣相中，这也印证和支撑了再生铅冶炼行业造成的土壤和地下水超标事实和原因探究。因此，为了有效评估和识别重金属污染源，有必要对冶炼渣中重金属迁移转化形态开展研究。本书采用欧盟委员会提出的重金属形态分析的 BCR 分析方法开展研究。

图 8.14 数据显示，粗铅冶炼渣中的三种金属元素在不同价态的占比要明显

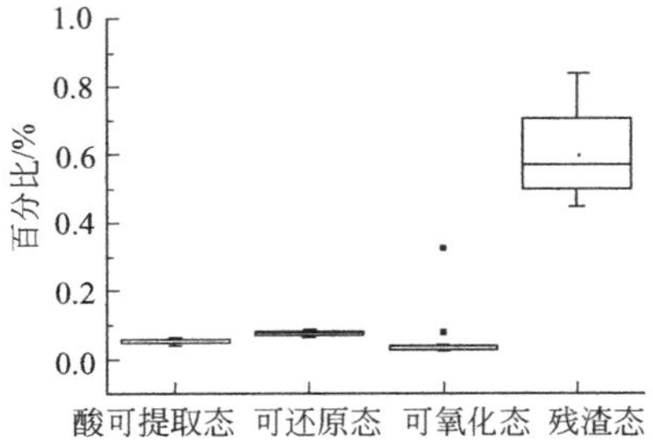

(a) 铅

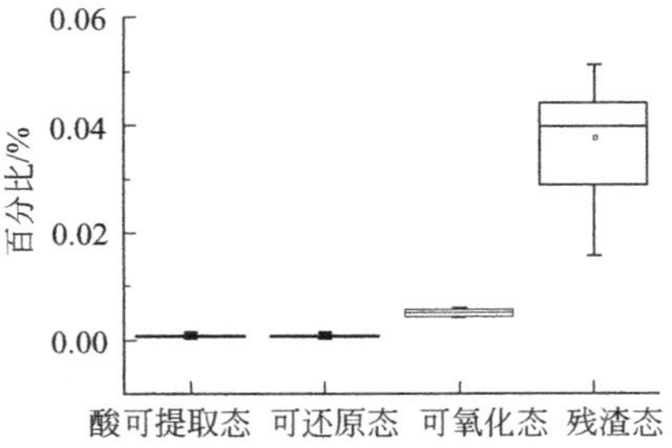

(b) 镉

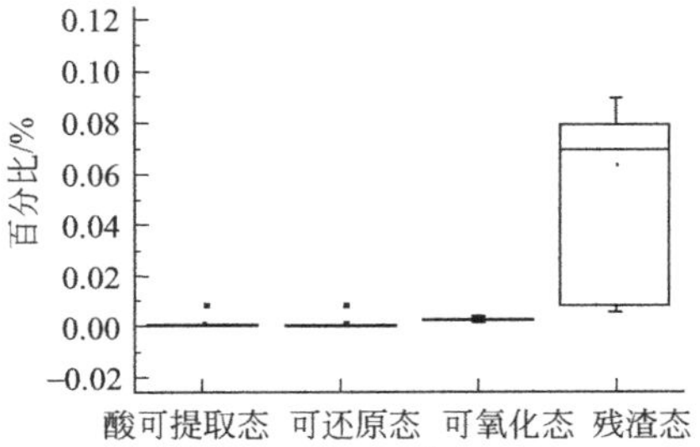

(c) 砷

图 8.14 再生铅冶炼过程粗铅冶炼渣中铅、镉、砷的形态分布

低于其他工序外排烟气中的占比。三种金属元素在残渣态的占比均相对较高，且有较大的波动范围，其他三种价态的比例相对较低。表明粗铅冶炼渣中的铅、镉、砷均以较稳定的形态存在。

图 8.15 数据显示，在精铅冶炼渣中，铅、镉、砷均是在残渣态的占比最高，三种金属元素在残渣态的占比波动变化均较大，铅在残渣态占比的变化范围是 12%～23.7%，镉在残渣态占比的变化范围是 2.30%～9.30%，砷在残渣态占比的变化范围是 0.06%～0.96%。三种金属的酸可提取态占总量的平均比例大小依次为铅（8.8%）＞镉（1.01%）＞砷（0.04%），表明铅和镉在这三种金属元素中可移动性较强，砷相对稳定。

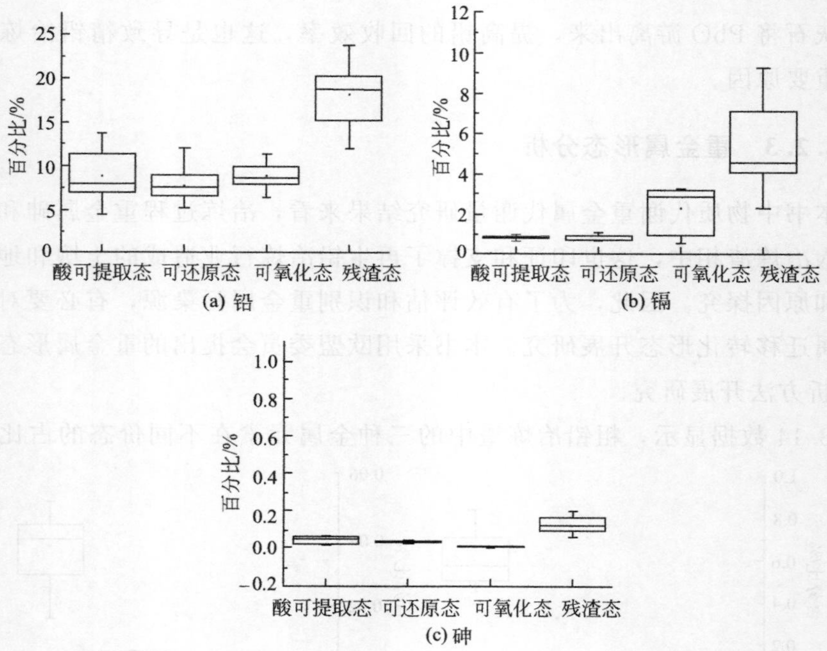

图 8.15　再生铅冶炼过程精铅冶炼渣中铅、镉、砷的形态分布

图 8.16 数据显示，合金精铅冶炼渣中铅和镉在残渣态的占比最高，砷在可还原态的占比波动较大，范围在 0.007%～0.59%。三种金属的酸可提取态占比大小依次为铅（4.3%）＞镉（1.0%）＞砷（0.08%），表明铅可移动性最强。

8.2.2.4　重金属生物有效性

基于本书提出的物质代谢形态分析对冶炼渣重金属生物有效性分析方法，可开展再生铅冶炼过程各生产工序的重金属生物有效性系数（*BI*）评估（见表 8.6）。

研究发现，再生铅冶炼过程各生产工序铅的生物有效性系数差异较大，依次

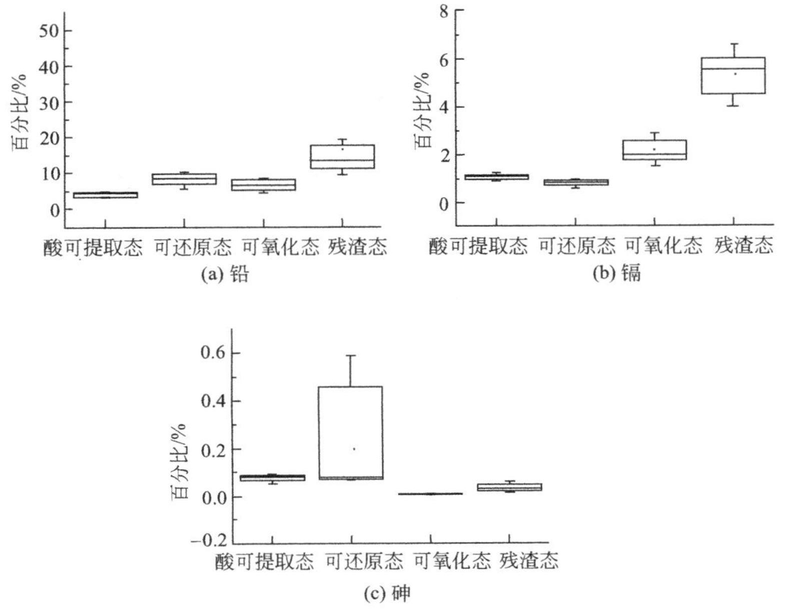

图 8.16　再生铅冶炼过程合金铸锭渣中铅、镉、砷的形态分布

为粗铅炼渣（0.60）、精铅冶炼渣（0.54）和合金铸定冶炼渣（0.38），粗铅冶炼渣的铅生物有效性系数是合金渣的 1.58 倍。这也说明重金属铅在冶炼各生产工序的代谢形态变化较大，粗铅冶炼渣中的铅迁移能力最强，可能造成土壤等污染的潜在风险较大。

表 8.6　再生铅冶炼过程重金属生物有效性系数

项目	冶炼渣来源	最大值/(μg/mg)	最小值/(μg/mg)	平均值/(μg/mg)	*BI*
铅	粗铅渣	1.56	1.15	1.35	0.60
	精铅渣	8.24	7.20	7.72	0.54
	合金渣	3.73	2.34	3.03	0.38
砷	粗铅渣	0.040	0.013	0.027	0.62
	精铅渣	0.081	0.039	0.06	0.13
	合金渣	0.075	0.0085	0.042	0.10
镉	粗铅渣	0.067	0.014	0.04	0.46
	精铅渣	0.007	0.001	0.04	0.43
	合金渣	0.039	0.01	0.024	0.41

由图 8.17 可以看出，冶炼渣中生物活性最高的酸可提取态在粗铅冶炼渣中占比最高，达到 23.64%，其次是精铅冶炼工序，占比达到了 20.21%，合金铸锭冶炼渣酸可提取态铅含量达到 16.73%。对于各生产工序冶炼渣中相对稳定的残渣态占比合金铸锭工序最高，而粗铅冶炼和精铅冶炼两个生产工序占比基本持平，基本维持在 40%左右。

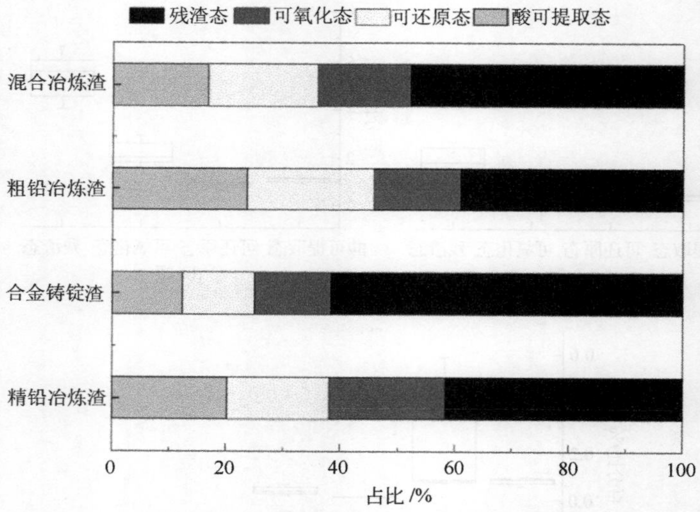

图 8.17　再生铅冶炼过程各生产工序冶炼渣中铅形态分布

图 8.18 数据显示，镉的酸可提取态在精铅冶炼渣中占比最高，达到了 20.10%，混合冶炼渣达到了 11.40%，最低的是合金铸锭渣，只有 8.85%，约为精铅冶炼渣中的酸可提取态的 44.03%。这也表明再生铅冶炼渣中精铅冶炼渣中镉的土壤污染转移能力较强。外排冶炼混合渣中镉的酸可提取态占 13.45%，较冶炼渣中铅酸可提取态含量低 4.28%。

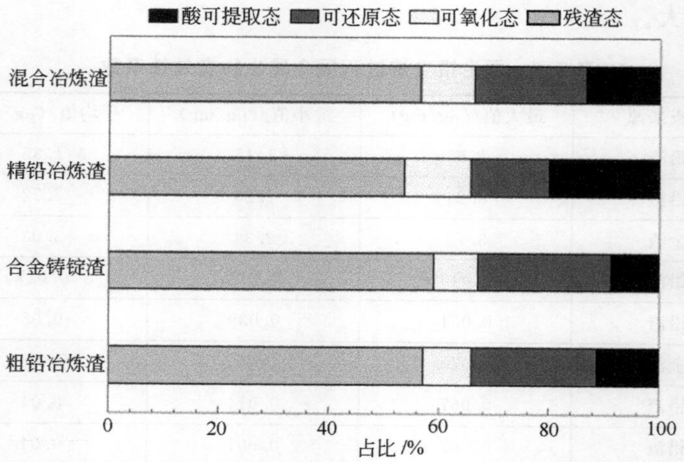

图 8.18　再生铅冶炼过程各生产工序中冶炼渣中镉形态分布

与铅和镉相比，冶炼渣中残渣态的砷含量相对较高，外排混合渣中占比达到 71.88%，说明冶炼渣中各类重金属中砷的转移生物活性较低。按照重金属价态分析的生物有效性系数判定、核算结果显示，冶炼渣重金属砷的生物有效性系数大小依次为精铅冶炼渣（0.62）、粗铅冶炼渣（0.13）和合金铸锭冶炼渣（0.10）。

图 8.19 数据显示，各生产工序冶炼渣中砷的生物有效性系数差异较大。砷的酸可提取态在精铅冶炼渣中的占比最高，为 23.15%，粗铅冶炼渣和合金铸锭渣中酸可提取态分别有 8.43%和 3.60%，表明精铅冶炼渣中镉转移能力较强。

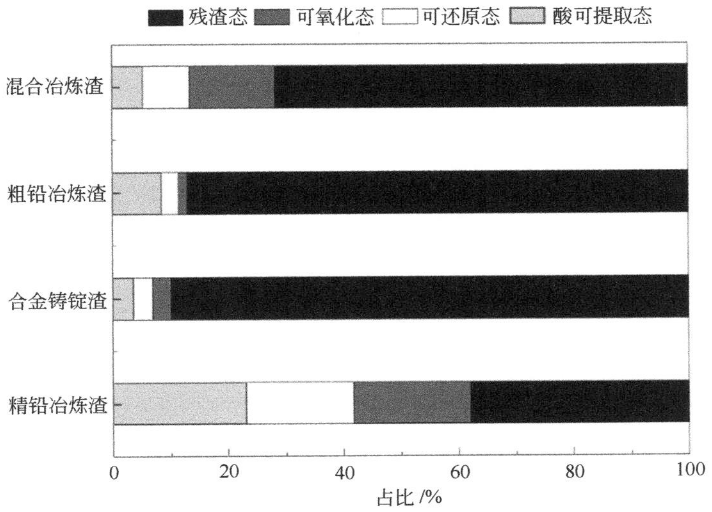

图 8.19　再生铅冶炼过程各生产工序冶炼渣中重金属砷形态分布

造成上述原因主要有：

① 精铅冶炼工序主要是对重金属砷、镉、锑等除杂，经过碱性除杂反应杂质重金属进入冶炼渣相；

② 精炼过程中杂质重金属氧化碱性溶体最快的是砷，且在碱性除杂溶剂中砷的饱和度能达到 20%左右，高于其他的杂质金属。

第 9 章

再生铅冶炼过程物质代谢规律

再生铅冶炼过程属于典型的氧化还原反应，受冶金热力学吉布斯自由能最小化的反应机理影响，冶炼过程各项冶炼参数的变化均可成为物质代谢的因素，进而可能出现冶炼过程物质代谢路径、代谢种类、代谢形态以及代谢效率的差异性，最终成为再生铅冶炼过程物质代谢的环境影响的内在决定性因素。基于本书对再生铅冶炼过程反应机理剖析，冶炼过程物质代谢量的核算、代谢路径和代谢形态等研究基础上，本章将通过试验模拟的方法，通过冶炼参数变化组合的不同试验条件下物质代谢不同物相分布，深入开展再生铅冶炼过程物质代谢节点、代谢路径和代谢形态规律及其影响要素的识别研究，进而为再生铅冶炼过程物质代谢的协同优化模型构建和数值模拟提供数据支撑。

9.1 物质代谢规律试验模拟

9.1.1 试验样品制备

从再生铅冶炼过程物质代谢机理分析结果显示，再生铅冶炼过程中冶炼参数主要有：

① 焦炭和铁粉决定了废铅膏中铅能否有效被还原成单质铅；

② 碳酸钠和铁粉的投加量决定了反应过程在硫酸铅中的硫代谢，能否有效地将废铅膏中的硫从铅金属产品中固化；

③ 冶金造渣剂氧化钙等物质的对冶炼造渣渣型影响，将决定了冶炼过程冶炼渣和金属相产品的有效分离；

④ 冶炼温度直接影响废铅膏冶炼过程含铅氧化物还原反应是否充分，进而影响各类污染物的产生状况差异性。

因此，本章将针对上述 4 种冶炼参数开展试验设计和模拟，分析冶炼参数变化下主要污染物代谢迁移转化分布特征和规律。

本章模拟试验用废铅膏主要成分为氧化铅与硫酸铅，同时含有少量杂质元素钙、硅、砷、锡等，其中废铅膏中铅元素含量达到 72.80%。

9.1.2 试验方案设计

本次再生铅冶炼过程物质代谢过程模拟试验设计以 100g 废铅膏还原为基准

进行物料平衡计算，还原反应的CO由C和O_2反应提供，硫酸铅与氧化铅按下面的反应方程式被CO完全还原，其中废铅膏中的SiO_2与CaO，通过铁粉造渣形成$CaO \cdot SiO_2$、$FeO \cdot SiO_2$（表9.1）。

表9.1　再生铅冶炼过程模拟试验物料平衡表

输入物质流							投入合计
物质种类	PbO_2	$PbSO_4$	Pb	CaO	O_2	SiO_2	183.16
质量/g	45.25	45.21	2.71	0.28	15.06	2.70	
物质种类	C	Fe	N_2	—	—	—	
质量/g	9.47	2.23	60.24	—	—	—	
输出物质流							产出合计
物质种类	Pb	$CaO \cdot SiO_2$	$FeO \cdot SiO_2$	SO_2	CO_2	N_2	183.16
质量/g	72.80	0.58	5.27	9.54	34.73	60.24	

因此，本章针对再生铅冶炼物质代谢过程模拟试验方案设计如下。

(1) 碳酸钠配比

再生铅冶炼过程废铅膏中的硫与铁粉形成了FeS，同时硫与碳酸钠反应生成Na_2S。100g废铅膏中硫酸铅的含量为45.21%。由反应计算为$106 \times \frac{45.21/303.2}{2} = 7.9g$，但实际冶炼过程中有二氧化硫气体产生。

本次试验设计碳酸钠与废铅膏质量配比分别为1%、2%、3%、4%、5%和6%。

(2) 铁粉配比

按100g废铅膏计算，再生铅冶炼过程铁粉在还原过程中与元素硫形成FeS，由冶金热力学反应计算为$\frac{45.21/303.2}{2} \times 56 = 4.18g$，废铅膏中$SiO_2$含量2.70%，实际反应过程中部分硅与铁结合形成了$FeO \cdot SiO_2$，FeO理论耗量为废铅膏重量的2.52g，4.18g+2.52g=6.70g，因此铁粉配比取值4%～9%。

本次试验设计铁粉与废铅膏质量配比为4%、5%、6%、7%、8%和9%。

(3) 氧化钙配比

按100g废铅膏计算，再生铅冶炼过程CaO在还原过程中与SiO_2造渣形成$CaO \cdot SiO_2$，废铅膏中SiO_2含量2.70%，CaO理论耗量为废铅膏重量的2.5%，实际反应过程中部分硅与铁结合形成了$FeO \cdot SiO_2$，因此CaO试验用量取0.10%～1.00%。

本次试验氧化钙与废铅膏质量配比分别为0%、0.2%、0.4%、0.6%、0.8%和1.0%。

(4) 焦炭配比

按 100g 废铅膏计算，再生铅冶炼过程废铅膏还原化学反应所需的焦炭理论配比为废铅膏用量的 6%，本次试验设计为焦炭与废铅膏质量配比分别为 3%、4%、5%、6%、7%和 8%。

(5) 冶炼温度

基于再生铅冶炼过程冶炼热力学计算发现，废铅膏冶炼过程反应温度基本维持在 935～1400℃之间。

本次试验冶炼温度分别设定为 900℃、1000℃、1100℃、1200℃、1300℃和 1400℃。

图 9.1 显示再生铅冶炼物质代谢模拟试验样品配置情况。称取一定比例的废铅膏、焦炭、铁粉、碳酸钠及氧化钙，混匀后装入坩埚中，盖上坩埚盖后放入高温马弗炉中进行还原。还原结束后随炉自然冷却至约 150℃，然后将金属相与渣相分离，分别进行相关元素的分析检测。

图 9.1　再生铅冶炼过程物质代谢模拟试验原料配置

按照上述试验方案设计，本次再生铅冶炼物质代谢模拟试验样品配置主要完成了 28 组样品配置方案见表 9.2，其中每组样品开展 6 组平行试验，本次共获得 168 个试验样品数据。

表 9.2　再生铅冶炼物质代谢过程试验模拟试验样品制备参数

样品	废铅膏/g	温度/℃	时间/h	焦比/%	Na_2CO_3/%	铁粉/%	CaO/%
Pb-1	250	1300	2	5	3	6	0.4
Pb-2	250	1300	2	5	4	6	0.4
Pb-3	250	1300	2	5	5	6	0.4
Pb-4	250	1300	2	5	6	6	0.4

续表

样品	废铅膏/g	温度/℃	时间/h	焦比/%	Na_2CO_3/%	铁粉/%	CaO/%
Pb-5	250	1300	2	5	1	6	0.4
Pb-6	250	1300	2	5	2	6	0.4
Pb-7	250	1300	2	5	4	4	0.4
Pb-8	250	1300	2	5	4	5	0.4
Pb-9	250	1300	2	5	4	7	0.4
Pb-10	250	1300	2	5	4	8	0.4
Pb-11	250	1300	2	5	4	9	0.4
Pb-12	250	1300	2	5	4	5	0.4
Pb-13	250	1300	2	5	4	5	0.2
Pb-14	250	1300	2	5	4	5	0.4
Pb-15	250	1300	2	3	4	5	0.4
Pb-16	250	1300	2	4	4	5	0.4
Pb-17	250	1300	2	6	4	5	0.4
Pb-18	250	1300	2	7	4	5	0.4
Pb-19	250	1300	2	8	4	5	0.4
Pb-20	250	1200	2	5	4	5	0.4
Pb-21	250	1100	2	5	4	5	0.4
Pb-22	250	900	2	5	4	5	0.4
Pb-23	250	1000	2	5	4	5	0.4
Pb-24	250	1400	2	5	4	4	4.0
Pb-25	250	1300	2	5	4	5	0.6
Pb-26	250	1300	2	5	4	5	0.8
Pb-27	250	1300	2	5	4	5	1.0
Pb-28	250	1300	2	5	4	5	0.4

9.1.3 试验分析方法

本次再生铅冶炼物质代谢过程模拟试验中用到的化学试剂如下。

① 无水碳酸钠（Na_2CO_3）：分析纯，$Na_2CO_3>99.8\%$。

② 氧化钙（CaO）：分析纯，CaO>99.0%。

③ 还原铁粉（Fe）：分析纯，Fe>98.0%。

④ 焦炭：工业级，固定碳 80%。

图 9.2 所示，本次再生铅冶炼物质代谢过程模拟试验主要设备为 SX16-18 高温硅钼棒加热炉，最高温度 1600℃，炉内的温场稳定度±5℃；恒温水浴锅、烘干脱硫废铅膏样的烘箱、SX16-18 高温硅钼棒加热炉，最高温度 1600℃，炉内的温度场稳定度±5℃。

本次分析再生铅冶炼过程废铅膏在不同冶炼参数变化下，分析铅、砷、镉和

图 9.2　再生铅冶炼过程物质代谢模拟试验的水浴锅和高温炉

硫污染物代谢迁移转化情况，主要采用物质守恒原理，通过检测分析不同试验条件下各元素在冶炼金属相、渣相和冶炼烟气相中的代谢分布情况，通过静态试验方法模拟和分析冶炼过程污染物与冶炼参数相应变化规律。

再生铅冶炼物质代谢过程污染物代谢迁移转化率：

$$\lambda_s = \frac{M_s \times \eta_s}{M_m \times \eta_m} \tag{9.1}$$

式中　λ_s——冶炼渣中污染物元素代谢迁移转化率，%；

M_s——冶炼过程冶炼渣产生量，g；

η_s——冶炼渣中检测分析元素含量，%；

M_m——本次试验废铅膏质量，g；

η_m——废铅膏中各元素含量，%。

同理，可依据式（9.1）计算再生铅冶炼过程中进入产品中元素的代谢迁移转化率 λ_p，本次试验采用静态试验模拟，所以代谢过程冶炼烟气中各元素代谢迁移转化率则可通过 $\lambda_m = 1 - \lambda_s - \lambda_p$ 计算。

9.2

物质代谢规律及影响要素

9.2.1　碳酸钠对废物流代谢迁移转化的影响

图 9.3 可以看出，再生铅冶炼过程随碳酸钠配比率增大，铅、砷、镉和硫代

谢迁移转化到冶炼渣中转化率呈增长趋势。铅代谢迁移转化到冶炼渣中迁移转化率呈波动式变化，碳酸钠配比率在1%～4%之间，铅代谢迁移转化到冶炼渣中转化率从7.26%下降到5.08%，但随着碳酸钠配比率在4%～6%之间变动时铅代谢迁移转化到冶炼渣中转化率出现反弹式增长，从5.08%增长到12.59%，增长了7.51个百分点。随着碳酸钠配比率增加，镉代谢迁移转化到冶炼渣中转化率呈小幅增长趋势，从12.21%增长到18.90%。砷代谢迁移转化到冶炼渣中转化率则呈现大幅增长，从12.90%增长到46.57%，有近50%的砷代谢迁移转化到冶炼渣中。由此可见，冶炼渣中污染物迁移转化率，受碳酸钠影响较大的主要是砷和硫。碳酸钠与废铅膏配比率在1.00%～6.00%之间时，硫和砷在冶炼渣中代谢迁移转化率分别增长了2.94和2.61倍。从本书给出的再生铅冶炼过程化学反应机理可以推定，造成上述代谢迁移转化现象的原因，可能是冶炼过程中碳酸钠与硫反应生成硫化钠，造成硫代谢迁移转化进入冶炼渣中；砷属于类金属元素，冶炼过程与碳酸钠生成了砷酸钠盐，代谢迁移转化进入冶炼渣中。因此，再生铅冶炼过程碳酸钠具有一定的固硫和除砷作用。

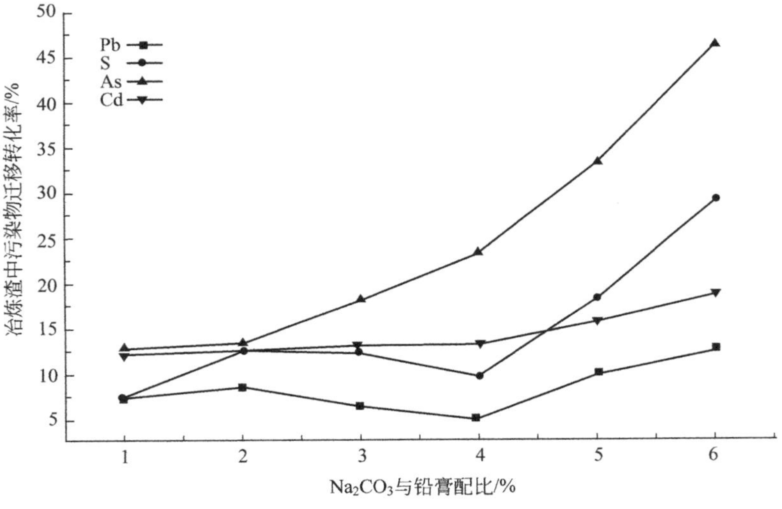

图 9.3　碳酸钠试验参数变化下冶炼渣中物质流代谢规律

本次再生铅冶炼物质代谢过程模拟试验碳酸钠不同配比情况下，各污染物在冶炼渣中代谢迁移转化分布情况，见表9.3。

表 9.3　碳酸钠参数变化下冶炼渣中污染物代谢迁移转化　　单位：%

Na_2CO_3 配比率	Pb	S	As	Cd
1	7.26	7.45	12.90	12.21
2	8.64	12.43	13.78	13.05
3	6.47	12.35	18.47	13.12

续表

Na_2CO_3 配比率	Pb	S	As	Cd
4	5.08	9.82	23.46	13.33
5	10.09	18.41	33.50	15.86
6	12.59	29.33	46.57	18.90

图 9.4 可以看出，再生铅冶炼过程随着碳酸钠配比率增大，铅、硫、砷和镉代谢迁移转化到冶炼烟气中转化率呈下降趋势。铅在冶炼烟气中代谢迁移转化率维持在 5.27%～9.76%之间，当碳酸钠配比率在 1%～4%之间时试验数据显示冶炼烟气中的铅从 8.88%增长至 9.76%；碳酸钠配比率在 4%～6%之间时冶炼烟气中铅出现小幅波动下降趋势，从 9.76%下降到 8.44%。硫代谢迁移转化到冶炼烟气中迁移转化率呈波动式变化，碳酸钠配比率在 1%～3%变化时，试验数据显示，硫在冶炼渣中代谢迁移转化率从 53.93%增长到 61.85%，碳酸钠配比率在 3%～6%之间变化时，冶炼渣中硫代谢迁移转化率出现了下降趋势，从 61.85%下降到 55.23%。与硫代谢迁移转化特征类似，随着碳酸钠配比率增加，砷代谢迁移转化到冶炼烟气中转化率也呈现波动式变化。当碳酸钠配比率在 1%～4%之间变化时，冶炼烟气中砷的代谢迁移转化率从 23.50%下降到 13.03%，碳酸钠配比率在 4%～6%之间变化时，冶炼烟气中砷代谢迁移转化率从 13.03%又增长到 18.15%。随着碳酸钠配比率变化，有 50%左右的镉代谢迁移转化进入到冶炼烟气中，且镉在冶炼烟气中代谢迁移转化率随着碳酸钠配比率变化不大。由此可见，随着碳酸钠与废铅膏配比率增大，硫和镉在冶炼烟气中代谢迁移转化率较大，而铅和砷代谢迁移转化率则相对较小。

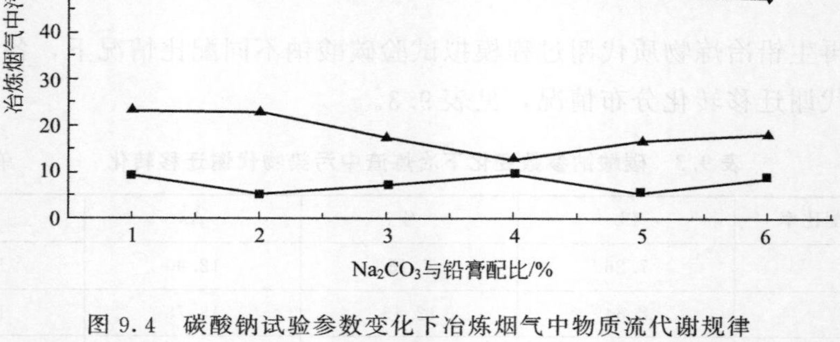

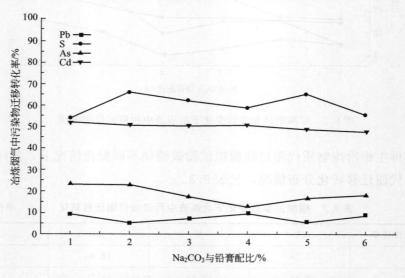

图 9.4　碳酸钠试验参数变化下冶炼烟气中物质流代谢规律

本次再生铅冶炼过程物质代谢模拟试验碳酸钠不同配比情况下，各污染物在冶炼烟气中代谢迁移转化情况见表 9.4。

表 9.4　碳酸钠参数变化下冶炼烟气中污染物代谢迁移转化　　单位：%

Na_2CO_3 配比率	Pb	S	As	Cd
1	8.88	53.93	23.50	51.65
2	5.27	66.05	21.92	50.42
3	6.79	61.85	17.48	50.49
4	9.76	58.61	13.03	50.59
5	5.74	65.03	16.78	48.83
6	8.44	55.23	18.15	47.69

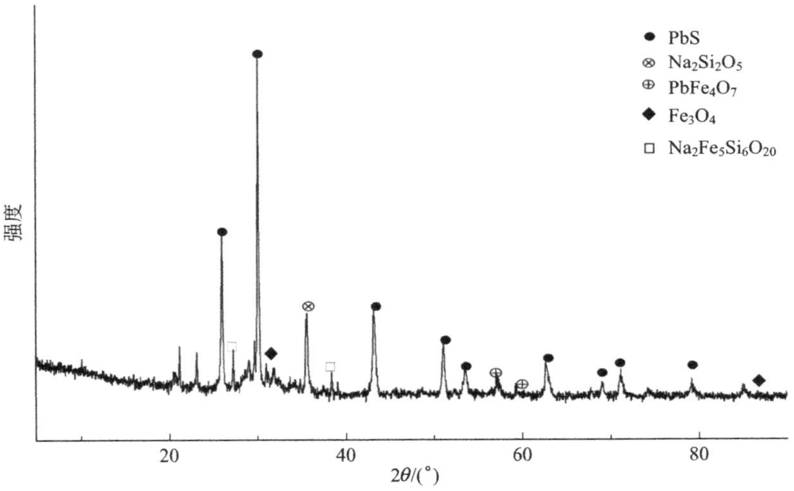

图 9.5　碳酸钠试验参数下冶炼渣样 XRD 分析

由图 9.5 可以看出，再生铅冶炼过程碳酸钠配比率在 1%～6%变化时，添加 1% Na_2CO_3 时冶炼渣的成分为 PbS、$Na_2Si_2O_5$、Fe_3O_4、$PbFe_4O_7$；当碳酸钠配比率大于 2%后，由于钠元素量增大，$Na_2Si_2O_5$ 物相量也增大，与部分 Fe_3O_4 形成了复合氧化物相 $Na_2Fe_5Si_6O_{20}$；当碳酸钠配比率在 2%～6%范围变化时，冶炼渣成分均为 PbS、$Na_2Si_2O_5$、Fe_3O_4、$PbFe_4O_7$、$Na_2Fe_5Si_6O_{20}$。随着碳酸钠配比率变化，对污染物在不同物相中代谢迁移转化影响主要表现为冶炼渣黏性变化，从 XRD 物相分析结果可以看出，正是由于非金属元素硫和类金属元素砷发生了化学反应，导致这两类污染物在冶炼渣和冶炼烟气不同物相产生上述代谢迁移转化特征。

9.2.2 铁粉对废物流代谢迁移转化的影响

图 9.6 结果显示，再生铅冶炼过程随着铁粉配比率从 4%增加到 6%时，铅在冶炼渣中代谢迁移转化率从 6.17%下降到 5.08%。随着铁粉配比率增加到 9%时，试验数据显示，铅代谢迁移转化到冶炼渣中转化率出现大幅增长趋势，从 5.08%增长到 17.49%，增长了近 2.44 倍。与铅代谢迁移转化特征类似，随着铁粉配比率变化，砷代谢迁移转化到冶炼渣中转化率呈波动式变化。在铁粉配比率在 4%～7%之间变化时，试验数据显示，砷代谢迁移转化到冶炼渣中转化率从 26.86%增长到 35.18%；铁粉配比率从 7%增长到 9%，砷代谢迁移转化到冶炼渣中转化率从 35.18%下降到 21.94%。随着铁粉配比率持续增大，硫和镉代谢迁移转化到冶炼渣中的转化率均呈增长趋势，其中硫从 9.73%增大到 36.78%，而镉则从 10.99%增长到 20.77%，两类污染因子代谢迁移转化率分别增长 2.78 和 0.90 倍。

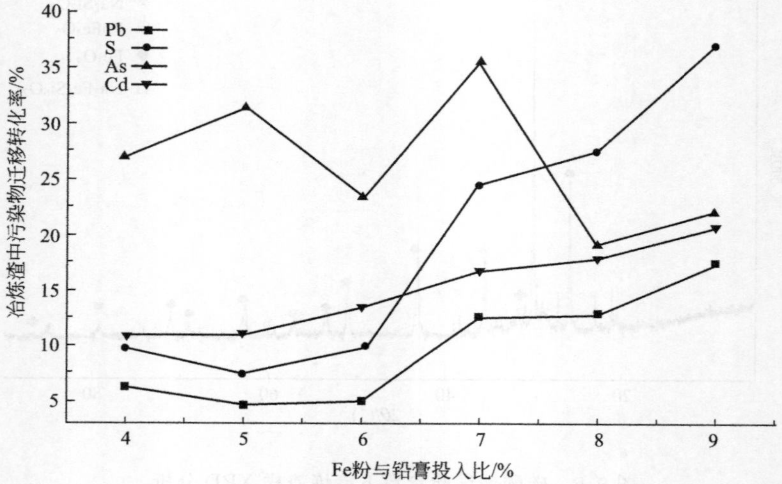

图 9.6 铁粉试验参数变化下冶炼渣中物质流代谢规律

图 9.7 结果显示再生铅冶炼过程铅的代谢迁移转化呈现波动式变化特征，铁粉配比率在4%～6%之间变化时，铅代谢迁移转化到冶炼烟气中的转化率从 6.80%上升到 9.76%；当铁粉配比率增大到 9%时，冶炼烟气中铅代谢迁移转化率开始出现下降趋势，从 9.76%降低到 4.11%；铁粉配比率在 4%～7%之间时，硫代谢迁移转化到冶炼烟气转化率呈增长趋势，从 65.88%增长到 73.29%，但是随着铁粉配比率在 7%～9%之间变化时，冶炼烟气中硫的代谢迁移转化率开始下降，下降了近 15.78 个百分点。试验数据显示，砷代谢迁移转化到冶炼烟气中转化率呈大幅增长趋势，在铁粉配比率维持在 4%～8%之间时，冶炼烟气中的砷代谢迁移转化率从 7.69%持续增长到 20.75%；当铁粉配比率增加到 9%，

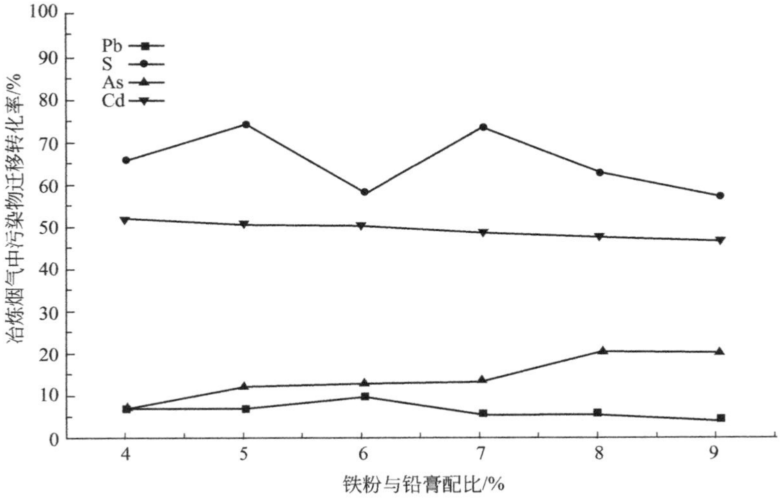

图 9.7 铁粉试验参数变化下冶炼烟气中物质流代谢规律

冶炼烟气中砷代谢迁移转化率出现小幅下降，从 20.75%下降到 19.93%。与砷的代谢迁移转化特征相反，随着铁粉配比率不断增长，镉代谢迁移转化到冶炼烟气中的转化率持续小幅下降，从 51.91%下降到 46.20%。由此可见，随着铁粉配比率变化，大部分硫和镉代谢迁移转化进入冶炼烟气中，其代谢迁移转化率分别维持在 57.51%～74.08%以及 46.20%～51.91%之间，而铅和砷代谢迁移转化到冶炼烟气中占比相对较小，代谢迁移转化率分别维持在 4.11%～9.76%和 7.69%～20.75%之间。

本次再生铅冶炼过程物质代谢模拟试验铁粉不同配比情况下，各污染物在冶炼渣中代谢迁移转化分布情况见表 9.5。

表 9.5 铁粉参数变化下冶炼渣中污染物代谢迁移转化 单位：%

铁粉配比率	Pb	S	As	Cd
4	6.17	9.73	26.86	10.90
5	4.78	7.47	31.24	11.09
6	5.08	9.82	23.46	13.33
7	12.61	24.38	35.18	16.66
8	12.80	27.41	18.86	17.86
9	17.49	36.78	21.94	20.77

本次再生铅冶炼过程物质代谢模拟试验铁粉不同配比情况下，各污染物在冶炼烟气中代谢迁移转化分布情况见表 9.6。

造成上述污染物代谢迁移转化变化原因，主要是再生铅冶炼过程随着铁粉配比率增加，冶炼过程铁容易与硫、铅形成 PbS-FeS 固熔体相，铅、砷、镉和硫

表 9.6　铁粉参数变化下冶炼烟气中污染物代谢迁移转化　　　单位：%

铁粉配比率	Pb	S	As	Cd
4	6.80	65.88	7.69	51.91
5	7.09	74.08	2.05	51.00
6	9.76	58.61	13.03	50.59
7	5.39	73.29	3.73	48.63
8	5.72	63.03	20.75	47.83
9	4.11	57.51	19.93	46.20

等进入硫相中的趋势增大，同时对其他金属元素镉的溶解量也增大，因此这些污染物代谢迁移转化进入冶炼渣中的代谢迁移转化率呈增大趋势。

根据反应吉布斯自由能变化关系，再生铅冶炼过程部分铁在升温过程被空气中氧气氧化为 Fe_3O_4，实际与硫发生反应生成 FeS 的铁粉量比加入的少，因此可能导致当铁粉量大于 6%后冶炼渣中硫代谢迁移转化率逐渐增大。再生铅冶炼渣中铁的物相主要为 PbS、$Na_2Si_2O_5$、Fe_3O_4、$PbFe_4O_7$、$Na_2Fe_5Si_6O_{20}$，添加不同量的铁粉时只改变各物相的含量，并未改变物相成分。这也是导致冶炼渣熔体相形成，冶炼渣相和金属相分离度不高，各类金属元素冶炼渣中代谢迁移转化率高的主要原因（见图 9.8）。

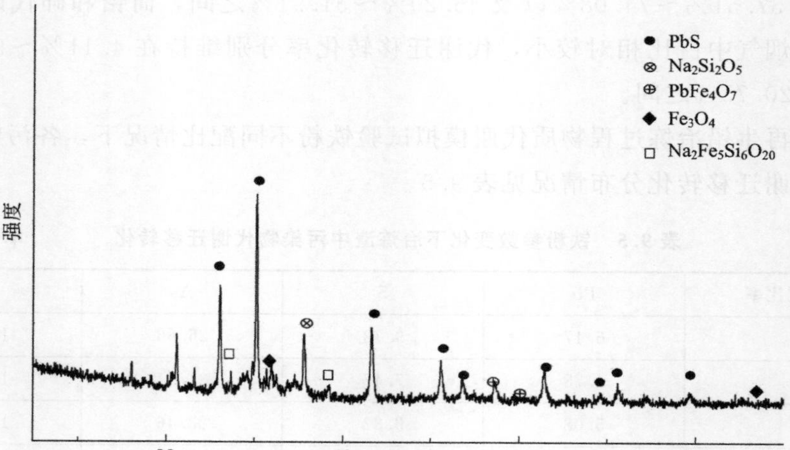

图 9.8　铁粉试验参数下冶炼渣样 XRD 分析

9.2.3　氧化钙对废物流代谢迁移转化的影响

由图 9.9 显示，再生铅冶炼过程随着氧化钙配比率增加，铅、镉和硫代谢迁移转化到冶炼渣中转化率较低且变化不大，冶炼渣中其代谢迁移转化率维持在

3.31%～4.78%、5.26%～8.47%和11.12%～12.55%。冶炼过程氧化钙配比率变化对砷代谢迁移转化影响效果相对明显。试验数据显示，再生铅冶炼过程氧化钙配比率在0～1.00%之间变化时，砷代谢迁移转化到冶炼渣中转化率总体呈增长趋势，从31.24%增长到70.71%，增长了1.26倍。原本作为造渣剂的氧化钙，在冶炼过程通过与废铅膏中的砷发生化学反应，生成了砷酸钙，当氧化钙配比率达到1.00%时有近70%以上的砷代谢迁移转化到冶炼渣中。由此可见，再生铅冶炼过程铅、砷、镉和硫代谢迁移转化到冶炼渣中以砷为主，其次是镉，其他两类污染物代谢迁移转化率相对较小。

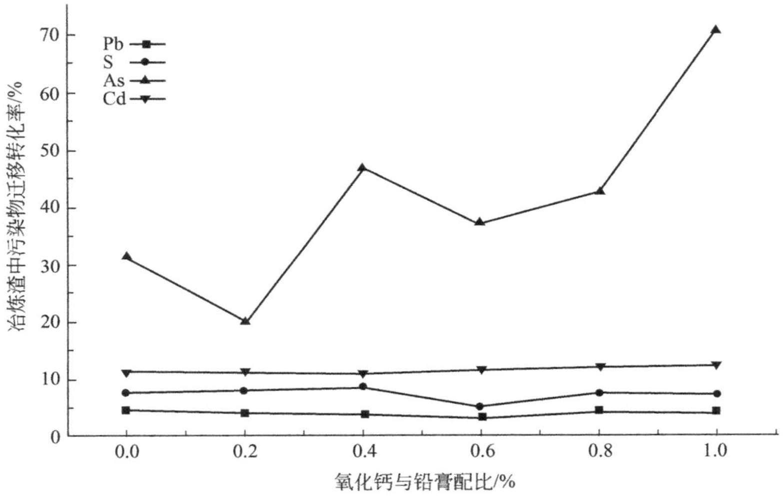

图9.9 氧化钙试验参数变化下冶炼渣中物质流代谢规律

本次再生铅冶炼过程物质代谢模拟试验氧化钙不同配比情况下，各污染物在冶炼渣中代谢迁移转化分布情况见表9.7。

表9.7 氧化钙参数变化下冶炼渣中污染物代谢迁移转化 单位：%

氧化钙配比	Pb	S	As	Cd
0	4.78	7.47	31.24	11.09
0.20	4.13	8.13	19.80	11.25
0.40	4.02	8.47	46.97	11.12
0.60	3.31	5.26	36.93	11.66
0.80	4.53	7.26	42.63	12.11
1.00	4.28	7.22	70.71	12.55

由图9.10结果显示，再生铅冶炼过程随氧化钙配比率增加，铅和砷代谢迁移转化到冶炼烟气中转化率相对较小，分别维持在7.09%～9.01%和2.05%～10.73%之间。硫和镉大部分代谢迁移转化进入冶炼烟气中，其转化率维持在

56.62%～81.89%和49.88%～51.67%之间。当氧化钙配比率在0～0.8%之间变化时，硫代谢迁移转化进入到冶炼烟气中转化率总体呈下降趋势，从74.08%下降到56.62%，试验数据显示，当氧化钙配比率继续增长到1.00%时，进入冶炼烟气中的硫转化率又开始反弹上升，增加到77.55%。氧化钙配比率在0～1%之间变化，镉代谢迁移转化到冶炼烟气中转化率总体呈小幅下降趋势，从51%下降到49.88%。由此可见，再生铅冶炼过程铅、砷、镉和硫代谢迁移到冶炼烟气中转化率以硫和镉为主。

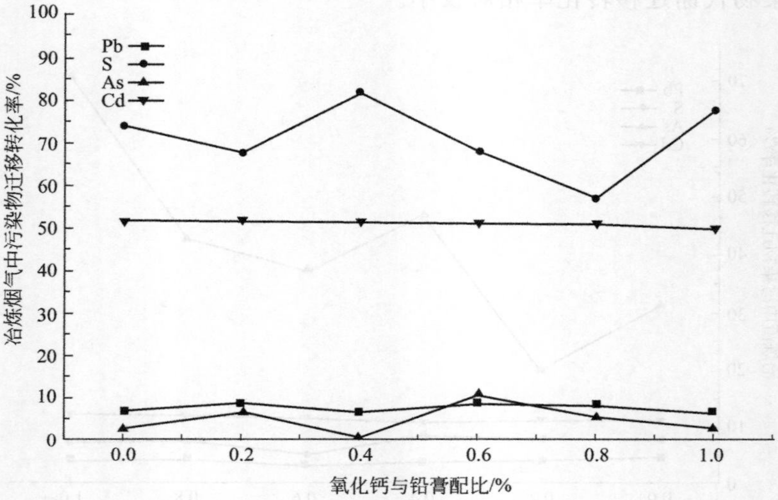

图 9.10　氧化钙试验参数变化下冶炼烟气中物质流代谢规律

本次再生铅冶炼过程物质代谢模拟试验氧化钙不同配比情况下，各污染物在冶炼烟气中代谢迁移转化情况见表9.8。

表9.8　氧化钙参数变化下冶炼烟气污染物中代谢迁移转化　　单位：%

氧化钙用量	Pb	S	As	Cd
0	7.09	74.08	2.05	51.00
0.20	8.44	67.54	6.75	51.67
0.40	6.68	81.89	0.32	51.45
0.60	9.01	68.12	10.73	51.17
0.80	8.08	56.62	5.12	50.78
1.00	6.57	77.55	2.85	49.88

图9.11显示，造成上述变化原因可能是在再生铅冶炼过程氧化钙配比率试验范围内，冶炼渣成分均为PbS、$Na_2Si_2O_5$、Fe_3O_4、$PbFe_4O_7$、$Na_2Fe_5Si_6O_{20}$、$FeCaSiO_4$，其中在0～0.2%之间冶炼渣的主要成分为PbS、$Na_2Si_2O_5$、Fe_3O_4、$PbFe_4O_7$。当氧化钙配比率增加到0.4%～1%范围时，由于氧化钙量的增加，渣

中钙可能取代了复合氧化物$Na_2Fe_5Si_6O_{20}$中钠元素，重新生成了其他新的物相。上述冶炼渣XRD相成分分析，说明再生铅冶炼过程铅、碳酸钠、铁粉及造渣剂氧化钙等，通过发生复杂的氧化还原等反应，造成铅、硫等污染物以各类氧化物、复杂化合物等形式迁移转化进入冶炼渣中。

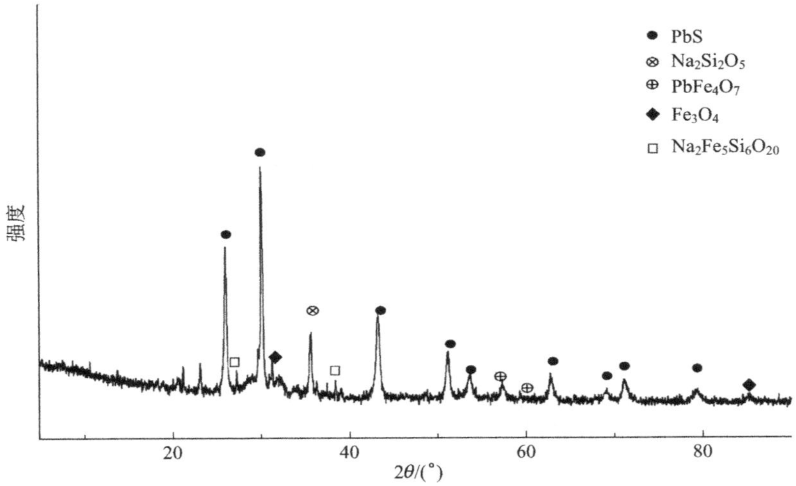

图9.11　氧化钙试验参数下冶炼渣样XRD分析

9.2.4　焦炭对废物流代谢迁移转化的影响

由表9.9，图9.12显示，再生铅冶炼过程焦炭配比率的变化，与铅、砷和镉的代谢迁移转化进入冶炼渣中转化率总体趋势相似。试验数据显示，焦炭配比率在3%～5%之间，铅、砷和镉代谢迁移转化进入冶炼渣中的转化率均呈下降趋势，铅从18.95%下降到4.78%，砷则从32.47%下降到31.24%，镉则从18.45%下降到11.09%。但是，随着焦炭配比率在6%～8%之间变化时，铅、砷和镉代谢迁移转化进入冶炼渣中的转化率同时快速增长，其中铅转化率从4.78%增长至24.63%，砷从11.68%增长至49.54%，镉则从19.91%增长至23.45%。与上述三种金属代谢迁移转化规律不同，再生铅冶炼过程硫代谢迁移转化进入冶炼渣中转化率总体呈下降趋势，焦炭配比率在3%～5%之间，硫代谢迁移转化进入冶炼渣中转化率从98.19%下降到74.08%，随着焦炭配比率从5%～9%，冶炼渣中硫的代谢迁移转化率大幅减少，从74.08%骤降到12.83%，下降幅度达到85.36%。由此可见，再生铅冶炼过程焦炭配比率对铅、砷、镉和硫在冶炼渣中代谢迁移转化率影响均很大，其中对硫污染物的代谢迁移转化影响效果明显。

本次再生铅冶炼过程物质代谢模拟试验焦炭不同配比情况下，各污染物在冶炼渣中代谢迁移转化分布情况见表9.9。

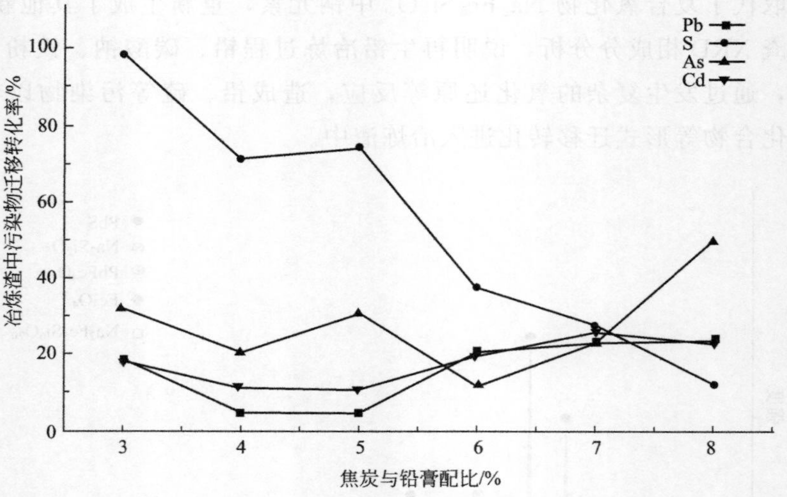

图 9.12　焦炭试验参数变化下冶炼渣中物质流代谢规律

表 9.9　焦炭参数变化下冶炼渣中污染物代谢迁移转化　　　　单位：%

焦炭配比	Pb	S	As	Cd
3	18.95	98.19	32.47	18.45
4	5.55	71.03	20.22	11.49
5	4.78	74.08	31.24	11.09
6	20.70	37.91	11.68	19.91
7	23.80	27.42	22.88	26.00
8	24.63	12.83	49.54	23.45

由图 9.13 结果可知，随着焦炭配比率变化，再生铅冶炼过程铅和镉代谢迁

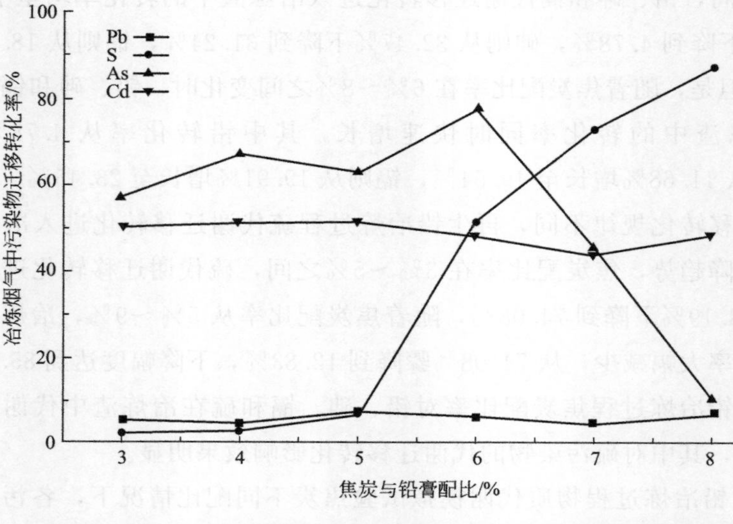

图 9.13　焦炭试验参数变化下冶炼烟气中物质流代谢规律

移转化进入冶炼烟气中的转化率变化幅度不大，铅基本维持在 3.91%～7.09%之间，镉则维持在 43.6%～51%之间。焦炭配比率在 3%～6%之间变化时，砷代谢迁移转化进入冶炼烟气转化率总体呈增长趋势，从 56.37%增长到 76.87%；焦炭配比率继续增长到 8%时，则其代谢迁移转化率大幅下降，降低了 66.82%，冶炼烟气中砷代谢迁移转化率仅有 10.05%。硫代谢迁移转化进入冶炼烟气转化率持续增长趋势，且焦粉配比率从 3%增到 8%，冶炼烟气中的硫代谢迁移转化率增长 85.10%。

本次再生铅冶炼过程物质代谢模拟试验焦炭不同配比情况下，各污染物在冶炼烟气中代谢迁移转化分布情况见表 9.10。

表 9.10 焦炭参数变化下冶炼烟气中污染物代谢迁移转化 单位：%

焦炭配比	Pb	S	As	Cd
3	4.88	1.76	56.37	49.85
4	3.91	2.47	66.55	50.94
5	7.09	7.47	72.05	51.00
6	5.97	50.74	76.87	47.57
7	4.26	72.46	45.01	43.60
8	6.54	86.86	10.05	47.90

造成上述各项污染物在冶炼渣中代谢迁移转化的原因，可能是冶炼过程反应前期由于焦炭量不足，冶炼过程中铅的还原反应以及砷和镉等氧化反应尚不充分，同时冶炼渣黏度偏大，导致冶炼渣相和金属相分类较差，金属铅、镉和砷代谢迁移转化以进入冶炼渣中为主。随着焦炭配比率增大，冶炼过程还原的铅量增大，铅进入金属相的量增大，渣中铅代谢迁移转化率逐渐降低。试验数据显示，继续增大焦炭配比率，从 6%增加到 8%变化之间，尚未参与氧化还原反应的过量焦炭残存在冶炼渣中，导致冶炼渣黏度变大，铅渣分离效果变差，再生铅冶炼过程冶炼渣中铅代谢迁移转化率又出现反弹上升。

9.2.5 冶炼温度对废物流代谢迁移转化的影响

由图 9.14 结果可知，随着冶炼温度的不断升高，再生铅冶炼过程铅、砷、镉和硫在冶炼渣中代谢迁移转化率均呈现总体下降特征。当冶炼温度从 1100℃升高 1400℃时，铅、砷、镉和硫在冶炼渣中代谢迁移转化率分别下降了 8.60 个百分点、29.68 个百分点、18.39 个百分点和 36.87 个百分点。

本次再生铅冶炼过程物质代谢模拟试验不同冶炼温度下，各污染物在冶炼渣中代谢迁移转化分布情况见表 9.11。

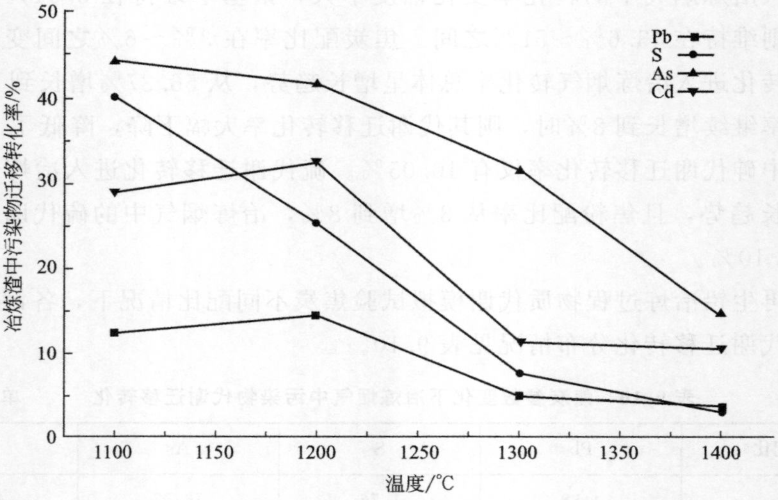

图 9.14 冶炼温度试验参数变化下冶炼渣中物质流代谢规律

表 9.11 冶炼温度参数变化下冶炼渣中污染物代谢迁移转化 单位：%

温度/℃	Pb	S	As	Cd
1400	3.45	3.06	14.53	10.32
1300	4.78	7.47	31.24	11.09
1200	14.16	25.06	41.34	32.30
1100	12.05	39.93	44.21	28.71

由图 9.15 结果可知，当冶炼温度从 1100℃升高 1400℃时，再生铅冶炼过程砷、镉和硫大部分代谢迁移转化进入冶炼烟气中，砷、镉和硫的代谢迁移转化率分别增长了 29.05 个百分点、17.49 个百分点和 53.26 个百分点。虽然伴随着冶

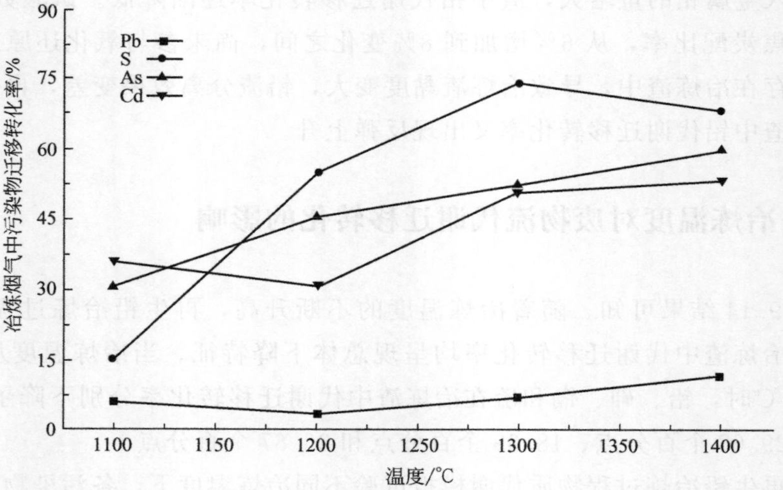

图 9.15 冶炼温度试验参数变化下冶炼烟气中物质流代谢规律

炼温度的变化，代谢迁移转化到冶炼烟气中铅也呈增长趋势，但与前几种污染物相比，铅代谢迁移转化率相对较小且增幅不大，只从6.19%增加到11.84%。

造成上述现象主要是再生铅冶炼过程冶炼温度提升，金属蒸气压变大，金属进入气相中的趋势增大，从而在烟气中代谢迁移转化率会增大。同时冶炼温度的提升，提供了再生铅冶炼过程各化学反应所需热量，促进了铅的还原的同时降低了冶炼渣的黏度，导致铅金属大部分进入金属相。

本次再生铅冶炼过程物质代谢模拟试验不同冶炼温度下，各污染物在冶炼烟气中代谢迁移转化分布情况见表9.12。

表9.12　冶炼温度参数变化下冶炼烟气污染物代谢迁移转化　　单位：%

温度/℃	Pb	S	As	Cd
1400	11.84	68.42	59.94	53.42
1300	7.09	74.08	2.05	51.00
1200	3.38	55.19	45.69	30.86
1100	6.19	15.16	30.89	35.93

第 10 章

再生铅冶炼过程物质代谢的协同优化

基于再生铅冶炼过程物质代谢规律试验模拟结果显示，各冶炼参数对污染物代谢迁移转化影响效果存在正负效应交叉现象，很难通过单要素冶炼参数优化实现冶炼过程物质代谢优化目标。为了有效模拟再生铅冶炼过程物质代谢规律并实现对生产工艺过程物质代谢优化模拟，本章将运用神经网络模型对试验数据开展训练和泛化，构建再生铅冶炼过程冶炼参数与物质代谢规律响应关系模型，完成多因素影响下的再生铅冶炼过程物质代谢的协同优化研究。

10.1 资源代谢协同优化模型

10.1.1 BP神经网络模型参数

(1) 网络模型隐藏层设置

基于BP神经网络方法，本书开展再生铅冶炼过程生产参数与污染物减排优化的BP神经网络模型构建。本次BP神经网络模型包括输入层、隐藏层和输出层，其中输入层为再生铅冶炼过程的生产过程参数，主要是基于影响污染物代谢迁移转化的五项生产参数，即碳酸钠、铁粉、氧化钙、焦炭和冶炼温度。输出层为再生铅冶炼过程污染物减排目标，即冶炼烟气和冶炼渣中铅、砷、镉和硫的产生量。因此针对再生铅冶炼过程污染物减排优化BP神经网络模型基本组成如下。

① 模型输入：碳酸钠，铁粉，氧化钙，焦炭配比，温度。

② 模型输出1：冶炼渣中的铅、砷、镉和硫。

③ 模型输出2：冶炼烟气中的铅、砷、镉和硫。

基于本书中协同优化方法对BP神经网络隐藏层的核算方法，针对再生铅冶炼过程冶炼参数与污染物产生之间的隐藏层设置为2层，各层节点分别设置为25和15，即本次BP神经网络模型为“5-25-15-4”的网络组成结构（见表10.1）。

表10.1 再生铅冶炼过程污染物减排优化的BP神经网络模型输入参数

输入变量	代码	变量解释
碳酸钠	X_1	冶炼过程辅料
铁粉	X_2	冶炼过程固硫和还原剂

续表

输入变量	代码	变量解释
氧化钙	X_3	冶炼造渣剂
焦炭配比	X_4	冶炼过程还原剂和燃料
温度	X_5	冶炼过程温度变化

(2) 模型激活函数及训练函数的选取

本次再生铅冶炼过程污染物减排优化 BP 神经网络模型激活函数选取过程，在输入层与隐藏层之间选取了 logsig 函数，隐藏层与输出层之间选取了 tansig 函数，本次模型训练函数选取了 traingdx 算法。

本次 BP 神经网络模型主要参数如下：

```
net = newff(inputn,output,[25 15],{'logsig','tansig'},'trainrp');
net. trainParam. goal = 1e-5;
net. trainParam. show = 500;
net. trainParam. epochs = 5000;
net. trainParam. lr = 0. 05;
net. trainParam. showWindow = 1;
net. divideFcn = '';
net = train(net,inputn,output).
```

(3) 神经网络输入样本拓展定义

本书再生铅冶炼过程 BP 神经网络建模过程，假设本次输入样本服从正态分布，利用统计学数据处理基本原理，选取样本中均值 m 和标准差 σ，通过对输出的实际区间值进行 2σ 扩展，样本方差 2σ，即样本数据与期望值之间差的平方和则可按照如下公式核算：

$$m=(1/n)(a[1]+a[2]+\cdots+a[n]) \tag{10.1}$$

则有：

$$2\sigma=\{1/(n-1)[1/(n-1)]\{(a[1]-m)^2+(a[2]-m)^2+\cdots+(a[n]-m)^2\}\} \tag{10.2}$$

根据统计学 2sigma 原则对样本扩展后，可保障模型预测输出值范围为 $[\mu-2\sigma,\mu+2\sigma]$，预测实际输出值覆盖度可达 95.44%（见表 10.2）。

表 10.2 再生铅冶炼过程 BP 神经网络模型参数设置

模型变量	最大值	最小值	拓展最大值	拓展最小值
温度	1400	1100	1400	1100
焦炭配比	8.00	3.00	10.00	1.00
碳酸钠	6.00	1.00	8.00	0
铁粉	9.00	4.00	10.00	2.00

续表

模型变量	最大值	最小值	拓展最大值	拓展最小值
氧化钙	1.00	0.00	1.20	0.00
冶炼渣铅	24.63	3.31	24.63	0.00
冶炼渣硫	86.86	5.26	86.86	0.00
冶炼渣砷	19.8	10.22	20.10	8.70
冶炼渣镉	40.32	10.9	40.32	2.25
冶炼烟气铅	11.84	2.97	11.84	2.22
冶炼烟气硫	81.89	12.83	93.79	12.83
冶炼烟气砷	40.05	10.32	40.05	4.74
冶炼烟气镉	53.42	30.86	58.51	30.86

(4) 神经网络模型模拟输出值阈值定义

按照本书给出的再生铅冶炼过程 BP 神经网络模型的权值和阈值修正方法，同时为了保障 BP 神经网络模拟和预测过程输出阈值满足预测需求，本书依据统计学原理，假设样本输出取输出值的某一个维度值 y_j，则需要进一步比较以 2σ 拓展后模型模拟输出值与该维度的样本极小值 $\overline{y}_j$ 以及 0 的关系，因此定义预测输出函数约束条件为：

```
if y(j)<max(min(mu-2*sigma, y_j),0)
y(j) = max(min(mu-2*sigma, y_j),0);
end
if y(j)>max(mu+2*sigma, y_j)
y(j) = max(mu+2*sigma, y_j);
end.
```

本书针对再生铅冶炼过程生产要素优化的输出目标有 8 个维度，主要包括了冶炼烟气和冶炼渣中铅、砷、汞和镉四种元素各 4 个维度，所有维度的模型模拟输出结果阈值均可做如上定义。

(5) 训练样本和验证样本分类

本书第 4 章中再生铅冶炼过程污染物代谢迁移转化试验共有 168 组试验数据，本书将上述试验数据分为模型训练样本和模型模拟验证样本组共计 2 组，其中训练组数据共有 120 组数据，模型验证样本共有 48 组。

10.1.2 BP 神经网络模型结构

以再生铅冶炼过程冶炼烟气神经网络优化预测模拟建模为例，本次使用“5-25-15-4”网络结构，设置了 $F: x \rightarrow y$，$x \in R^I$，$y \in R^+ \cup \{0\}$，两个隐藏层（见图 10.1）。

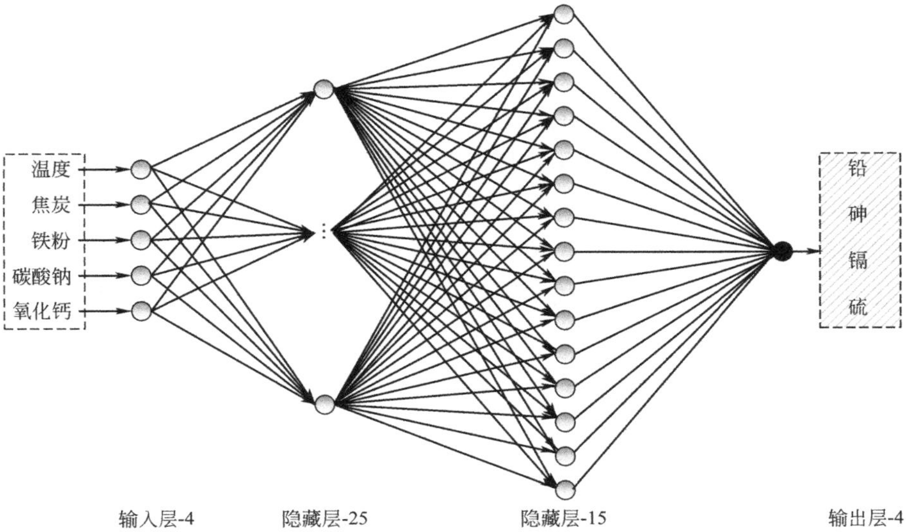

图 10.1 再生铅冶炼过程物质代谢协同优化的 BP 神经网络模型结构

假设 BP 神经网络输入样本：

$$x_i=(x_1^i,x_2^i,\cdots,x_p^i),i=1,\cdots,N,y_i=(y_1^i,y_2^i,\cdots,y_q^i),i=1,\cdots,N \tag{10.3}$$

对于第 i 个隐藏层的神经元，每个样本需要计算 $h_k^i(k=1,2,\cdots,Z_1)$ 的值，则有：

$$h_k^i=f(\sum_{s=1}^{p}w_{sk}^i x_s^i+\theta_k^1) \tag{10.4}$$

同样的再以 h_k^i 为输入，则有：

$$h_k^i=f(\sum_{s=1}^{Z_1}w_{sk}^i h_s^i+\theta_k^2),k=1,2,\cdots,Z_2 \tag{10.5}$$

以此类推最后得到输出层的函数值。

$$\hat{y}_j^i=f(\sum_{s=1}^{Z_l}w_{sk}^i h_s^i+\theta^l) \tag{10.6}$$

这里假设一共有 l 层，每层有 Z_l 个神经单元。在样本点 i 上的均方误差为

$$MSE^i=\frac{1}{2}\sum_{t=1}^{q}(y_j^i-\hat{y}_j^i)^2 \tag{10.7}$$

则累积误差为：

$$MSE=\sum_{i=1}^{N}MSE^i \tag{10.8}$$

$$h_k=f\left(\sum_{s=1}^{5}w_{sk}^1 x_s+\theta_k^1\right),k=1,2,\cdots,25 \tag{10.9}$$

$$g_i=f\left(\sum_{s=1}^{25}w_{si}^2 h_s+\theta_i^2\right),i=1,2,\cdots,15 \tag{10.10}$$

$$y_j = f(\sum_{s=1}^{4} w_{sj}^3 g_s + \theta_j^3), j = 1,2,3,4 \tag{10.11}$$

整个网络中需要确定的参数通过更新公式 $MSE=MSE+\Delta MSE$ 来确定，其中 ΔMSE 按照梯度下降策略进行更新。

为了保障再生铅冶炼过程污染物环境影响最小，则本次再生铅冶炼过程 BP 神经网络模型输出函数设置为，冶炼烟气或冶炼渣中铅、硫、砷和镉的质量含量之和最小，通过 BP 神经网络模型模拟和预测，分别求解冶炼烟气和冶炼渣输出函数最小解。因此，再生铅冶炼过程污染减排优化的 BP 神经网络模型用如下公式表达：

$$y=\min_x[I \cdot N(x)],\ 0 \leqslant x \leqslant 1 \tag{10.12}$$

式中 x——输入冶炼参数碳酸钠、铁粉、氧化钙、焦炭以及冶炼温度的 5×1 向量；

$N(x)$——输入样本训练得到的神经网络模型，输出结果 y 是冶炼烟气或冶炼渣中铅、硫、砷和镉的 4×1 向量；

I——1×4 的质量矩阵。

本次 BP 神经网络建模过程，由于拟合函数可能会产生多个局部极小值，因此本书采用随机撒点的方法进行初值的选择，对于初值采用等步长变化进行多次优化，然后从优化结果中选取模型模拟的最小值作为最优值。具体 METLAB 程序运行设计如下：

```
for i=1：20
x0=rand(1,5)；
x(i,:)=fmincon(@index,x0,[],[],[],[],[],[],@non,options)
Pb(i,:)=mapminmax('reverse',x(i,:)',inputps)；
y(i,:)=smoothfuc(x(i,:))；
S(i)=sum(y(i,:))；
end.
```

10.1.3 BP 网络模型精度优化

考虑到因 BP 神经网络的泛化能力不足，可能会导致模型模拟结果出现异常值，因此需要对神经网络的输出进行平滑化处理。BP 神经网络模型非平滑前的泛化精度定义为预测值中的奇异值（负数）占整个样本预测值的比重，本次模型泛化精度设定为<6%为可以接受范围，同时考虑本次试验数据精度，可选定神经网络学习的精度 10^{-3}～10^{-2} 为可接受范围。

基于上述因素本研究给出最优的神经网络模型：

```
test=rand(5,100)；
yy=sim(net,test)；
```

length(find(yy<0))/500 = 0.03　　% flue gas

length(find(yy<0))/500 = 0.05　　% slag

基于上述模型泛化精度优化，对再生铅冶炼过程生产工艺参数优化后 BP 神经网络预测模拟学习。模型训练结果显示，经过 METLAB 建模对输入样本训练，在迭代 5000 次后，BP 神经网络模型可模拟输出结果与预期结果之间的误差为 9.99×10^{-6}（见图 10.2）。

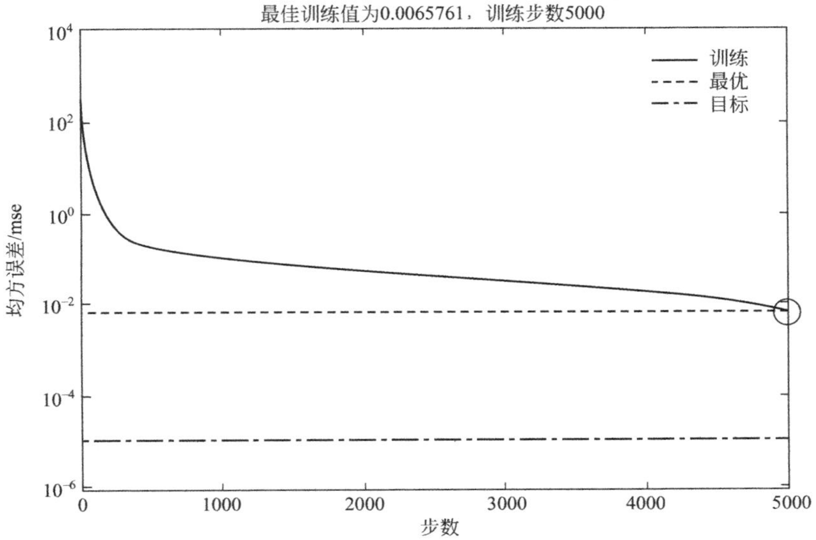

图 10.2　再生铅冶炼过程物质代谢协同优化 BP 神经网络模拟参数

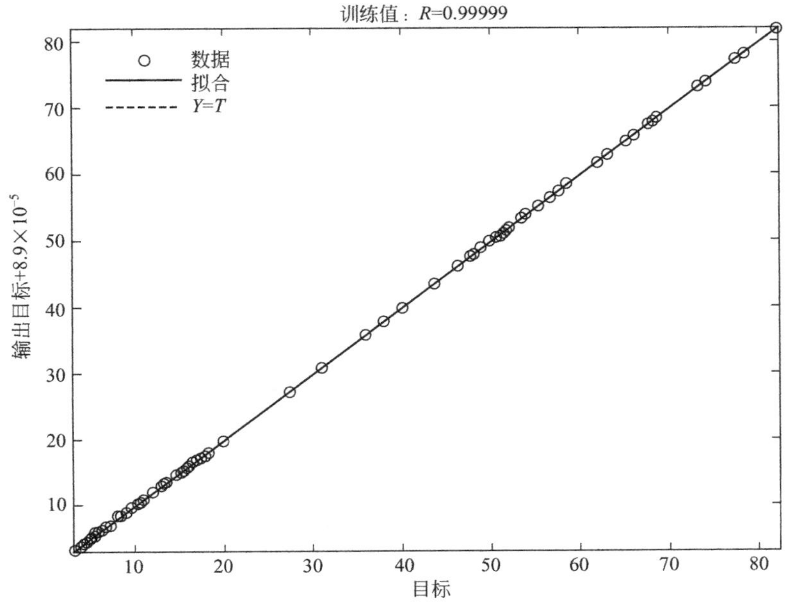

图 10.3　再生铅冶炼过程物质代谢协同优化 BP 神经网络模拟精度参数

模拟结果与预期结果之间的斜率达到了1，说明本次冶炼参数与冶炼烟气污染物产生量BP神经网络模型可用于冶炼过程冶炼烟气模拟和预测（见图10.3）。

10.2 资源代谢协同优化模拟

Levis等针对美国再生铅碱性冶炼工艺冶炼渣安全填埋问题，指出原料中硫元素是冶炼渣中各类硫化物根源，通过对不同除硫样品下冶炼渣XRD成分分析，定性分析了硫元素与冶炼渣活性的响应关系，但并未深入针对如何有效脱硫优化冶炼渣理化特征开展研究；Gabrield等基于碱性冶炼工艺技术原理，针对再生铅冶产生的冶炼渣中铅的高效回收问题，从再生铅碱性冶炼工艺原理角度，定性分析了（Fe∶Na）、（Fe∶S）以及焦炭使用量变化可影响冶炼过程化学反应，进而影响冶炼渣中铅的含量，实现冶炼渣中铅和硫含量降低，冶炼渣的毒性减小，指出焦炭和纯碱是影响冶炼渣性质的重要参数，而铁元素是影响冶炼渣产生量的重要因素，基于理论核算指出通过调整优化（Fe∶S），可实现冶炼渣产生量的15%～25%的降低，但是对冶炼过程污染物产排规律及其影响要素关注不多。由于国内外再生铅冶炼技术的差异性明显，国外相关研究成果无法有效指导中国再生铅冶炼技术污染防控优化。万斯等基于物质流核算完成了废铅膏预脱硫火法冶炼工艺和湿法冶炼工艺铅污染物的产排节点和产排量；万文玉等完成了矿产铅与废铅膏混合冶炼工艺冶炼烟气铅以及冶炼渣中铅的排放状况，但均不涉及冶炼过程污染物产生机理、冶炼参数对污染产排特征规律以及污染减排优化研究。

10.2.1 冶炼烟气废物流代谢协同优化

再生铅冶炼烟气物质代谢数值模拟和优化预测如表10.3所列。

表10.3 再生铅冶炼烟气物质代谢数值模拟和优化预测

模型优化目标	模拟最优条件 （T/℃，C%，Na_2CO_3%，Fe%，CaO%）	优化目标模拟最优值/% （硫、铅、砷、镉污染物排放量/g）
烟气中硫占比/%	1383.67/4.19/1.79/4.49/0.86	71.17 （2.42/0.98/5.44×10^{-3}/5.15×10^{-2}）
烟气中铅占比/%	1343.37/10/6.08/2.99/0.27	6.90 （8.62/0.64/6.28×10^{-3}/7.25×10^{-2}）
烟气中砷占比/%	1173.25/2.96/1.42/7.03/0.78	2.16×10^{-3} （6.35/0.68/1.52×10^{-3}/4.45×10^{-2}）

续表

模型优化目标	模拟最优条件 (T/℃,C%,Na_2CO_3%,Fe%,CaO%)	优化目标模拟最优值/% (硫、铅、砷、镉污染物排放量/g)
烟气中镉占比/%	1298.71/4.72/1.89/9.25/10.87	2.17×10^{-3} (8.15/4.68/2.82×10^{-3}/2.81×10^{-2})
烟气中污染物总量/g	1241.68/6.61/2.82/4.17/0.22	2.26 (1.62/0.64/7.28×10^{-3}/2.81×10^{-2})

由表10.3数据可知，本次模型模拟以产出100g铅为核算基准，单纯从控制冶炼烟气中铅的产生量来看，当冶炼温度达到1343.37℃，焦炭配比、碳酸钠配比、铁粉配比和氧化钙配比分别达到10%、6.08%、2.99%和0.27%时，则冶炼烟气中污染物铅排放量为0.064g/kg产品，占到冶炼烟气中污染物总量的6.90%，这基本上与《再生铜、铝、铅、锌工业污染物排放标准》(GB 31574—2015)中要求的铅污染物排放量负荷占比一致。但是，从再生铅冶炼过程BP神经网络模型模拟结果来看，在上述冶炼参数下，冶炼烟气中硫的产生量达到了8.62g/kg产品，按照二氧化硫折算则烟气中二氧化硫的污染物产生量则达到了17.24g/kg产品，目前再生铅冶炼烟气平均脱硫效率为85%，则在该冶炼参数组合下冶炼烟气中二氧化硫的排放负荷则达到了2.59g/kg产品，超出了GB 3157中二氧化硫污染物排放负荷1.50g/kg产品的要求，排污负荷超标倍数达到了1.72倍。

当BP神经网络模型单纯针对冶炼烟气中硫污染占比优化发现，当冶炼温度达到1383.67℃，焦炭配比、碳酸钠配比、铁粉配比以及氧化钙配比分别为4.19%、1.79%、4.49%和0.86%时，冶炼烟气中硫产污负荷占烟气污染物总量占比最小，达到71.17%，与行业污染物排放标准排放负荷占比93.16%相比，上述冶炼参数实现了冶炼烟气中硫污染物占比的大幅削减。但是，在此冶炼参数组合状况下，冶炼烟气中重金属镉超标1.55倍。

上述单因子减排的BP神经网络模型模拟结果显示，当冶炼过程生产工艺参数满足其中任何一种废物流代谢量最小目标时，则很难实现其他废物流代谢量最小化的协同优化，出现了冶炼参数与不同废物流代谢量优化的不协同甚至是负相关，这与冶炼过程废物流代谢规律试验结果数据基本一致，不同废物流对同一项冶炼参数变化的响应关系呈现正效应和负效应交叉。因此，本次再生铅冶炼过程物质代谢协同优化的BP神经网络模型，将以冶炼烟气中废物流代谢总量最小化为目标，开展冶炼温度、焦炭配比、碳酸钠配比、铁粉配比、氧化钙配比与冶炼烟气中硫、铅、砷、镉污染物代谢总量最小的系统协同优化模拟。

模型模拟结果显示，再生铅冶炼过程当冶炼温度达到1241.68℃，焦炭配比、碳酸钠配比、铁粉配比以及氧化钙配比分别达到6.61%、2.82%、4.17%以及0.22%时，每生产100g铅的冶炼过程产生的烟气中铅、硫、砷和镉的废物流代谢总量最小，达到 2.26g。在该工艺参数组合下，再生铅冶炼过程冶炼烟气污染物产生强度为 0.226g/kg 产品，其中铅、硫、砷和镉的废物流的产污强度分别为 0.064g/kg 产品、0.162g/kg 产品、0.0073g/kg 产品和 0.0028g/kg 产品。按照再生铅冶炼行业烟气重金属和二氧化硫平均去除效率 85%进行核算，本次基于 BP 神经网络优化后的冶炼烟气硫、铅、砷和镉的污染物排放强度，与行业污染物排放标准中排放限值要求相比，污染物排放强度分别下降了 78.4%、52%、72.63%以及 16%。由此可见，在末端治理工艺技术不变的前提下，再生铅冶炼过程生产工艺参数优化调整，可实现冶炼烟气中废物流代谢量的大幅削减。这也再次证明了再生铅冶炼过程清洁生产对行业废气及污染物防控和减排的重要性。

BP 神经网络模型模拟和预测数据显示，再生铅冶炼过程污染物在冶炼烟气中代谢迁移转化率随生产工艺参数变化呈波动式变化，以冶炼温度和焦炭配比变化为例，图 10.4 可以看出，随着冶炼温度和焦炭配比变化下，冶炼烟气中废物流代谢总量出现两个波峰，一个在冶炼温度 1100～1200℃之间和焦炭配比在 6.4%～10%之间，另一个波峰则出现在冶炼温度 1220～1340℃与焦炭配比在 1%～2.8%之间。由此可见，冶炼烟气中废物流代谢总量随着冶炼参数变化成波动式复杂变化。

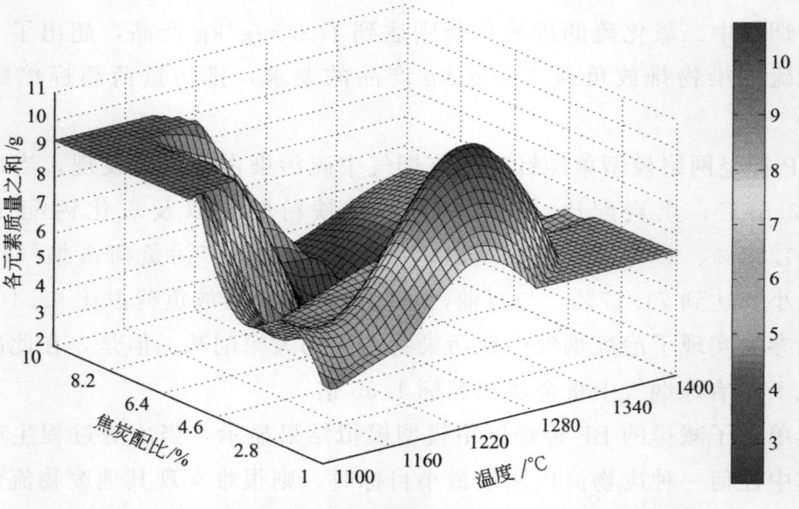

图 10.4 再生铅冶炼过程物质代谢协同优化 BP 神经网络模拟冶炼烟气物质代谢规律（见书后彩图 8）

10.2.2 固体废物流代谢协同优化

由表 10.4 数据可知，本次 BP 神经网络模型以产出 100g 铅为核算基准，模拟结果显示，当冶炼温度达到 1280.03℃，焦炭配比、碳酸钠配比、铁粉配比和氧化钙配比分别达到 3.97%、4.69%、6.66%和 0.90%时，冶炼过程代谢迁移转化进入冶炼渣中的硫、铅、砷和镉的废物流代谢总量最少，达到 2.67g，其中硫可能以 FeS、PbS 或者其他硫化物的形式进入冶炼渣，达到 2.40g。模型模拟数据显示，在上述冶炼参数组合情况下，废铅膏中的铅、砷和镉分别有 0.26%、42.46%和 89.47%以废物流的形式代谢迁移转化进入冶炼渣中。

表 10.4 再生铅冶炼过程冶炼渣中物质代谢总量优化模拟和预测

模型优化目标	模拟最优条件 (T℃,C%,Na_2CO_3%,Fe%,CaO%)	模型模拟最优值 (硫、铅、砷和镉)
渣中污染物总量/g	1280.03/3.97/4.69/6.66/0.90	2.67 (2.40/0.26/3.27×10^{-3}/8.59×10^{-2})
渣中铅占比/%	1399.90/1.00/0.00/7.46/0.14	0.36 (2.41/1.18/5.33×10^{-3}/3.54×10^{-2})
渣中硫占比/%	1192.62/3.51/2.43/6.36/0.45	0.014 (0.26/7.93/3.21×10^{-3}/3.50×10^{-2})
渣中砷占比/%	1266.80/5.53/1.09/7.50/0.57	1.60×10^{-3} (2.45/7.93/3.27×10^{-3}/9.07×10^{-2})
渣中镉占比/%	1185.62/8.94/5.36/6.76/0.72	4.30×10^{-3} (4.33/6.93/6.33×10^{-3}/6.59×10^{-2})

与冶炼烟气中废物流代谢迁移转化规律略有差异，各污染物在冶炼渣中废物流代谢总量受焦炭配比等因素影响相对较大。由图 10.5 可以看出，随着焦炭配比与废铅膏配比变化，在 1%～4.6%之间，冶炼渣中硫、铅、砷和镉废物流代谢总量变化幅度很小，基本维持在 2.67～6.26g 之间；当焦炭配比从 4.60%增长至 8.20%，冶炼渣中废物流代谢总量从 6.26g 增长至 15.96g，增长了 1.55 倍；当焦炭配比继续增加到 8.20%出现大幅上升，冶炼渣中硫、铅、砷和镉污染物含量达到不变的前提下，随着冶炼温度变化冶炼渣中废物流代谢总量达到 22.27g (见图 10.5)。

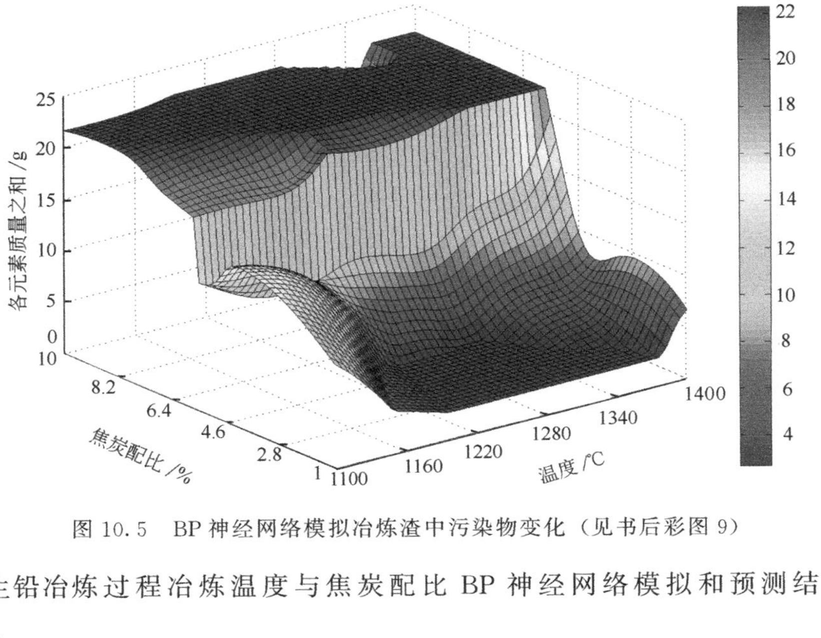

图 10.5 BP 神经网络模拟冶炼渣中污染物变化 (见书后彩图 9)

再生铅冶炼过程冶炼温度与焦炭配比 BP 神经网络模拟和预测结果详见表 10.5。

表 10.5 焦炭配比和温度参数变化下冶炼烟气中废物流代谢量数值模拟与优化预测

温度/℃ \ 焦炭配比/%	1.00	1.54	2.08	2.62	3.16	3.52	4.06	4.6	4.96	5.50	6.04	6.58	7.66	8.02	8.56	9.10	9.64	10.00
1100	4.76	5.89	6.39	6.26	5.85	5.68	6.02	7.12	8.38	9.26	9.26	9.26	9.26	9.26	9.26	9.26	9.26	9.26
1124	4.76	5.26	5.86	5.78	5.35	5.10	5.12	5.84	6.82	8.73	9.26	9.26	9.26	9.26	9.26	9.26	9.26	9.26
1142	5.06	5.29	5.88	5.72	5.11	4.80	4.72	4.70	5.32	7.70	9.26	9.26	9.26	9.26	9.26	9.26	9.26	9.26
1160	5.32	5.80	6.36	6.10	5.23	4.93	4.85	4.76	4.54	6.55	8.65	8.82	9.02	8.90	8.94	9.26	9.26	9.26
1184	6.19	6.90	7.49	7.26	6.10	5.10	4.93	5.07	4.90	4.93	6.53	7.06	7.44	7.46	8.06	9.26	9.26	9.26
1202	7.06	7.77	8.42	8.33	7.15	5.94	4.98	5.15	5.13	3.71	4.79	5.58	6.14	6.31	7.49	9.12	8.71	7.98
1220	7.67	8.50	9.27	9.38	8.31	6.99	5.18	5.23	5.36	4.00	2.97	4.02	5.02	5.40	7.04	7.64	6.76	6.25
1238	7.78	8.89	9.85	10.21	9.38	7.92	5.26	5.27	5.53	4.38	2.80	2.41	4.27	4.97	6.25	5.77	4.94	4.65
1262	7.13	8.64	9.93	10.67	10.14	6.55	5.36	5.29	5.65	4.96	3.70	2.89	3.89	4.50	4.34	3.49	3.11	3.17
1280	6.31	7.90	9.45	10.42	9.10	6.02	5.45	5.32	5.68	5.31	4.45	3.56	3.65	3.79	3.04	3.23	3.29	3.28
1298	6.31	6.86	8.52	9.64	6.31	6.12	5.55	5.38	5.69	5.52	5.04	4.21	3.36	3.44	3.55	3.59	3.52	3.45
1322	6.31	6.31	6.70	6.48	6.31	6.22	5.65	5.50	5.71	5.64	5.55	4.93	4.22	4.29	4.33	4.17	3.98	3.83
1340	6.31	6.31	6.31	6.31	6.31	6.28	5.72	5.60	5.74	5.65	5.80	5.42	4.79	4.80	4.76	4.62	4.36	4.19
1358	6.31	6.31	6.31	6.31	6.31	6.31	5.79	5.72	5.78	5.62	5.94	5.82	5.23	5.17	5.07	4.93	4.74	4.58
1376	6.31	6.31	6.30	6.31	6.31	6.31	5.90	5.86	5.82	5.59	5.99	6.10	5.54	5.43	5.30	5.16	4.99	4.86
1382	6.31	6.31	6.30	6.31	6.31	6.31	5.94	5.91	5.84	5.58	6.00	6.16	5.62	5.50	5.36	5.23	5.06	4.94
1388	6.31	6.31	6.30	6.31	6.31	6.31	5.99	5.97	5.85	5.57	6.01	6.21	5.69	5.56	5.42	5.28	5.13	5.01
1394	6.31	6.31	6.30	6.31	6.31	6.31	6.04	6.02	5.87	5.57	6.01	6.24	5.75	5.61	5.47	5.34	5.19	5.08
1400	6.31	6.31	6.30	6.31	6.31	6.31	6.10	6.08	5.89	5.57	6.02	6.27	5.80	5.66	5.51	5.38	5.25	5.14

10.2.3 协同优化影响因素敏感性分析

BP神经网络模型发展至今，输入参数对输出值敏感性分析是其重要组成部分，陆续提出了各类敏感性分析方法（见表10.6）。本书选取了Tchaban方法并对其进行修正，开展再生铅冶炼过程生产参数对污染物代谢迁移转化敏感性分析研究。

表10.6 BP神经网络输入参数对输出值敏感性分析方法

序号	方法类型	特点
1	Garson连接权值算法	连接权重数值负值会弱化敏感性分析
2	Tchaban的权积法(weight product)	可能会出现负值影响分析结果
3	Dimopopnlos敏感性分析法	简单快捷,但存在高估问题
4	Ruck敏感性分析方法	可能高估输入值对输出值敏感性分析
5	径向基网络敏感性分析法	可能存在高估输入变量对输出敏感性

本书构建了“5-25-15-4”的再生铅冶炼过程BP神经网络，在对其生产工艺参数输入值对污染物代谢迁移转化输出值的敏感性分析时，采用了Tchaban权积法基本原理并对其进行修正优化。

假设第i个输入神经元对第j个隐层神经元的影响为$x_i w_{ij}/o_j$，其中o_j表示隐层神经元j的输出值，第j个隐层神经元对第k个输出神经元的影响为$o_i w_{ij}/o_j$，其中如果$o_k = y_k$表示神经元j的输出值，输入变量x_i对输出变量y_k的敏感性如下：

$$
\begin{aligned}
\frac{\partial y_k}{\partial x_i} &= \sum_{m=1}^{25} \frac{x_i}{o_m} u_{im} \sum_{n=1}^{15} \frac{o_m}{o_n} v_{mn} \cdot \frac{o_n}{y_k} w_{nk} \\
&= \sum_{m=1}^{25} \frac{x_i}{o_m} u_{im} \sum_{n=1}^{15} \frac{o_m}{y_k} v_{mn} w_{nk} \\
&= \sum_{m=1}^{25} \frac{x_i}{y_k} u_{im} \sum_{n=1}^{15} v_{mn} w_{nk} \\
&= \frac{x_i}{y_k} \sum_{m=1}^{25} \sum_{n=1}^{15} u_{im} v_{mn} w_{nk} \\
&= \frac{x_i}{y_k} (U_{i\times m} V_{m\times n} W_{n\times k})_{ik}
\end{aligned}
\tag{10.13}
$$

为了防止Tchaban权积值出现负值，本书借鉴Garson等敏感性分析方法，将权积值矩阵取绝对值，这样可有效分析BP神经网络输入值对输出值的敏感性。

表10.7分析结果显示，再生铅冶炼过程对铅代谢迁移转化进入冶炼烟气中

敏感性依次是冶炼温度＞焦炭＞铁粉＞碳酸钠＞氧化钙，对硫影响因素依次是碳酸钠＞冶炼温度＞铁粉＞焦炭＞氧化钙，对砷影响因素依次是铁粉＞碳酸钠＞冶炼温度＞焦炭＞氧化钙，对镉影响因素依次是冶炼温度＞铁粉＞碳酸钠＞焦炭＞氧化钙。

表 10.7　冶炼参数对冶炼烟气减排的神经网络权积值

冶炼参数	铅	硫	砷	镉
碳酸钠	0.80	0.92	1.02	0.95
铁粉	0.90	0.90	1.15	0.99
氧化钙	0.33	0.35	0.82	0.41
焦炭	0.93	0.85	0.92	0.81
冶炼温度	1.05	0.91	0.95	1.17

10.3 资源和能源代谢协同优化

10.3.1 资源和能源代谢协同优化模型

10.3.1.1 协同优化模型构建

本次研究再生铅冶炼过程资源能源协同代谢核算数据来源于：

① 清洁生产子系统能耗数据即为产品制造过程能耗数据，包括了破碎分选、粗铅冶炼、精铅冶炼、精铅电解、板栅熔炼以及合金铸锭 6 个生产工序的能耗数据统计；资源代谢效率主要是指精铅产品产出率，该数据主要来自企业的原料消耗量与产品产出量生产台账记录，在保障企业产量、工艺、技术装备等基本稳定前提下，本次采用了监测期间企业全年台账记录，数据处理按照企业台账月度均值处理。

② 末端治理子系统主要是烟气除尘能耗，本次研究物质流代谢只涉及含重金属烟气除尘能源消耗，因此该子系统代谢效率数据取企业的烟尘去除效率，调研数据与清洁生产子系统时间周期同步，取企业全年除尘能耗台账数据，数据处理按照企业台账月度均值处理。

通过对监测期间再生铅冶炼过程能耗数据及铅总产出率的统计，运用最小二乘法拟合出清洁生产系统子系统资源代谢映射函数 K_1 与能耗 E_1 的函数关系。

再生铅冶炼过程清洁生产子系统资源代谢映射函数-能耗函数如图 10.6 所示。从图 10.6 可以看出，冶炼过程清洁生产子系统铅的资源利用效率 K_1 在 0.90～0.98 之间波动，而清洁生产子系统能源消耗 E_1 则维持在 0.201～0.295tce/t 铅之间波动（tce 为吨标准煤当量，下同）。从二者拟合函数关系来看，清洁生产子系统资源代谢映射函数 K_1 与能耗 E_1 呈二次幂函数响应关系，其 R^2 值为 0.9336，可认为该函数基本可代表冶炼过程清洁生产子系统资源代谢效率与能耗的变化响应关系。

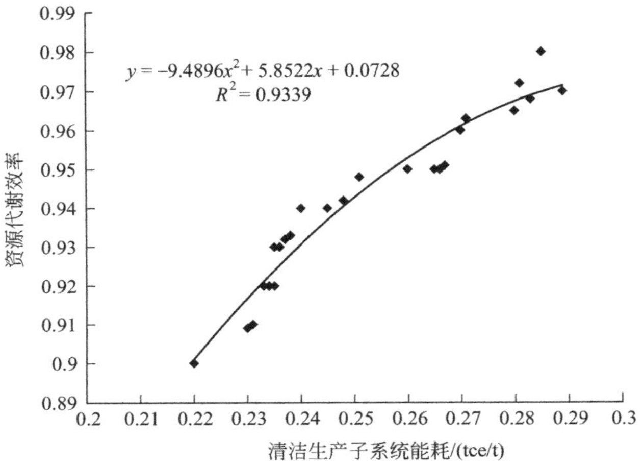

图 10.6　再生铅冶炼过程清洁生产子系统资源代谢映射函数-能耗函数

再生铅冶炼过程末端治理子系统除尘效率映射函数-能耗函数如图 10.7 所示。从图 10.7 可以看出，冶炼过程末端治理子系统除尘效率与能耗基本呈二次幂函数关系，R^2 值为 0.9449，认为该拟合函数可代表冶炼过程的末端治理除尘效率 K_2 与末端治理子系统能耗 E_2 的响应关系。

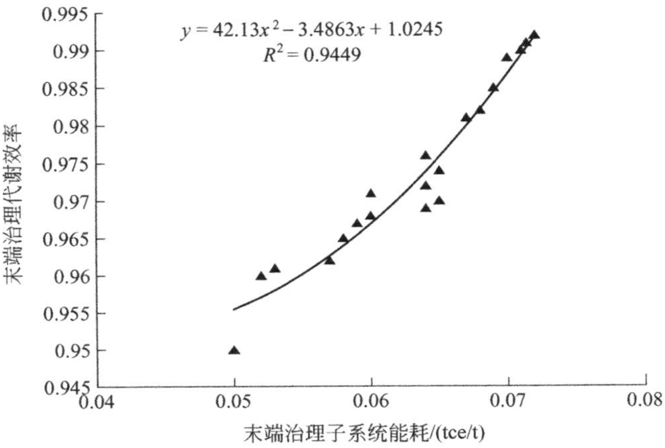

图 10.7　再生铅冶炼过程末端治理子系统除尘效率映射函数-能耗函数

因此，可构建再生铅冶炼过程清洁生产子系统资源代谢效率-能源消耗数据矩阵，如式(10.14) 和式(10.15) 所示：

$$K_1^{\sigma}=(K_1^1 \quad K_1^2 \quad \cdots\cdots \quad K_1^{\Psi-1} \quad K_1^{\Psi})^T$$
$$=(0.900,0.915,0.926,\cdots,0.980)^T \tag{10.14}$$

$$f_1^{\sigma}=(f_1^1 \quad f_1^2 \quad \cdots\cdots \quad f_1^{\Psi-1} \quad f_1^{\Psi})^T$$
$$=(0.220,0.235,\cdots,0.278,0.290)^T \tag{10.15}$$

基于本书给出的再生铅冶炼过程资源能源协同代谢关系函数，$f_1(K_1)=-42.67K_1^{3.18}/(1-K_1^{3.18})$，结合上述数据矩阵，运用 SPSS 统计软件求解可得：$a_1=-42.67$，$b_1=3.18$，因此可知冶炼过程清洁生产子系统的资源代谢效率-能源消耗函数为 $f_1(K_1)=-42.67K_1^{3.18}/(1-K_1^{3.18})$。

再生铅冶炼过程末端治理子系统资源代谢效率-能源消耗矩阵如式(10.16) 和式(10.17) 所示：

$$K_2^{\sigma}=(K_2^1 \quad K_2^2 \quad \cdots \quad K_2^{\Psi-1} \quad K_2^{\Psi})^T$$
$$=(0.940,0.951,0.966,\cdots,0.992)^T \tag{10.16}$$

$$f_2^{\sigma}=(f_2^1 \quad f_2^2 \quad \cdots \quad f_2^{\Psi-1} \quad f_2^{\Psi})^T$$
$$=(0.050,0.055,\cdots,0.070,0.0714)^T \tag{10.17}$$

基于再生铅冶炼过程资源代谢-能源消耗的协同控制关系函数 $f_2(K_2)=a_2K_2^{b_2}/(1-K_2^{b_2})$，运用SPASS统计软件对末端治理子系统的除尘效率-能源消耗函数求解可得：$a_2=6.89$，$b_2=12.13$，因此冶炼过程清洁生产子系统的资源代谢效率-能源消耗函数为 $f_2(K_2)=6.89K_2^{12.13}/(1-K_2^{12.13})$。

10.3.1.2 资源-能源协同优化模型验证

为实现再生铅冶炼过程资源代谢-能源代谢协同优化，本书将再生铅冶炼行业铅资源代谢废物流排放达标以及能源流满足国家政策要求作为模型约束条件，其中能源流采用国家标准委发布再生铅产品能耗限额，取值为 0.280tce/t 铅；为再生铅冶炼铅资源综合利用效率，本次采用《再生铅行业规范条件（2016）》中铅综合利用效率 98%的要求。通过将 E_1和 ξ 引入模型对模型求解进行约束，可构建满足再生铅冶炼资源代谢-能源消耗协同优化模型的模拟优化结果。

根据再生铅冶炼过程清洁生产与末端治理协同控制机理分析，在满足再生铅冶炼行业资源利用效率 98%的前提下，将式(10.18) 两边同时除以 M_0可得出：

$$\frac{M_3}{M_0}=(1-K_1)(1-K_2) \tag{10.18}$$

令 $W_{ept1}=\frac{M_3}{M_0}$，W_{ept1}代表再生铅冶炼过程单位原料的一次污染物的排放量，若满足铅资源综合回收利用率 98%，则按照物质守恒定律可得出：

$$1-W_{ept1}=1-(1-K_1)(1-K_2)\geqslant 0.98 \tag{10.19}$$

$$K_1+K_2-K_1K_2\geqslant 0.98 \tag{10.20}$$

因此，再生铅冶炼过程资源代谢效率-能源消耗模型可构建为：

$$MinE_S=Min[a_1K_1^{b_1-1}/(1-K_1^{b_1})+a_2K_2^{b_2}(1-K_1)/K_1]$$

$$s.t$$

$$\begin{cases}K_1+K_2-K_1K_2\geqslant 0.98\\ a_1K_1^{b_1-1}/(1-K_1^{b_1})\leqslant 0.280\\ 0\leqslant K_1\leqslant 1\\ 0\leqslant K_2\leqslant 1\end{cases} \tag{10.21}$$

运用计算机语言 MATLAB 对上述再生铅冶炼过程资源代谢效率-能源消耗模型进行编程，程序运行结果显示，满足模型约束条件下的废铅膏预脱硫工艺的系统能耗取值为红色曲线（$K_1+K_2-K_1K_2\geqslant 0.98$ 对应曲线）之上所有区域。模型模拟结果显示，冶炼过程能耗最小值为图中 A 点所示，达到 0.2198tce/t 铅。该值接近行业能耗限额先进企业能耗值 0.2200tce/t 铅。此时冶炼过程的清洁生产子系统资源利用效率为 0.9628，末端治理子系统除尘效率为 0.9820（见图 10.8）。

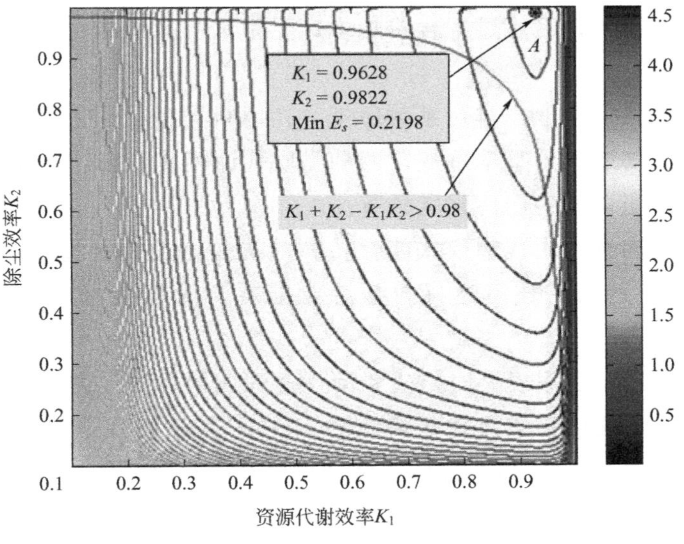

图 10.8　再生铅冶炼过程物质代谢效率-能源消耗协同控制模型模拟（见书后彩图 10）

为了有效验证模型，将监测期间的铅循环利用效率和末端治理措施除尘器运行效率进行模型模拟核算，然后将核算结果与监测期间企业实际能耗进行比对分析。分析结果发现，本次构建的协同控制模型与企业实际能耗误差在－1.49%～2.02%之间波动（见表 10.8），基本可表征冶炼过程不同物质代谢效率组合模式下，冶炼过程资源代谢效率与能耗的响应关系。

表 10.8 模型模拟结果与冶炼过程实际能耗对比分析

监测日期(月.日)	11.10	11.11	11.12	11.13
清洁生产子系统物质代谢效率 K_1	0.9367	0.9733	0.9437	0.9714
末端治理子系统物质代谢效率 K_2	0.9987	0.9800	0.9989	0.9960
冶炼过程实际能耗 E/(tce/t 铅)	0.2650	0.2835	0.2680	0.2940
模型模拟值 E/(tce/t 铅)	0.2610	0.2778	0.2720	0.2881
误差值/%	1.51	2.02	−1.49	2.01

10.3.2 资源和能源代谢协同优化

本章再生铅冶炼系统能耗主要包括两部分，即清洁生产子系统的精铅冶炼生产能耗和含铅烟尘治理的末端除尘能耗。冶炼过程清洁生产子系统的铅资源代谢效率 K_1 可参考模型参数筛选结果，末端治理子系统的除尘效率 K_2 则取决于清洁生产子系统产生的含铅烟尘量。因此，为规范统一且各物质代谢模式分析具有可比性，本书做出如下假设。

① 假设 1：再生铅冶炼过程含铅烟尘产生量只与系统原材料输入量有关，且二者呈线性相关。

② 假设 2：依照工业产排污系数原理，在原料类型、工艺技术、产品确定情况下，系统污染物产生量基本不变，四种物质代谢模式污染物产生量按无任何物质流优化措施代谢模式的产污强度核算。

③ 假设 3：四种物质代谢模式能耗核算前提是必须满足行业污染排放标准，对于 NONE 模式则只需核算达标排放除尘能耗，而不考虑对资源代谢效率的影响。

基于上述假设，运用模型对再生铅冶炼过程四种物质代谢模式的系统能耗进行模拟评估。在无任何物质流优化措施的 NONE 代谢模式下，清洁生产子系统铅资源利用效率 K_1 为 0.9367，根据铅代谢物质流分析结果，该模式下再生铅冶炼过程产生烟尘含铅量为 16.369kg。按照本书提出的假设条件 3，所有物质代谢模式能耗均按照烟尘达标排放要求模型模拟，则冶炼过程在 NONE 物质代谢模式下，烟气除尘效率 K_2 值应达到 0.9999。将上述参数代入模型模拟，结果显示：在 NONE 物质代谢模式烟尘重金属铅达标排放时，冶炼过程系统能耗达到了 0.3220tce/t 铅，即图 10.9 中 B 点所示。与模型模拟最小能耗值比较，再生铅冶炼过程 NONE 物质代谢模式能耗高出最小能耗 46.36%（见图 10.9）。

基于再生铅冶炼过程末端治理 EPT 物质代谢模式，系统铅资源输入量从 1067.551kg 下降到 1051.269kg。因此，按本章研究假设前提，末端治理 EPT 代

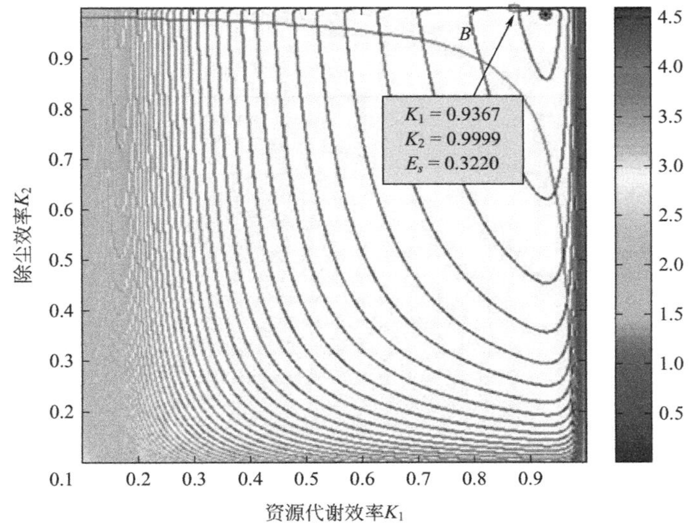

图 10.9　再生铅冶炼过程无物质流优化
措施代谢模式的系统能耗（见书后彩图 11）

谢模式下产生烟尘含铅量为 16.119kg。按污染达标排放核算则末端治理子系统除尘效率 K_2 要达到 0.9950，模拟系统能耗为 0.2950tec/t 铅，高出系统最小能耗 34.21%（见图 10.10）。

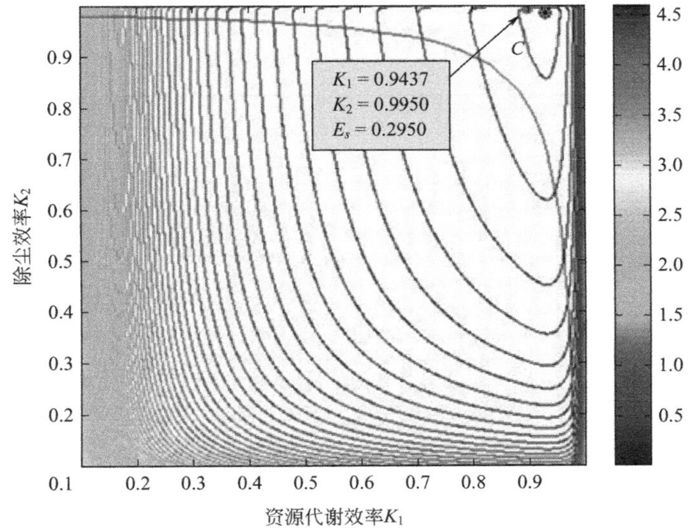

图 10.10　再生铅冶炼过程末端治理物质
代谢模式下的系统能耗（见书后彩图 12）

同理，基于再生铅冶炼过程清洁生产的 CP 物质代谢模式，通过代谢过程回用流节点优化配置，实现了系统输入端铅资源输入量从 1067.551kg 下降到

1024.808kg，模型模拟该模式下系统能耗为 0.2720tec/t 铅，高出系统最小能耗 23.63%（见图 10.11）。

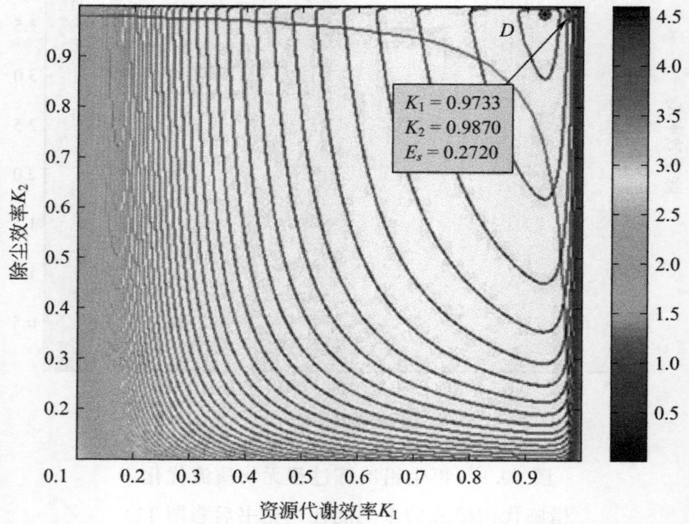

图 10.11 再生铅冶炼过程清洁生产物质代谢模式下的系统能耗（见书后彩图 13）

基于清洁生产与末端治理协同物质代谢，实现系统输入端物质输入量 5.53%的削减，该模式下冶炼过程系统总能耗最小，为 0.2604tec/t 铅（见图 10.12）。

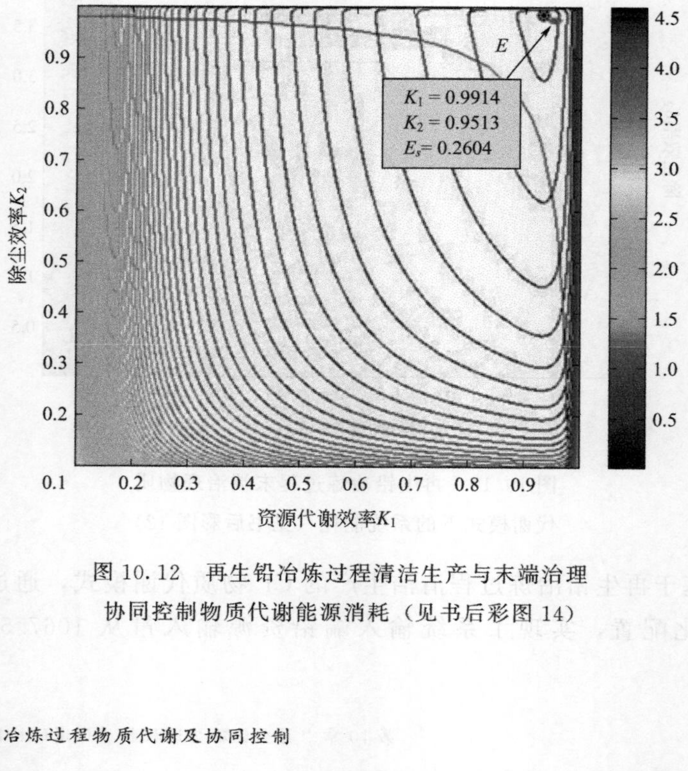

图 10.12 再生铅冶炼过程清洁生产与末端治理协同控制物质代谢能源消耗（见书后彩图 14）

从上述模型分析结果来看，在满足行业准入条件铅资源综合回收率、行业单位产品能耗限额以及外排烟尘中铅达标排放前提下，再生铅冶炼过程四种物质代谢模式系统能耗从高到低依次是模式 NONE＞模式 EPT＞模式 CP＞模式 CP&EPT；其中无物质流优化措施和末端治理两种代谢模式的系统能耗均超过了行业能耗限额要求，分别超出了 15.00％和 5.37％，而清洁生产和协同控制物质代谢模式则满足行业能耗限额要求，分别降低了 2.96％和 7.00％。与模型模拟的代谢效率最佳组合下系统最小能耗相比，四种物质代谢模式均存在能源浪费现象，分别高出了 46.36％、34.09％、23.63％和 18.36％。

从物质代谢分析来看，清洁生产与末端治理协同控制代谢模式实现了再生铅冶炼过程系统输入端消耗量 5.53％的削减，按照物质守恒系统产品产出确定的前提下，冶炼过程废物输出流 83.09％的大幅减排，因此这是促使该物质代谢模式下系统能耗降低的主要原因。但是，与该工艺清洁生产与末端治理协同控制最小能耗相比，物质代谢效率下的系统能耗仍高出了 18.31％，说明企业现有的资源代谢效率组合不合理仍有节能改善空间。究其原因，主要有两个方面：一是再生铅冶炼行业管理模式相对粗放，目前企业资源利用更多追求铅回收效率最优，在满足行业能耗限额的情况下，由于缺少科学评估方法，而无法有效识别和评估资源代谢与能源消耗协同控制优化关系，造成了能源浪费；二是从现有的产业政策来看，可能存在政策之间的不协调，主要是行业准入政策系统边界确定为冶炼过程清洁生产子系统，系统目标关注铅资源的高效回收，而忽略了铅在清洁生产与末端治理不同子系统代谢路径能耗差异以及代谢种类和节点优化对系统资源代谢量的影响，因此再生铅冶炼过程资源代谢效率与能源消耗应开展协同控制研究。

参考文献

[1] 徐传华．铅在现代工业中的应用［J］．矿冶，1995(03)：127-130.

[2] 何孝洪．铅污染研究的新进展［J］．环境科学动态，1987(10)：26.

[3] 曹国庆．我国废铅蓄电池产生量与再生铅产能的讨论［J］．再生资源与循环经济，2014，(04)：34-38.

[4] 黄维，连兵，常沁春，等．某铅冶炼厂周围环境铅污染调查［J］．环境健康杂志，2007，24(04)：234-237.

[5] 叶竹荣，曾玉梅．徽县铅锌冶炼厂周围土壤中铅污染纵向分布研究［J］．科技信息，2009(06)：419-420.

[6] 郭朝晖，朱永官．典型矿冶周边地区土壤重金属污染及有效性含量［J］．生态环境，2004，13(4)：553-555.

[7] 周娟．中国铅锌工业布局评价体系研究［D］．合肥：合肥工业大学，2012.

[8] 王影，马敏，陆轶峰．云南地区矿山废水中铅污染现状调查分析［C］．2013 中国环境科学学会学术年会，中国云南昆明，2013.

[9] 顾佳妮，张新元，韩九曦，等．全球铅矿资源形势及中国铅资源发展［J］．中国矿业，2017，26(02)：16-20，44.

[10] 刘睿．废铅酸电池回收利用标杆管理国际交流会［J］．世界有色金属，2013(04)：33.

[11] Nakamura O，Higuchi S，Okazaki S，et al. Takahashi S：Fundamental studies of utility requirement for secondary batteries—lead-acid batteries［J］．Journal of Power Sources 1986，17(3)：295-301.

[12] 张新华，田珺，陈华，等．铅蓄电池行业重金属污染问题及防治对策［J］．污染防治技术，2013，26(03)：33-35，47.

[13] 马永刚．中国废铅酸电池回收和再生铅生产［J］．电源技术，2000，24(03)：165-168，184.

[14] SUBRAMANIAN V R. Impact of Basel convention on secondary-lead industry in economies in transition［J］．Journal of Power Sources，1997，67(2)：237-242.

[15] 陈亚州，汤伟，吴艳新，等．国内外再生铅技术的现状及发展趋势［J］．中国有色冶金，2017，46(03)：17-22.

[16] 曹异生．国际铅工业进展及前景展望［J］．中国金属通报，2008(43)：34-37.

[17] 靖丽丽．国内外废铅酸蓄电池回收利用技术与污染防治［J］．蓄电池，2012，49(01)：38-40，47.

[18] 李思航．我国废铅酸蓄电池的回收处理现状研究［J］．广东化工，2017，44(16)：165，142.

[19] 李艳萍，乔琦，陈伟．再生有色金属行业污染防治技术与案例［M］．北京：化学工业出版社，2015.

[20] Tian X，WU Y F，HOU P，et al. Environmental impact and economic assessment of secondary lead production：Comparison of main spent lead-acid battery recycling processes in China［J］．Journal of Cleaner Production，2017(144)：142-148.

[21] 邱定蕃，王成彦，江培海．中国再生有色金属工业的现状及发展趋势［J］．有色金属．2001(02)：35-38.

[22] 张劲松．废铅酸蓄电池回收处置与再生铅的生产［J］．安徽化工，2009，35(04)：63-65.

[23] 梁静，毛建素．中国铅元素的人为迁移与转变（英文）［J］．Transactions of Nonferrous Metals Society of China，2015，25(04)：1262-1270.

[24] 马兰，毛建素．中国铅流变化的定量分析［J］．环境科学，2014，35(07)：2829-2833.

[25] 曾润，毛建素．我国耗散型铅使用的变化及趋势分析［J］．环境科学与技术，2010，33(02)：192-195.

[26] 马兰，毛建素．中国铅流改变原因分析［J］．环境科学，2014，35(08)：3219-3224.

[27] 刘巍．中国铅酸蓄电池行业清洁生产和铅元素流研究［D］．北京：清华大学，2016.

[28] 王艳，程轲，易鹏，等．中国工业过程大气铅排放特征 [J]. 环境科学学报，2016，36(05)：1589-1594.

[29] Stigliani W，Doelman P，Salomonos W，et al. Chemical time bombs-predicting the unpredictable [J]. Environment，1991(33)：4-30.

[30] 李旻明，颜崇淮．铅中毒对儿童神经心理发育的影响 [J]. 中国妇幼保健，2018，33(24)：6073-6077.

[31] Gardener H，Bowen J，Callan S P. Lead and cadmium contamination in a large sample of United States infant formulas and baby foods [J]. Science of the Total Environment，2019，651(1)：822-827.

[32] 葛佳．铅污染场地的人类健康风险评估及应用实例 [J]. 上海国土资源，2018，39(04)：35-38.

[33] Turner A. Lead pollution of coastal sediments by ceramic waste [J]. Marine Pollution Bulletin，2019(138)：171-176.

[34] Lynch S F L，Battyl C，Byrne P. Environmental risk of severely Pb-contaminated riverbank sediment as a consequence of hydrometeorological perturbation [J]. Science of the Total Environment，2018(636)：1428-1441.

[35] 楼蔓藤，秦俊法，李增禧，等．中国铅污染的调查研究 [J]. 广东微量元素科学，2012，19(10)：15-34.

[36] 李军，孙春宝，李云，等．我国大气铅浓度水平与污染源排放特征 [J]. 化工环保，2009，29(04)：376-380.

[37] 李娟娟，蔡卓，梁信源，等．铅污染对积雪草生理特性的影响 [J]. 黑龙江科学，2018，9(20)：11-13，16.

[38] Nakamura O，Higuchi S，Okazaki S，et al. Fundamental studies of utility requirement for secondary batteries—lead-acid batteries [J]. Journal of Power Sources 1986，17(1-3)：295-301.

[39] 聂静，段小丽，王红梅，等．儿童铅暴露健康风险防范对策国内外概况 [J]. 环境与可持续发展，2013，38(05)：60-63.

[40] 曹俊．铅污染土壤中铅的形态分析及稳定化处理工艺研究 [D]. 重庆：重庆大学，2016.

[41] 罗小锋，张玉玲．儿童血铅水平及其暴露因素调查 [J]. 医疗装备，2018，31(13)：49-50.

[42] 刘爱华，李涛，张帅明，等．中国 18 城市儿童血铅水平及影响因素现况调查 [J]. 中国妇幼健康研究，2018，29(05)：539-542.

[43] 吴钧芳，薄丹丹，江鹏，等．铅冶炼企业周边 0～15 岁儿童血铅水平调查 [J]. 环境与健康杂志，2018，35(03)：221-224.

[44] 程菁靓，赵龙，杨彦，等．我国长江中下游水稻产区铅污染分区划分方法研究 [J]. 农业环境科学学报，2019，38(01)：70-78.

[45] 姜楠，王鹤立，廉新颖．地下水铅污染修复技术应用与研究进展 [J]. 环境科学与技术，2008(02)：56-60.

[46] 黄杰周．食品中重金属铅污染状况及检测技术分析 [J]. 微量元素与健康研究，2017，34(04)：54-55.

[47] 曹秀珍，曾婧．我国食品中铅污染状况及其危害 [J]. 公共卫生与预防医学，2014，25(06)：77-79.

[48] 我国再生铅 2/3 企业将遭淘汰 [J]. 中国有色冶金，2011，40(05)：8.

[49] 黄崑成．再生铅熔炼炉节能减排改造试验研究 [D]. 合肥：合肥工业大学，2012.

[50] 杨建新，王如松．产业生态学基本理论探讨 [J]. 城市环境与城市生态，1998(02)：56-60.

[51] 齐守智．从美、德、日 3 国铅工业的特点看我国发展循环经济的重要性 [J]. 再生资源与循环经济，2009，2(08)：39-44.

[52] 肖雪葵．美国再生铅产业发展研究 [J]. 企业技术开发，2012，31(12)：18-20.

[53] 陶在朴．生态包袱与生态足迹：可持续发展的重量及面积观念 [M]. 北京：经济科学出版社，2003：

16-20.
[54] Abel W. The metabolism of cities [J]. Scientific American, 1965, 213(3): 179-190.
[55] Ayers R U, KNEESE A V. Production, consumption and externalities [J]. American Economic Review, 1969(59): 282-297.
[56] Frosch R A, Gallopoulos N E. Strategies for manufacturing [J]. Scientific American, 1989, 261(3): 94.
[57] Loebenstein J R. The Materials Flow of Arsenic in the United States, Bureau of Mines Information Circular, 1994 [EB/OL]. http: //www. greenwood. cr. usgs. gov/pub/ .
[58] Tjahjadi B, Scafer D, Radermacher W, et al. Material and energy flow accounting in Germany: Data base for applying the national accounting matrix including environmental accounts concept [J]. Structural Change and Economic Dynamics, 1999(10): 73-97.
[59] Adriaanse A, Brungezu S, Hammond A, et al. Resource Flows: The material Basis of Industrial Economics [M]. Washington D C: World Resources Institute, 1997.
[60] 王如松，杨建新．产业生态学和生态产业转型 [J]. 世界科技研究与发展，2000(05)：24-32.
[61] 段宁．物质代谢与循环经济 [J]. 中国环境科学，2005，25(3)：320-323.
[62] Fischer K, Ski M. Society' s metabolism: the intellectual history of materials flow analysis, part I, 1860-1970 [J]. Journal of Industrial Econology, 1998, 21(1): 61-78.
[63] Graedel T E, Bertram M, Kapur A, et al. Exploratory data analysis of the multilevel anthropogenic cooper recycle [J]. Environmental Science& Technology, 2004(38): 1253-1261.
[64] Takahashi K I, Terakado R, Nakamura J, et al. In-use stock analysis using satellite nighttime light observation date [J]. Resource, Conservation and Recycling, 2001(55): 196-200.
[65] Bringezu S, Schutz H, Steger S, et al. International comparison of resource use and its relation to economic growth. The development of total material requirement, direct material inputs and hidden flows and the structure of TMR [J]. Ecological Economics, 2004(51): 97-124.
[66] Drakonakis K, Rostkowski K, Rauch J, et al. Metal capital sustaining a North American city: iron and cooper in New Haven [J]. Resource Conservation and Recycling, 2007, 49(4): 406-420.
[67] Decker E H, Elliott S, Smith F A, et al. Energy and material flow through the urban ecosystem [J]. Energy Environmental, 2000(25): 685-740.
[68] Rosado R, Kalmykova Y, Patrico J. Urban metabolism profiles: an empirical analysis of the material flow characteristics of three metropolitan areas in Sweden [J]. Journal of Cleaner Production, 2016(126): 206-217.
[69] Halla R S, Shauna D, Christopher A K. Estimating the urban metabolism of Canadian cities: Greater Toronto Area case study [J]. Canadian Journal of Civil Engineering, 2003(30): 468-483.
[70] Huang C, Han J, Chen W Q. Changing patterns and determinants of infrastructures material stocks in Chinese cities [J]. Resources, Conservation and Recycling, 2016(6): 1-14.
[71] Agudelo-vera C M, Mels A, Keesman K, et al. The urban harvest approach as an aid for sustainable urban resource planning [J]. Journal of Industrial Ecology, 2012(16): 839-850.
[72] Newman P, Kenworth Y J. Sustainablity and Cities: Overcoming Automobile Dependence [M]. Washington D C: Island Press, 1999.
[73] 张蓓．铜陵市物质流分析实例与循环经评价指标 [D]. 南京：南京大学，2006.
[74] 陈跃，邓圣南．面向二十一世纪的环境管理工具——物质与能量流动分析 [J]. 重庆环境科学，2003，25(3)：1-5.
[75] Biesiot W, Noorman K J. Energy requirements of household consumotion: a case study of The

Netherlands [J]. Ecological Economics，1999(28)：367-383.
[76] 刘晶茹，王如松，王震，等．中国城市家庭代谢及其环境影响因素分析 [J]. 生态学报，2003，23(12)：2673-2676.
[77] Bringezu S. Towards sustainable resource management in the European Union [R]. Wuppertal：2002(121)：45-50.
[78] 施晓清，杨建新，王如松，等．产业生态系统资源代谢分析方法 [J]. 生态学报，2012，32(07)：2012-2024.
[79] Fischer K M. Society' s metabolism：the intellectual history of materials flow analysis，Part I，1860-1970 [J]. Journal of Industrial Ecology，1998，2(1)：61-78.
[80] Fischer K M，Weisz H. Society as hybrid between material and symbolic realms：toward a theoretical framework of society-nature interrelation [J]. Advances in Human Ecology，1999(8)：215-251.
[81] Matthews E，AMANN C，FISCHER K M. The Weight of Nations，Material Outflows from Industrial Economies [M]. Washington D C：World Resource Institute，2000.
[82] Guinee J B，Vandeng bergh J C J M ，Boelens J，et al. Evaluation of risks of metal flows and accumulation in economy and environment [J]. Ecological Economics，1999(30)：47-65.
[83] Hansen E，Lassen C. Experience with the use of substance flow analysis in Denmark [J].Journal of Industrial Ecology，2002，6(3)：201-219.
[84] Mathieux F，Brissaud D. End-of-life product-specific material flow analysis. Application to aluminum coming from end-of-life commercial vehicles in Europe [J]. Resources，Conservation and Recycling，2010，55(2)：92-105.
[85] 刘毅．中国磷代谢与水体富营养化控制政策研究 [D]. 北京：清华大学，2004.
[86] Han F，Yu F，Cui Z. Industrial metabolism of cooper and sulfur in a cooper-specific eco-industrial park in China [J]. Journal of Cleaner Production，2016(133)：459-466.
[87] Zhang J，Chen S，KIM J，et al. Mercury flow analysis and reduction pathways for fluorescent lamps in mainland China [J]. Journal of Cleaner Production，2016(133)：451-458.
[88] 蔡九菊，王建军，陆钟武，等．钢铁企业物质流和能量流及其相互关系 [J]. 东北大学学报：自然科学版)，2006，27(9)：979-982.
[89] 于庆波，陆钟武．钢铁生产流程中物流对能耗影响的计算方法 [J]. 金属学报，2009，36(4)：379-382.
[90] 武娟妮．工业园区碳、氮、磷代谢分析 [D]. 北京：清华大学，2010.
[91] 温诚锋，梁日忠，赵艳龙．我国硫资源“储备—来源—加工—消费”过程的工业代谢研究[J].化工矿物与加工，2006(12)：1-5.
[92] Graedel T E，Van Beers D，Bertram M，et al. Multilevel cycle of anthropogenic cooper [J].Environmental Science&Technology，2004，38(4)：1242-1252.
[93] Van Beers D，Graedel T E. The magnitude and spatial distribution of in-use Zine stocks in cape toen，south Africa [J]. African Journal of Environmental Assessment and Management，2004(9)：18-36.
[94] Johnson J，Jirikowic J，Bertram M，et al. Contemporatory anthropogenic silver cycle：A multilevel analysis [J]. Environmental Science&Technology，2006，40(22)：7060-7069.
[95] Wang T，Mueller D B，Graedel T E. The contemporary anthropogenic silver cycle [J]. Environmental Science&Technology，2007，41(14)：5120-5129.
[96] Hansen E，Lassen C. Experience with the use of substance flow analysis in Demark [J].Journal of Industrial Ecology，2002，6(2-3)：201-219.
[97] Rauch J N，Pacyna J M. Eayth' s global Ag，Al，Cr，Cu，Fe，Ni，Pb，and Zn cycle [J]. Global

Biogeochemical Cycles，2009，23(2)：1-16.
[98] Elshkaki A，Ban der voet E，Vanholderbeke M，et al. The envieonmentak and economic consequences of the developments of lead stocks in the Dutch economic system [J].Resoueces Conservation and Recycling，2004，42(2)：133-154.
[99] Tukker A，Buist H，Van oers L，et al. Rishs to health and environment of the use of lead in peoducts in the EU [J].Resoueces of Conservation and Recycling，2006，49(2)：89-109.
[100] Smith G R. Lead recycling in the United States in 1998，U. Geological Survery，S [J/OL]. http：//infohouse. p2ric. org/ref/45/44143. pdf.
[101] Reisinger H，Schoeller G，Jakl T，et al. Lead，cadmium and mercury flow analysis-decision support for Austrian environmental policy [J]. Oesterreichische Wasser und Abfallwritschaft，2009，61(5-6)：63-69.
[102] Mao J S，Cao J，Graefel T E. Losses to the environment from the multilevel cycle of anthropogenic lead [J].Environmental Pollution，2009，157(10)：2670-2677.
[103] Mao J S ，Jaimee D，Graedel T E. The multilevel cycle of anthropogenic lead：I. Methodology [J].Resources，Conservation and Recycling，2008，52(8-9)：1058-1064.
[104] 郭学益，钟菊芽，宋瑜，等．我国铅物质流分析研究[J].北京工业大学学报，2009(11) 1554-1561.
[105] Mao J S，Yang Z S，Lu Z W. Industrial flow of lead in China [J]. Transactions of Nonferrous Metals Society of China，2007(02)：400-411.
[106] 刘巍．中国铅酸蓄电池行业清洁生产和铅元素流研究 [D]. 北京：清华大学，2016.
[107] Liu W，Cui Z J，Tian J P，et al. Dynamic analysis of lead stocks and flows in China from 1990 to 2015 [J].Journal of Cleaner Production，2018(25)：86-94.
[108] 姜文英，柴立元，何德文，等．铅锌冶炼企业循环经济建设中物质流分析方法研究[J].环境科学与管理，2006，31(4)：39-41.
[109] 王洪才，时章明，陈通，等．水口山炼铅法生产企业物质流与能量流耦合模型的研究[J].有色金属(冶炼部分)，2011(10) ：9-12.
[110] 杨建国，耿继安．粗铅冶炼生产工艺过程中铅元素流分析[J].科技与企业，2015(19)：235.
[111] 王洪才，时章明，沈浩，等 .SKS 炼铅物质流变化对能耗的影响[J].中南大学学报(自然科学版)，2012，43(07)：2850-2854.
[112] 肖永强，陈环生．粗铅精炼过程铅元素流分析[J].世界有色金属，2017(01) ：15-16.
[113] 钟琴道．典型铅冶炼过程铅元素流分析 [D]. 北京：中国环境科学研究院，2014.
[114] 钟琴道，乔琦，李艳萍，等．粗铅冶炼过程铅元素流分析[J].环境科学研究，2014，27(12)：1549-1555.
[115] Mao J S，Lu Z W，Yang Z F. The eco-efficiency of lead in China' s lead-acid battery system [J].Journal of Industrial Ecology，2006，10(1-2)：185-197.
[116] Liang J，Mao J S. A dynamic analysis of environmental lossess from anthropogenic lead flow and their accumulation in China [J].Trandactions of Nonferrous Metals Society of China，2014，24(4)：1125-1133.
[117] Rae G L. The significance of secondary lead [J].Journal of Power Sources，1987，19(2-3)：121-131.
[118] Nakamura O，Higuchi S，Okazaki S，et al. Fundamental studies of utility requirement for secondary batteries—lead-acid batteries [J].Journal of Power Sources，1986，17(1-3)：295-301.
[119] 万斯．再生铅冶炼行业典型工艺的铅污染物质流分析[J].化工环保，2015，35(06)：614-619.
[120] 万斯．废旧铅酸蓄电池湿法回收过程铅污染研究[J].湖南有色金属，2018，34(02)：61-64.
[121] 万文玉．再生铅冶炼过程铅物质流核算及污染负荷分析[J].有色金属(冶炼部分)，2014(08)：66-69.

[122] Stephen W P, Bosilovich B E. Use of lead reclamation in secondary lead smelters for the remediation of lead contaminated sites [J].Journal of Hazardous Materials, 1995, 40(2): 139-164.

[123] Brunekreef B, Veenstra S J, Biersteker K, et al. The Arnhem lead study: I. Lead uptake by 1-to 3-year-old children living in the vicinity of a secondary lead smelter in Arnhem, The Netherlands [J].Environmental Research, 1981, 25(2): 441-448.

[124] Templep J, Linzonsn, Chai B L. Contamination of vegetation and soil by arsenic emissions from secondary lead smelters [J].Environmental Pollution, 1977, 12(4): 311-320.

[125] Gottesfeld P, Pokhrel A K. Review: lead exposure in battery manufacturing and recycling in developing countries and among children in nearby communities [J].Journal of Occupational and Environmental Hygiene, 2011(8) : 520-532.

[126] Schneider A R, Cances B, Ponthieu M, et al. Lead distribution in soils impacted by a secondary lead smelter: Experimental and modelling approaches [J]. Science of The Total Environment 2016(568): 155-163.

[127] Kimbrouch D E, Carder N H. Off-site forensic determination of waterborne elemental emissions: a case study at a secondary lead smelter [J].Environmental Pollution 1999, 106(3): 293-298.

[128] 都凤仁，操基玉．再生铅冶炼地区环境铅污染及儿童血铅水平调查[J].中国学校卫生，2009，30(02)：169-170.

[129] 吕玉桦，孔婷，让蔚清．2004-2012 年我国血铅超标事件的流行特征分析[J].中国预防医学杂，2013，14(11)：868-870.

[130] 刘意．再生铅冶炼的土壤环境影响评价[J].广西质量监督导报，2008(07)：188-189.

[131] 曹恩伟，王宾，王敏，等．再生铅企业土壤-地下水中重金属污染迁移特征[J].环境监控与预警，2016，8(05)：54-58.

[132] 王云，徐启新，袁建新．再生铅冶炼对土壤环境影响及其评价和环境管理[J].上海环境科学，2001(04) 192-194.

[133] Obiajunwa E I, Johnsonf F O, Olaniyi H B, et al. Determination of the elemental composition of aerosol samples in the working environment of a secondary lead smelting company in Nigeria using EDXRF technique [J].Nuclear Instruments and Methods in Physics Research Section B: Beam Interactions with Materials and Atoms, 2002, 194(1): 65-68.

[134] Uzu G, Sobanska S, Sarret G, et al. Characterization of lead-recycling facility emissions at various workplaces: major insights for sanitary risks assessment [J]. Journal of Hazard Material, 2011(186): 1018-1027.

[135] 何文蕾．某回收铅冶炼项目整改前后职业危害调查[J].现代预防医学，2016，43(01)：39-43.

[136] Paff S W, Bosiloich B E. Use of lead reclamation in secondary lead smelters for the remediation of lead contaminated sites [J].Journal of Hazardous Materials, 1995, 40(2): 139-164.

[137] Eckel W P, Rabinowitz M B, FOSTER G D. Investigation of unrecognized former secondary lead smelting sites: confirmation by historical sources and elemental ratios in soil [J]. Environmental Pollution, 2002, 117(2): 273-279.

[138] Zabaniotou A, Kouskoumvekaki E, Sanopoulos D. Recycling of spent lead/acid batteries: the case of Greece [J].Resources, Conservation and Recycling, 1999, 25(3-4): 301-317.

[139] Rieuwerts J, Farago M. Heavy metal pollution in the vicinity of a secondary lead smelter in the Czech Republic [J].Applied Geochemistry 1996, 11(1-2): 17-23.

[140] PHILLPS M J, LIM S S. Secondary lead production in Malaysia [J].Journal of Power Sources 1998, 73

(1)：11-16.

[141] Sancilio C. Coba T：collection and recycling spent lead/acid batteries in Italy [J]. Journal of Power Sources，1995，57(1-2)：75-80.

[142] Genaidy A M，Sequeira R，Tolaymat，et al. Evidence-based integrated environmental solutions for secondary lead smelters：Pollution prevention and waste minimization technologies and practices [J].Science of Total Environment，2009，407(10)：3239-3268.

[143] Lassin A，Piantone P，Burnol A，et al. Reactivity of waste generated during lead recycling：an integrated study [J].Journal of Hazardous Materials，2007，139(3)：430-437.

[144] Lewis A E，Beautement C. rioritising objectives for waste reprocessing：a case study in secondary lead refining [J].Waste Management，2002，22(6)：677-685.

[145] Heather S，Lee B，Prakash V，et al. The development and uses of EPA' s SPECIATE database [J].Atmospheric Pollution Research，2010(1)：196-206.

[146] 马京华．钢铁企业典型生产工艺颗粒物排放特征研究 [D]. 重庆：西南大学，2009.

[147] 肖致美，毕晓辉，冯银厂，等．宁波市环境空气中 PM_{10} 和 $PM_{2.5}$ 来源解析[J].环境科学研究，2012，25(5) ：549-555.

[148] 陆炳，孔少飞，韩斌，等．燃煤锅炉排放颗粒物成分谱特征研究 [J] 煤炭学报，2011，36(11)：1928-1933.

[149] 郭旸旸，朱廷钰，高翔，等．我国工业源 $PM_{2.5}$ 源谱的建立方法及行业排放特征分析[J].环境工程，2016，34(08)：158-165.

[150] Lewis A E，Beautement C. Prioritising objectives for waste reprocessing：a case study in secondary lead refining [J].Waste Management，2002，20(6)：677-685.

[151] Gomes G M F，Mendes T F，Wada K J，et al. Reduction in toxicity and generation of slag in secondary lead process [J].Journal of Cleaner Production，2011，19(9-10)：1096-1103.

[152] Vanloo S，Koppejan J. Handbook of biomass combustion and co-firing [M]. Earthscaa，2007.

[153] Fridriksson J，Richardson J D，Baker J M，et al. Transcranial direct current stimulation improves naming reaction time in fluent aphasia a double-blind，sham-controlled study [J].Stroke，2011，42(3)：819-821.

[154] 田庆华，洪建邦，辛云涛，等．基于人工神经网络模型的含锑硫化矿氧化浸出行为预测[J].中国有色金属学报，2018，28(10)：2103-2111.

[155] 杨智迪．基于BP神经网络的印染废水处理组合工艺系统建模及优化控制研究 [D]. 镇江：江苏大学，2017.

[156] 王洁．基于BP神经网络的生物法同时脱硫脱氮净化烟气中 NOx 和 SO_2 的模拟研究 [D]. 昆明：云南大学，2016.

[157] 李璐．火电机组污染物排放模型与减排成本优化模型的研究 [D]. 北京：华北电力大学(北京)，2016.

[158] 杨志．火电厂烟气污染物排放的软测量系统研究 [D]. 保定：华北电力大学，2012.

[159] 吕新刚．基于手势感知的智能控制系统开发 [D]. 南京：南京理工大学，2013.

[160] Lewis A，Beautementc. Prioritising objectives for waste reprocessing：a case study in secondary lead refining [J].Waste Management，2002，22(6)：677-685.

[161] Kukurugya F，Kim E，Nielsen P，et al. Effect of milling on metal leaching：Induction of galvanic effect in a secondary lead smelter matte by prolonged milling [J].Hydrometallurgy，2017(171) ：245-253.

[162] Rabah M A，Barakat M A. Energy saving and pollution control for short rotary furnace in secondary lead smelters [J].Renewable Energy，2001(23)：561-577.

[163] 张松山，柯昌美，杨柯，等．废铅酸电池铅膏脱硫的研究[J].电池，2016，46(01)：56-58.

[164] Ma Y J，Qiu K Q. Recovery of lead from lead paste in spent lead acid battery by hydrometallurgical desulfurization and vacuum thermal reduction [J].Waste Management，2015(40)：151-156.

[165] Kim E，Horckmans L，SPOOREN J，et al. Selective leaching of Pb，Cu，Ni and Zn from secondary lead smelting residues [J].Hydrometallurgy，2017(169)：372-381.

[166] Ellis T W，Mirza A H. The refining of secondary lead for use in advanced lead-acid batteries [J].Journal of Power Sources，2010，195(14)：4525-4529.

[167] Andrews D，Raychaudhuri A，Frias C. Environmentally sound technologies for recycling secondary lead [J].Journal of Power Sources，2000，88(1)：124-129.

[168] Sonmez M S，Kumar R V. Leaching of waste battery paste components. Part 2：leaching and desulphurisation of $PbSO_4$ by citric acid and sodium citrate solution [J].Hydrometallurgy，2009(95)：82-86.

[169] Maruthamuths S，Dhanibabu T，Veluchamy A，et al. Elecrokinetic separation of sulphate and lead from sludge of spent lead acid battery [J].Journal of Hazard ous Material. 2011(193)：188-193.

[170] Pan J Q，Zhang C，Sun Y，et al. A new process of lead recovery from waste lead-acid batteries by electrolysis of alkaline lead oxide solution [J].Electrochem Commun，2012(19)：70-72.

[171] Li L，Zhu X，Yang D，et al. Preparation and characterization of nano-structured lead oxide from spent lead acid battery paste [J].Journal of Hazardous Material，2012 (203-204)：274-282.

[172] Sua Z，Cao H B，Zhang X H，et al. Spent lead-acid battery recycling in China-A review and sustainable analyses on mass flow of lead [J].Waste Management，2017(64)：190-201.

[173] Tian X，Wu Y F，Hou P，et al. Environmental impact and economic assessment of secondary lead production：Comparison of main spent lead-acid battery recycling processes in China [J].Journal of Cleaner Production ，2017(144)：142-148.

[174] 詹光，黄草明．废铅酸蓄电池铅膏回收利用技术的现状与发展[J].有色矿冶，2016，32(01)：48-52.

[175] Bohren C F，Huffman D R. Absorption and scattering of light by small particles [M]. Wiley：New York PRESS，2008.

[176] Goodman P G，Dockery D W，Clancy L. Cause-specific mortality and the extended effects of particulate pollution and temperature exposure [J].Environ Health Perspectives，2004(112)：179-185.

[177] 李沛．北京市大气颗粒物污染对人群健康的危害风险研究 [D]. 兰州：兰州大学，2016.

[178] Chen R，Li Y，Ma Y，et al. Coarse particles and mortality in three Chinese cities：The china air pollution and health effects study [J].Science of the Total Environment，2011(409)：938.

[179] 阚海东，邬堂春．我国大气污染对居民健康影响的回顾和展望[J].第二军医大学学报，2013，34(07)：697-699.

[180] 林俊，刘卫，李燕，等．上海市郊区大气细颗粒和超细颗粒物中元素粒径分布研究[J].环境科学，2009，30(4)：982-987.

[181] 魏复盛，滕恩江，吴国平，等．我国 4 个大城市空气 $PM_{2.5}$、PM_{10} 污染及其化学组成[J].中国环境监测，2001(1)：1-6.

[182] 刘大钧．铅冶炼企业烟尘中铅的排放特性研究[J].有色金属(冶炼部分)，2016(10)：66-69.

[183] 贾小梅，舒艳，何磊，等．铅冶炼企业重金属污染物粒径分布特征研究[J].有色金属(冶炼部分)，2015(11)：64-68.

[184] 袁陈敏，朱顺泽，韩宗浩，等．某铅冶炼厂铅、镉污染大气对人体健康的影响[J].安徽医科大学学报，1990(01)：21-25.

[185] 卢正永，张志龙，傅翠明．气溶胶粒度分布测量的数学处理[J].工业卫生与职业病，2005(03)：

184-190.
[186] Kot A, Namiesnik J. The role of speciation in analytical chemistry [J].TrAC Trends in Analytical Chemistry, 2000, 19(2-3): 69-79.
[187] Davidso C M, Wilson L E, URE A M. Effect of sample preparation on the operational speciation of cadmium and lead in a freshwater sediment [J].Analytical Chemistry, 1999(363): 134-136.
[188] Tessier A, Campbell P G C, BISSON M. Sequential extraction procedure for the speciation of particulate trace metals [J].Analytical Chemistry, 1979, 51(7): 844-851.
[189] Rauret G, Rubio R, Lopez-sanchez J F. Optimization of Tessier Procedure for Metal Solid Speciation in River Sediments [J].International Journal of Environmental Analytical Chemistry, 2012, 36(2): 69-83.
[190] Rauret G, Lopezsanchez J F, Sahuquillo A, et al. Improvement of the BCR three step sequential extraction procedure prior to the certification of new sediment and soil reference materials [J].Journal of Environmental Monitoring, 1999, 1(1): 57-61.
[191] Marika K, Markku Y. Use of sequential extraction to assess metal portioning in soils [J].Environmental Polluttioin, 2003(126): 225-233.
[192] 张美秀，刘宛宜，张振斌，等．长春市大气中 $PM_{2.5}$ 的重金属形态分析[J].吉林大学学报(理学版)，2013，51(4)：735-738.
[193] 王文全，朱新萍，郑春霞，等．乌鲁木齐市采暖期大气 PM_{10} 及 $PM_{2.5}$ 中 Cd 的形态分析[J].光谱学与光谱分析，2012，32(1)：235-238.
[194] 冯茜丹，党志，吕玄文，等．大气 $PM_{2.5}$ 中重金属的化学形态分布[J].生态环境学报，2011，20(6)：1048-1052.
[195] 姚慧．BCR 法提取柴油车尾气颗粒物中金属及生物学有效性分析[J].环境卫生学，2016，6(05)：342-346.
[196] 陈璐，文方，程艳，等．铅锌尾矿中重金属形态分布与毒性浸出特征研究[J].干旱区资源与环境，2017，31(3)：89-94.
[197] 郭朝晖，程义，柴立元，等．有色冶炼废渣的矿物学特征与环境活性[J].中南大学学报(自然科学版)，2007，38(6)：1100-1105.
[198] 赵婵娟．云南某砷矿区污染土壤中 As 存在形态分析 [A]. 中国环境科学学会．2013 中国环境科学学会学术年会论文集（第四卷）[C]. 中国环境科学学会：中国环境科学学会，2013：5.
[199] 杜平．铅锌冶炼厂周边土壤中重金属污染的空间分布及其形态研究 [D]. 中国环境科学研究院，2007.
[200] 李富荣，赵洁，文典，等．不同种植模式对土壤重金属铅、镉形态分布的影响[J].广东农业科学，2015(9)：56-61.
[201] 宁鹏．超重力条件下强化再生铅铅膏脱硫过程研究 [D]. 北京：北京化工大学，2015.
[202] 乐颂光，鲁君乐，何静．再生有色金属生 [M]. 长沙：中南大学出版社，2009.
[203] 穆孟超，胡钊政，李祎承．基于虚拟线圈的内河船舶流量检测方法[J].交通信息与安全，2017，35(04)：44-51.
[204] Garson G D. Interpreting neural-network connection weights [J].AI Expert, 1991, 6(4): 47.
[205] Tchaban T, Taylor M J, Griffin A. Establishing impacts of the inputs in a feedforward neural network [J].Neural Compute Apply, 1998(7): 309.
[206] Dimopoulos Y, Bourret P, Lek S. Use of some sensitivity criteria for choosing networks with good g ene raliza tion ability [J].Neural Process Letters, 1995, 2(6): 1-4.
[207] Ruck D W, Rogers S K, Kabrisky M. Feature selection using multilayer perceptions [J]. Journal of Neural Network Computing, 1990(2): 40.

[208] Koike K, Matsuda S. New indices for characterizing spatial models of ore deposits by the use of a sensitivity vector and an influence factor [J].Mathematical Geology, 2006, 38(5): 541-564.

[209] 齐守智．从美、德、日 3 国铅工业的特点看我国发展循环经济的重要性[J].再生资源与循环经济，2009，2(08)：39-44.

[210] Tian X, Wu Y, Hou P, et al. Environmental impact and economic assessment of secondary lead production: Comparison of main spent lead-acid battery recycling processes in China [J].Journal of Cleaner Production, 2017(144): 142-148.

[211] 佚名．我国再生铅 2/3 企业将遭淘汰[J].中国有色冶金，2011，40(05)：8.

[212] 傅泽强，智静．物质代谢分析框架及其研究进展[J].环境科学研究，2010，23(8)：1091-1098.

[213] 周德群．系统工程概论 [M]. 北京：科学出版社，2005.

[214] Haken H. The secret of the constructure of nature [M]. UK: Oxford University Press, 2005.

[215] Haken H. Information and Self-organization: A Macroscopic approach to complex system [M]. Germany: Springer verlag, 1988.

[216] Kolesnikov A., Veselov G. Modern applied control theory: synergetic approach in control theory (in Russian) [M]. Moscw-Tagangrog: TSURE press, 2000.

[217] Jiang Z. H., Dougal R. A.. Synergetic control of power converters for pulse current charging of advanced batteries from a fuel cell power source [J]. IEEE Transactions on Power Electronics, 2004, 19(4): 1140-1150.

[218] 顾伟，薛帅，王勇，等．基于有限时间一致性的直流微电网分布式协同控制[J].电力系统自动化，2016，40(24)：49-55.

[219] 蒲天骄，刘克文，李烨，等．基于多代理系统的主动配电网自治协同控制及其仿真[J].中国电机工程学报，2015，35(08)：1864-1874.

[220] 马鸣宇，董朝阳，王青，等．基于事件驱动的多飞行器编队协同控制[J].北京航空航天大学学报，2017，43(03)：506-515.

[221] 叶青．城市轨道交通网络脆弱性分析与客流协同控制研究 [D]. 峨眉山：西南交通大学，2016.

[222] 杨斌．基于生物智能算法的群体机器人协同控制 [D]. 上海：东华大学，2016.

[223] 郭宇超．协同学理论下的事故应急救援研究 [D]. 北京：首都经济贸易大学，2017.

[224] 陈瑞义，琚春华，盛昭瀚，等．基于零售商自有品牌供应链质量协同控制研究[J].中国管理科学，2015，23(08)：63-74.

[225] Mccarthy J. J., Canziani O. F., Leary N. A., Dokken D. J., White K. S. Climate Change: Impacts, Adaptation, and Vulnerability [R]. Geneva: IPCC, 2001.

[226] Aunan K., Fang J., Vennemo H., Oye K., Seip H. M. A good climate for clean air: Linkages between climate change and air pollution [J]. An Editorial Essay, Climatic Change, 2004, 66(3): 263-269.

[227] Aunan K, J Fang Vennemo. Co-benefit of climate policy-lessons learned from a study in shanxi, China [J].Energy policy, 2004, 32(4): 567-581.

[228] 王金南，宁森，严刚，杨金田．实施气候友好的大气污染防治策略[J].中国软科学，2010(10)：21-24.

[229] 贺晋瑜．温室气体与大气污染物协同控制机理研究 [D]. 太原：山西大学，2011.

[230] 胡涛，田春秀，毛显强．协同控制：回顾与展望[J].环境与可持续发展，2012(1)：25-29.

[231] 薛文博，王金南，杨金田，等．电力行业多污染物协同控制的环境效益模拟[J].环境科学研究，2012，25(11)：1304-1310.

[232] 赵瑞壮．钢铁烧结机烟气多污染物协同控制技术评述 [A]. 中国环境科学学会．2012 中国环境科学学会

学术年会论文集(第三卷)［C］. 中国环境科学学会，2012：3.
［233］ 毛志伟. 水泥行业大气污染物协同控制技术与管理的探讨［A］. 中国水泥协会. 第五届中国水泥企业总工程师论坛暨2012年全国水泥企业总工程师联合会年会会议文集［C］. 中国水泥协会，2012：5.
［234］ 王春波，史燕红，吴华成，等. 电袋复合除尘器和湿法脱硫装置对电厂燃煤重金属排放协同控制［J］.煤炭学报，2016，41(07)：1833-1840.
［235］ 李嘉，张建高. 水污染协同控制基本理论［J］.西南民族学院学报(自然科学版)，2001(03)：258-264.
［236］ 李云燕，王立华，马靖宇，等. 京津冀地区大气污染联防联控协同机制研究［J］.环境保护，2017，45(17)：45-50.
［237］ 汪俊. 长三角地区多部门多种大气污染物协同减排方案研究［D］. 北京：清华大学，2014.
［238］ Mantovani A，Tarola O，Vergari C. End-of-pipe or cleaner production? How to go green in presence of income inequality and pro-environmental behavior［J］. Journal of Cleaner Production ，2017，160：71-82.
［239］ Sarkis J，Cordeiro JJ. An empirical evaluation of environmental efficiencies and firm performance：Pollution prevention versus end-of-pipe practice. European［J］. Journal of Operational Research，2001，135(1)：102-113.
［240］ Lee S Y，Rhee S K. From end-of-pipe technology towards pollution preventive approach：the evolution of corporate environmentalism in Korea［J］.Journal of Cleaner Production，2005，13(4)：387-395.
［241］ Wu T Y，Mohammad A W，Jahim J M，Anuar N. Pollution control technologies for the treatment of palm oil mill effluent (POME) through end-of-pipe processes.［J］. Journal of Environmental Management，2010，91(7)：1467-1490.
［242］ Zotter K A. “End-of-pipe” versus “process-integrated” water conservation solutions：A comparison of planning，implementation and operating phases.［J］. Journal of Cleaner Production，2004，12(7)：685-695.
［243］ Hammar H，Löfgren Å. Explaining adoption of end of pipe solutions and clean technologies—Determinants of firms’ investments for reducing emissions to air in four sectors in Sweden［J］. Energy Policy 2010，38(7)：3644-3651.
［244］ Manuel Frondel，Jens Horbach and Klaus Rennings. End-of-pipe or cleaner production? An empirical comparision of environmental tnnovation decisions cross OECD countries［J］. Business Strategy and the Environment，2007(16)：571-584.
［245］ 毛显强，曾桉，胡涛，等. 技术减排措施协同控制效应评价研究［J］.中国人口. 资源与环境，2011，21(12)：1-7.
［246］ 王慧慧，曾维华，吴开亚. 上海市机动车尾气排放协同控制效应研究［J］.中国环境科学，2016，36(05)：1345-1352.
［247］ Szargut J. Chemical exergies of the elements［J］.Applied Energy，1989(32)：269-286.
［248］ Kameyama H，Yoshia K，Yamauchi S，et al. Evaluation of reference exergies for the elements［J］.Applied Energy，1982(11)：69-83.
［249］ 赵冠春，钱立伦. 㶲分析及其应用［M］. 北京：高等教育出版社，1984.
［250］ Wackernagel M，Onisto L，Bello P，et al. National natural capital accounting with the ecological footprint concept［J］.Ecol. Econ，1999，29(3)：375-390.
［251］ 张志强，徐中民，程国栋，等. 中国西部12省(区市)的生态足迹［J］.地理学报，2001，56(5)：599-610.
［252］ 徐中民，陈东景. 中国1999年的生态足迹分析［J］.土壤学报，2002，39(3)：441-445.

[253] 蔺海明，颉鹏．甘肃省河西绿洲农业区生态足迹动态[J].应用生态学报，2004，15(5)：827-832.

[254] Zhai p，willams E D. Dynamic hybrid life cycle assessment of energy and carbon of multicrystalline silicon photovoltaic systems [J].Environmental science & Technology，2010，44：7950-7955.

[255] Weackernagel M，Rees W E. Our Ecological Footp rint：Reducing Human Impact on the Eargh [M]. Gabriola Island，B. C.，Canada：New society publishers，1966.

[256] Bicknell K B，Ball R J，Cullen R，et al. New methodology for the ecological footprint with an application to the New Zealand economy [J].Ecol Econ，1988(27)：149-160.

[257] Lenzen M. Errors in conventional and imput-output-based life-cycle inventories [J].Journal of industrial Ecology，2001，4(4)：127-148.

[258] Sun S，Lenzen M，Treloar G J，et al. system boundary selection in life-cycle inventories using hybrid approaches [J].Environmental science & Technology，2004，37(3)：657-664.

[259] Baral A，Bakshi B R. Energy analysis using US economic input-output models with applications to life cycles of gasoline and corn ethanol [J].Ecological modelling，2010，221(15)：1807-1818.

[260] Chang Y. Double-tier Computation of Input-Output Life Cycle Assessment Based on Sectoral Disaggregation and Process Data Integration [D]. Graduate School of the University of Florida，2012.

[261] Breuil J M. Input-output analysis and pollutants emissions in Prance [J].Energy Journal，1992，13(3)：173-184.

[262] Zhou S Y，Chen H，Li S C. Resources use and greenhouse gas emissions in urban economy：Ecological input-output modeling for Beijing 2002 [J].Communications in Nonlinear Science and Numerical Simulation，2010，15：3201-3231.

[263] 计军平，刘磊，马晓明．基于 EIO-LCA 模型的中国部门温室气体排放结构研究[J].北京大学学报：自然科学版，2011，47(4)：741-749.

[264] Bullard C W，Penner P S，Pilati D A. Net energy analysis-handbook for combining process and input-output analysis [J].Resource Energy，1978，1(3)：267-313.

[265] Hoking M B. Paper versus polystyrene：A complex choice [J].science，1991，251：504-505.

[266] Camo B. paper versus polystyrene：Environmental impact [J].science，1991. 252：1361-1362.

[267] Environmental Protection Agency. Defining Life Cycle Assessment (LCA) [EB/OL]. http：//www. gdrc. org/ uem/lca/lcadefine. html. 2012.

[268] ISO. ISO 14041：Environmental management，life cycle assessment，goal and scope definition and inventory analysis [R]. Geneva：ISO，1998.

[269] Setac. A Conceptual Framework for life-Cycle Impact Assessment [M]. Pensacola F L：SETAC Press，1993.

[270] Joshi S. Product environmental life cycle assessment using input-output techniques [J]. Journal of Industrial Ecology，2000，3(2/3)：95-120.

[271] Mattila T J，Pakarinen S，sokka L. Quantifying the total environmental impacts of an industrial symbiosis-A comparison of process，hybrid and input-output life cycle assessment [J].Emvironmental Science & Technology，2010，44：4309-4314.

[272] Chen G Q，Chen Z M. Carbon emissions and resources use by Chinese economy 2007：A135-sector inventory and inpu-toutput embodiment [J].communications in Nonlinear Science and Numerical Simulation，2010，15：364-3732.

[273] 侯萍，王洪涛，朱永光，等．中国资源能源稀缺度因子及其在生命周期评价中的应用[J].自然资源学报，2012，27(9)：1572-1579.

[274] Setc. Erolution and Development of the Conceptual Framework and Methodology of life-Cycle Impact Assessment [M]. Pensacola F L：SETAC Press，1998.

[275] Szargut J. Chemical exergies of the elements [J].Applied Energy，1989(32)：269-286.

[276] Kameyama H，Yoshia K，Yamauchi S，Fueki K. Evaluation of reference exergies for the elements [J]. Applied Energy，1982(11)：69-83.

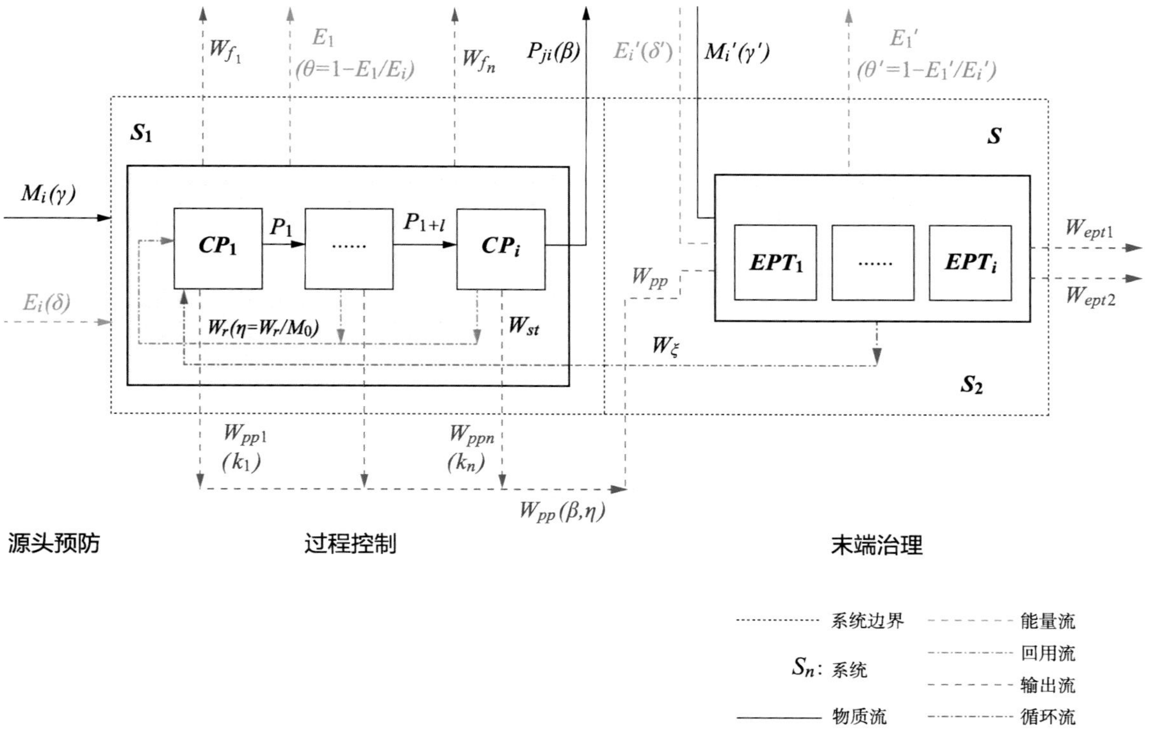

彩图 1　再生铅冶炼过程物质代谢系统边界及组成

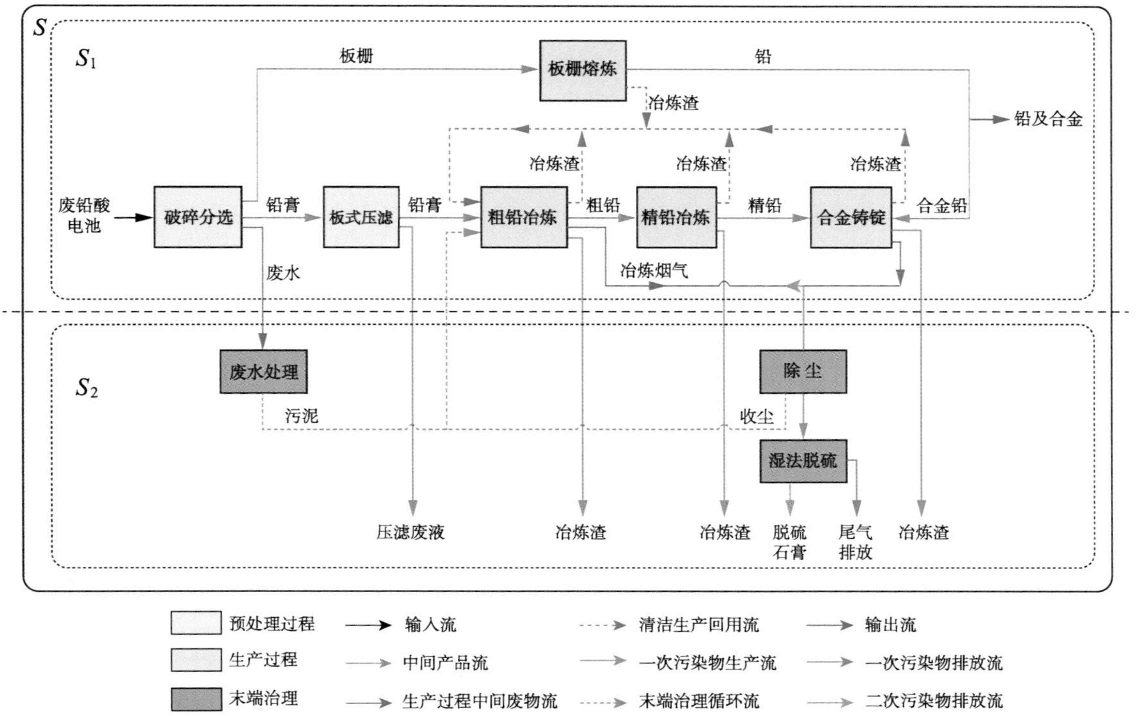

彩图 2　清洁生产与末端治理协同控制物质代谢模式

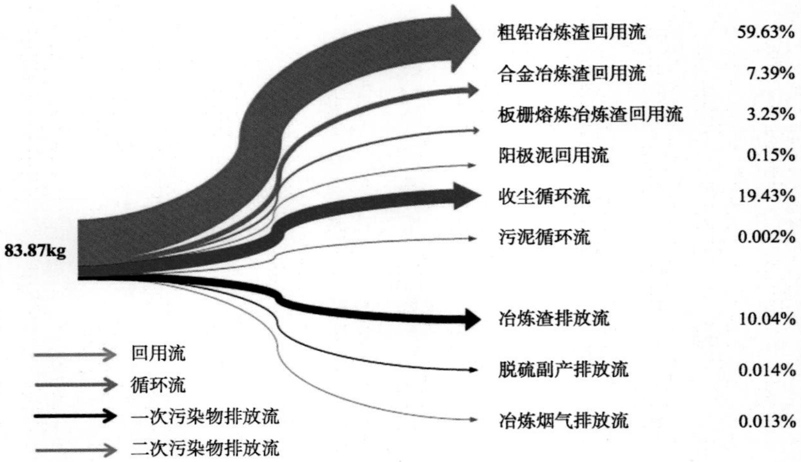

彩图 3　再生铅冶炼过程废物流代谢示意

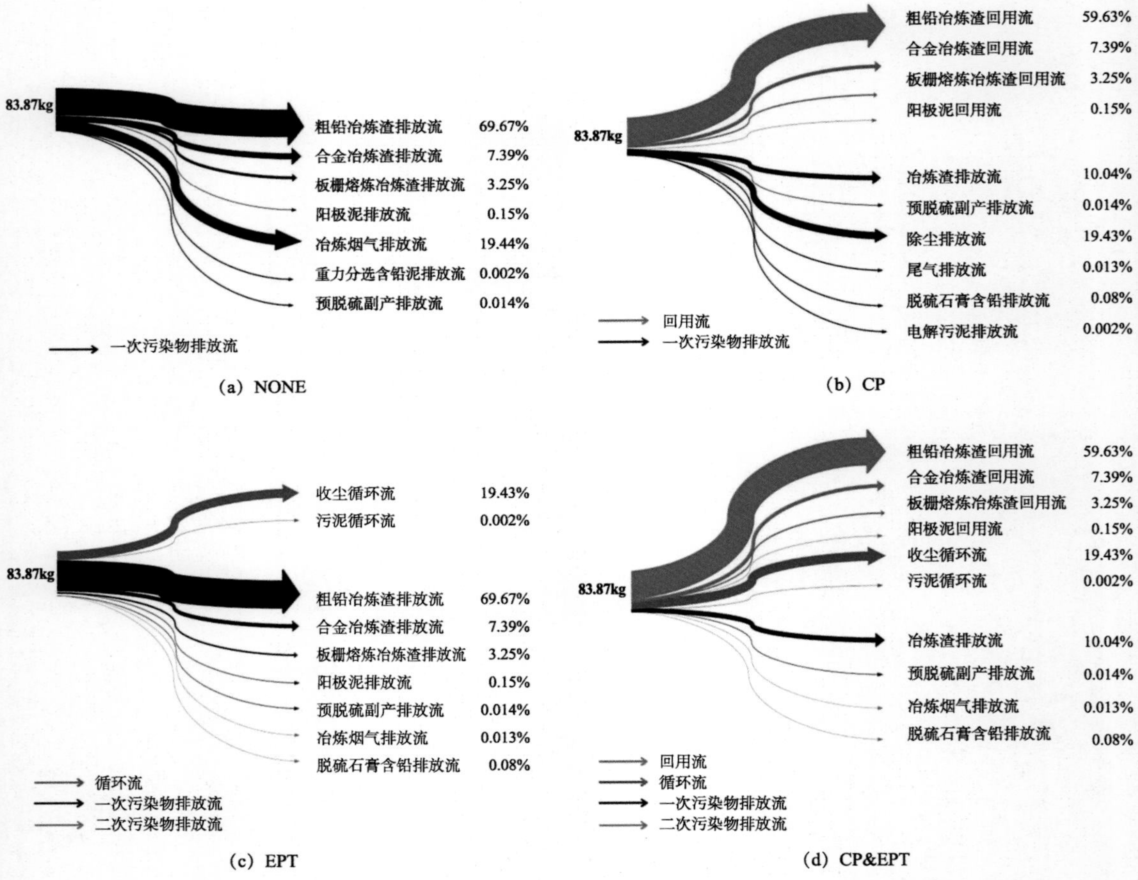

彩图 4　再生铅冶炼过程不同物质代谢模式下铅元素废物流代谢种类、代谢路径和代谢量

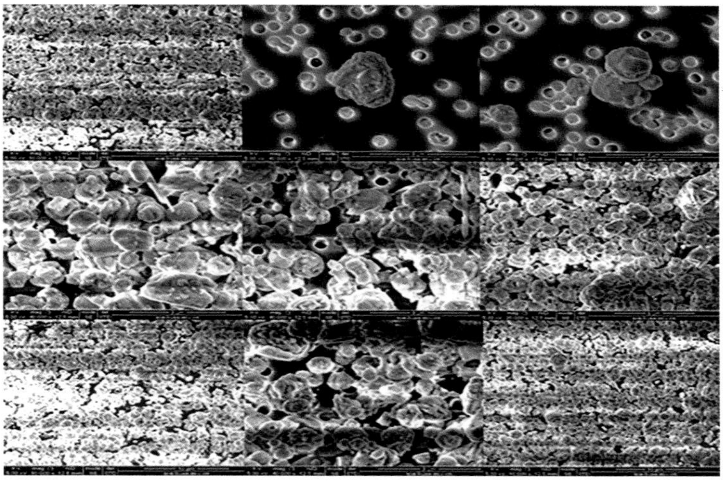

彩图 5　再生铅冶炼过程重力除尘烟气颗粒物粒貌特征

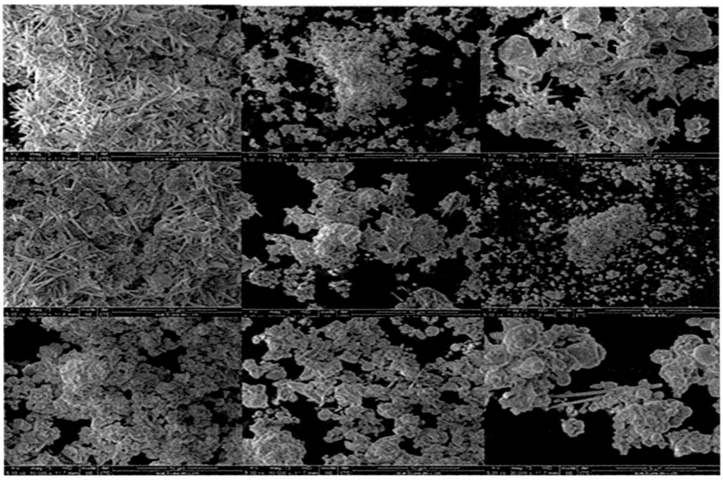

彩图 6　再生铅冶炼过程布袋除尘烟气颗粒物粒貌特征

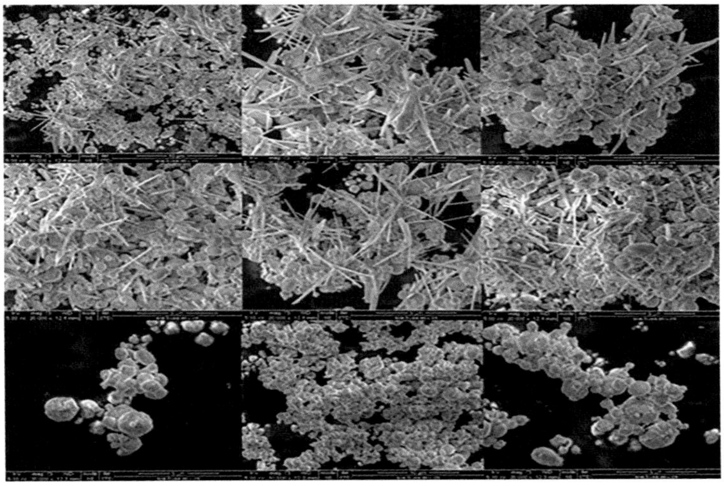

彩图 7　再生铅冶炼过程外排烟气颗粒物粒貌特征

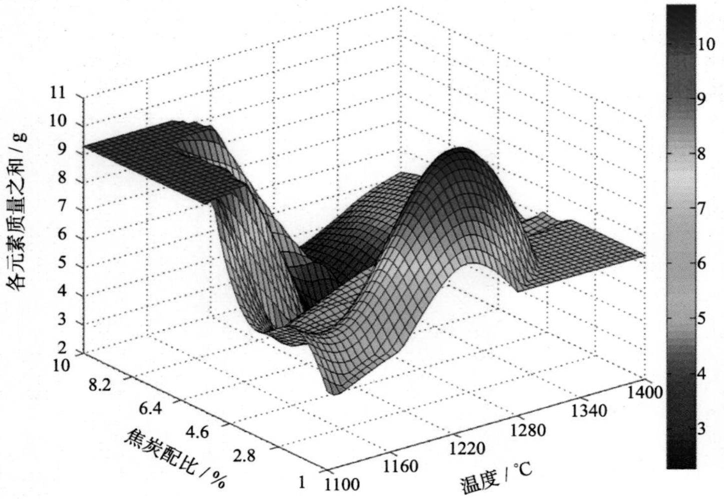

彩图 8

再生铅冶炼过程物质代谢协同优化BP神经网络模拟冶炼烟气物质代谢规律

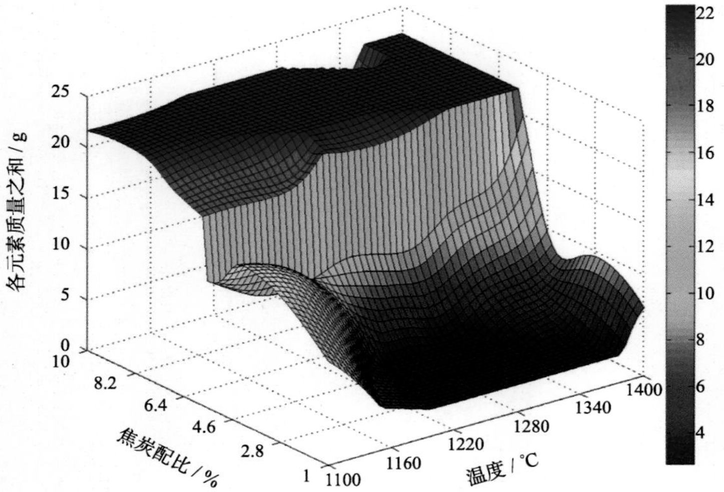

彩图 9

BP神经网络模拟冶炼渣中污染物变化

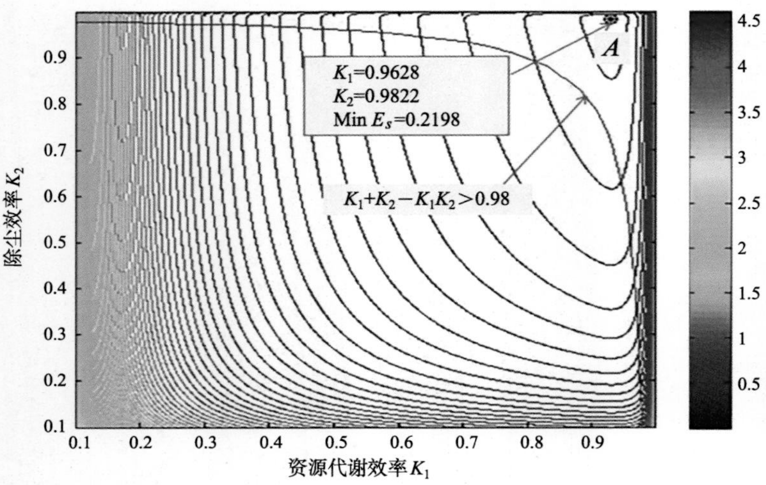

彩图 10

再生铅冶炼过程物质代谢效率-能源消耗协同控制模型模拟